植物蛋白
自组装能力调控的研究

ZHIWU DANBAI
ZIZUZHUANG NENGLI TIAOKONG DE YANJIU

董世荣 沙珊珊／著

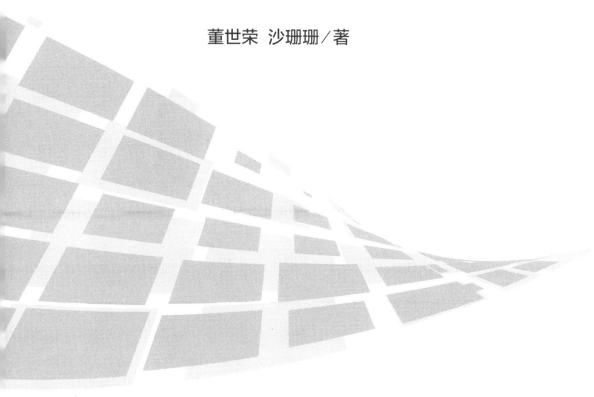

中国纺织出版社有限公司

图书在版编目（CIP）数据

植物蛋白自组装能力调控的研究／董世荣，沙珊珊
著. -- 北京：中国纺织出版社有限公司，2023.11
ISBN 978-7-5229-1153-3

Ⅰ.①植… Ⅱ.①董… ②沙… Ⅲ.①植物蛋白—研
究 Ⅳ.①Q946.1

中国国家版本馆 CIP 数据核字（2023）第 202074 号

责任编辑：毕仕林　国帅　　　　责任校对：王蕙莹
责任印制：王艳丽

中国纺织出版社有限公司出版发行
地址：北京市朝阳区百子湾东里 A407 号楼　邮政编码：100124
销售电话：010—67004422　传真：010—87155801
http://www.c-textilep.com
中国纺织出版社天猫旗舰店
官方微博 http://weibo.com/2119887771
三河市宏盛印务有限公司印刷　各地新华书店经销
2023 年 11 月第 1 版第 1 次印刷
开本：710×1000　1/16　印张：14.75
字数：253 千字　定价：98.00 元

前　言

　　农业是国民经济的基础,确保粮食等重要农产品的有效供给,是全面推动乡村振兴、加快农业农村现代化的首要任务。应将发展粮食生产与增加农民收入结合起来,坚持以"粮头食尾""农头工尾"为牵引,大力发展粮食和农副产品加工业,深入实施产业链链长制,着力延长产业链。

　　蛋白质在生命活动中扮演着重要的角色,可以说在自然界没有蛋白质就没有生命的存在。无论是作为生物体的基本组成成分,还是作为食品的重要营养成分,蛋白质都起到非常重要的作用。随着生活水平的提高,人们越来越讲究营养资源的均衡获取,对蛋白质的需求量也越来越大,从豆类等植物中获取蛋白质已经成为人们日常蛋白质摄入的重要来源。大豆蛋白是具有很高发展潜力的植物蛋白资源之一,其含量非常丰富,约占40%,高于一般的动物食品,而且必需氨基酸组成与动物蛋白中的氨基酸组成非常接近,且明显优于其他植物蛋白,消化率接近甚至超过动物蛋白。当大豆蛋白应用于食品时,可以明显改善食品的质构特性和功能特性。如何提高大豆蛋白的功能特性及理化特性,从而拓宽大豆蛋白在食品领域及其他领域的应用,已经成为人们最为关注的热点问题之一。

　　玉米醇溶蛋白具有很强的自组装能力,借助于介质极性的改变可以诱导其自组装形成不同形态的聚合物,如淀粉样纤维、纳米管、纳米球状颗粒、纳米膜等聚合物。液-液分散法(也称为反溶剂法)是制备玉米醇溶蛋白纳米颗粒常用的方法之一。天然玉米醇溶蛋白分子的刚性太强,制备的纳米颗粒的应用受到限制。通过调控外界条件可以改善玉米醇溶蛋白分子柔性。蛋白质的柔性反映了蛋白质为了适应外界环境的变化而进行自身分子结构调整的能力。通过介质极性的变化可以诱导玉米醇溶蛋白自组装形成极性、颗粒和柔性均不同的纳米颗粒。不同极性、柔性纳米颗粒在油-水界面具有很强的吸附能力,对稳定不同类型的乳化液(油包水、水包油)具有重要的意义。不同极性、柔性纳米颗粒可以随着所处的环境条件调节自身结构而表现出很强的环境适应能力,对疏水性的小分子物质具有很强的运载能力,对不同的离子具有很强的吸附能力,而且表现出很强的电导性。

　　本书共分为八章,第一章总结性地描述了玉米蛋白粉、玉米醇溶蛋白的基本性质、理化指标、功能特性。第二章介绍了大豆蛋白的主要组分、氨基酸组成、大豆蛋白7S和11S的理化性质等。第三章系统地介绍了蛋白质自组装的概念、机理、影响因素,自组装淀粉样纤维聚合物和自组装颗粒的形成机理、主要作用力。第四章详细地描述了不同大豆蛋白自组装纤维聚合物的形态、作用力差异、主要灰分、组分和热力学差别。第五章比较了大豆蛋白不同组分自组装能力差异,大豆蛋白组分、聚合物形态的差异,以及不同组分形成聚合物能力的变化和形成聚合物过程。第六章详细研究了酸性亚基自组装聚合物的形成,对影响纤维聚合物形成的因素(包括温度、pH、离子形式、蛋白质组分之间的影响)进行了系统的研究,同时分析了酸性亚基形成纤维聚合物的具体过程。第七章系统地研究了玉米醇溶蛋白自组装纳米颗粒的形成过程,包括介质极性对玉米醇溶蛋白纳米颗粒形态的影响、介质极性对玉米醇溶蛋白纳米颗粒尺寸的影响、介质极性对玉米醇溶蛋白双亲能力的影响、蛋白构象的转变、自组装聚合物动力学等的变化。第八章介绍了复合物功能性质的差异,包括复合物制备最佳条件确定、流变学特性的比较、复合聚合物乳化性的分析及复合聚合物结构和功能的关系和构建。

　　本书中,董世荣(哈尔滨学院)负责第三章至第八章(共计 16.8 万字)的撰写工作,沙珊珊(哈尔滨学院)负责第一章和第二章(共计 8.5 万字)的撰写工作。

　　本书参考了大量的相关文献,对相关作者深表感谢。由于作者学识与经验有限,加之时间仓促,书中谬误之处难以避免,恳请同行专家和读者不吝指正。

著者

2023 年 8 月

目 录

第一章　玉米醇溶蛋白概述

第一节　玉米

玉米（*Zea mays* L.）属于一年生乔本科草本植物，最早产地是中美洲。玉米属于世界三大粮食作物（小麦、玉米、水稻）之一，除了可以作为粮食外，因其价格便宜、淀粉含量高而被广泛应用于制作饲料、酿造、淀粉、生物制药、黏合剂等相关行业。与小麦和水稻两种农作物不同，玉米属于温季农作物，其需要更温暖的生长环境，而且单位产量更高、增产潜力更大。

玉米是我国重要的大宗粮食作物之一，种植面积广、产量高。根据国家统计局数据显示，2011—2020年我国玉米播种面积总体呈现增长趋势，到2019年我国玉米播种面积为41284.06千公顷，同比下降2.01%。2020年我国玉米播种面积基本稳定，为41264.26千公顷，与2019年持平。2022年中国玉米播种面积达43070千公顷，较2021年减少254.1千公顷，同比减少了0.59%。2012—2021年我国玉米产量总体呈小幅波动趋势。但是我国坚持绿色高质量新发展理念，深化农业供给侧结构性改革，加强各项支农惠农政策扶持，充分调动农民生产积极性。适度扩大种植面积，依靠科技，主攻单产，优化品质，调优结构。坚持市场导向，强化政策扶持，推进科技创新，转变发展方式，大力提高玉米综合生产能力，延伸产业链。我国玉米总产量呈现整体上升趋势。2020年我国玉米产量为26067万吨，2022年我国玉米产量达到27720万吨，较2021年增加了264.8万吨，同比增长0.96%。

一、玉米籽粒的形成

（一）开花与受精

玉米是异花授粉作物，花粉主要靠风力传播。通常玉米雌穗和雄穗同时抽出，雄穗扬粉的同时雌穗花柱抽出，这样有利于结实。但也有先抽穗后扬粉或扬粉接近结束时花柱才抽出的类型。玉米花柱抽出的快慢、雄穗扬粉时间的长短及花粉量的大小，不仅与品种特性有关，也极易受环境的影响，这些因素包括土壤水分、养分供应状况、气候因素等。

土壤养分、水分供应不足时，玉米花粉量减少，严重干旱甚至不能扬粉。在土壤水分及养分供应状况正常的情况下，在气候因素中，日照时数影响最大，其次是温度和湿度。在辽宁省沈阳市的观察显示，在晴天的情况下，7月中旬玉米在早上7时就可以大量扬粉，到8月上旬时，即使温度和湿度与以前相近，但是扬粉时间延至早上9时以后，而且花粉量明显不足。此外，玉米扬粉对温度和湿度也有一定的要求，温度过低或湿度过大均延迟扬粉时间且花粉量较少。

当玉米花柱的柱头接受风力传来的花粉粒时，黏着在柱头上的花粉粒约5min后即生出花粉管。花粉管进入花柱并向下生长，此时花粉粒中的营养核和2个精核移至继续生长的花粉管的顶部，花粉发芽后经过12~24h到达子房，其后花粉管破裂释放出2个精核，其中1个精核和子房中间的2个极核融合形成三倍体细胞，最后发育成为胚乳，另外1个精核和卵细胞融合形成二倍体的合子，最后发育成为胚。这是正常的双受精过程。Sarkar和Con（1971）发现玉米大约有2%的异核受精现象，即子房中的极核和卵核分别和来自不同花粉粒的精核受精。异核受精的结果导致一个籽粒中的胚和胚乳的基因型不一致。

（二）组织分化及种子形成

完成受精后的子房要经过40~50天，增长约1400倍而成为籽粒，胚和胚乳形成和养分积累需35~40天，其余时间用于失水干燥和成熟。

1. 胚形成

从雌穗吐丝受精到种胚具有发芽能力是种子的形成过程，一般需要12~15天。合子于受精后分裂成大小不等的两个原胚细胞，其中基部的一个发育胚柄，顶端的一个形成种胚。在此期间籽粒呈胶囊状，粒积扩大，胚乳呈清水状。在此过程中，以胚分化为主，干物质积累缓慢，灌浆速度平均为每粒1.5mg/天左右；过程末，干物质积累量达成熟时粒重的5%~10%。玉米授粉后3~4天形成具有10~20个细胞的球形胚，授粉后5~6天胚呈棒槌状，7~8天胚柄形成，10天左右先后分化出胚茎顶点和盾片；15天左右胚分化出第一、第二叶原基及胚根，开始具有发芽能力，其体积为成熟种子胚的14%~15%；授粉后16天分化出根冠，盾片中积累淀粉；授粉后22天左右分化出4个叶原基及次生根原基；30天左右分化产生5个叶原基，发芽率达100%，胚分化结束。

2. 胚乳形成

极核受精后形成胚乳。受精后2天，初生胚乳核分裂形成4个游离胚乳核；3天则达60个游离细胞核；5天游离细胞核开始形成细胞壁，成为完整的胚乳细胞，胚乳细胞不断分裂，至授粉后12天时，胚乳细胞已占据全部珠心，珠心组织解体；授粉后8~16天，胚乳细胞分裂最旺盛，细胞数量剧增，是胚乳细胞分裂建成的主要时期，也是决定籽粒体积和粒重潜力的关键时期；授粉后10天时，胚乳细胞内在细胞核周围开始形成淀粉粒，到 12 天，淀粉量增加，几乎充满了整个胚乳细胞，表明籽粒开始进入乳熟阶段。

3. 黑色层形成

玉米籽粒基部与胎座相邻的胚乳传递细胞带，是植株营养进入胚的最后通道，其发育程度和功能期长短，对胚的发育和胚乳中营养物质的积累至关重要。胚乳基部细胞于授粉后 10 天开始向传递细胞分化；但在授粉后 15 天内，其细胞壁的加厚和壁内突的形成很慢，此后速度加快，至授粉后的 20 天，已经形成了由 3~4 层细胞、横向由 65~70 列细胞构成的传递细胞带，进入功能期，粒成熟时，胚乳传递细胞被内突壁充满，但狭小的细胞腔中仍有较浓稠的细胞质，其中含有黑色和晶状颗粒；与传递细胞带紧邻的果皮组织中形成黑色层。黑色层的形成为玉米生理成熟的标志。

4. 盾片

玉米盾片具有营养物质贮藏和生理代谢双重功能，对籽粒发育、萌发极为重要。据研究，掖单 13 号授粉后 10 天，盾片形成，处于组织分化期，细胞中已含有少量脂体和淀粉粒，授粉后 20 天，盾片细胞中液泡消失，形成大量脂体和淀粉粒，上皮细胞与胚乳相邻胞壁及径向壁外段次生加厚，内部细胞中开始形成蛋白质体，授粉后 35 天，上皮细胞径向壁加厚达细胞的 2/3 处，薄壁细胞壁处有发达的胞间连丝，内部细胞中形成了许多蛋白质体。籽粒成熟时，盾片上皮细胞径向壁的内段仍保持薄壁状态，加厚壁上有波状内突，胞质中含有大量的脂体和少量淀粉粒，内部细胞中有大量蛋白质体和较多的淀粉粒。

(三) 种子成熟过程

依据种子胚乳状态及含水率的变化，分为乳熟、蜡熟及完熟 3 个时期。

1. 乳熟期

乳熟期是指从胚乳呈乳状开始到变为糊状结束，历时 15~20 天。一般早熟品种从授粉后 12 天起到 30 天或 35 天止，晚熟品种从授粉后 15 天起到 40 天止。乳熟期籽粒及胚的体积都接近最大值，干物质积累总量达成熟时的 80%~90%。干重增长速度快，灌浆高峰期出现在授粉后 22~25 天，是决定粒重的关键时期。种子含水率变化范围为 50%~80%，处于平稳状态。种子发芽率达 95% 左右，田间出苗率也较高。在此期间，苞叶为绿色，果穗迅速加粗。

玉米授粉 30 天左右，籽粒顶部胚乳组织开始硬化，与下面乳汁状部分形成一个横向界面，此界面称为乳线。乳线出现的时期叫乳线形成期。这时籽粒含水率为 51%~55%，籽粒干重为成熟时的 60%~65%。随着籽粒成熟，乳线由籽粒顶部逐渐向下移动，于授粉后 48~50 天消失。乳线消失是玉米成熟的标志。

2. 蜡熟期

蜡熟期是指从胚乳呈糊状开始到蜡状结束，一般需要 10~15 天。早熟品种由授粉后 30 天或 35 天起到 40 天或 50 天止；晚熟品种从 40 天起到 55 天止。在此期间，籽粒干重增长缓慢。籽粒干物重达成熟时的95%左右，含水率由50%降低到40%以下，处于缩水阶段，粒积略有减小。玉米授粉后 40 天 左右，乳线下移至籽粒中部，籽粒含水率为40%左右，干重为成熟时的90%。

3. 完熟期

籽粒从蜡熟末期起干物质积累基本停止，经过继续脱水，含水率下降到30%左右。这时籽粒变硬，乳线下移至籽粒基部并消失，黑层形成，皮层出现光泽，呈现品种特征，苞叶变干、膨松。

二、玉米籽粒的形态结构

(一) 籽粒外观

玉米的种子实质上是果实，植物学上称为颖果，通常称为"种子"或籽粒，其形状和大小因品种而异。与其他粮食作物一样，玉米的种类繁多，可以根据不同的特性对其进行分类。玉米籽粒最常见的形状有马齿形、半马齿形、三角形、近圆形、扁圆形和扁长方形等，一般长 8~12mm，宽 7~10mm，厚 3~7mm。成熟的玉米籽粒由皮层、胚乳和胚 3 部分组成。籽粒百粒重最小的只有5g，最大可达40g以上。根据玉米的品种可以分为硬玉米、凹玉米、甜玉米、爆玉米 4 种类型；根据玉米的颜色可以分为黄玉米、白玉米、红玉米和混合玉米 4 种类型；根据玉米形状可以分为硬粒型、半马齿型、马齿型 3 种类型；根据玉米籽粒的形态、胚乳结构以及稃壳的有无可以分为硬粒型、马齿型、半马齿型、粉质型、甜质型、甜粉型、蜡质型、爆裂型和有稃型 9 种类型。

1. 硬粒型

硬粒型也称燧石型，多为方圆形，顶部及四周胚乳多为角质，仅中心近胚部分为粉质，故外壳透明、有光泽，坚硬饱满。粒色多为黄色，间或有白、红、紫等色籽粒。籽粒品质好，适应性强，成熟较早，但产量较低，主要作粮食用。

2. 马齿型

马齿型又叫马牙种，籽粒扁平，呈长方形或方形，籽粒两侧的胚乳为角质，中部直到顶端的胚乳为粉质，成熟时因顶部的粉质部分失水收缩较快，因而顶部的中间下凹形似马齿，故称马齿型。顶部凹陷深度随粉质多少而定，粉质愈多，凹陷愈深，籽粒表面皱缩，呈黄、白、紫等色。籽粒品质较差，成熟晚，产量高，适于制造淀粉、酒精或作饲料。

3. 半马齿型

由硬粒种和马齿种杂交而来。籽粒顶部凹陷较马齿种浅，也有不凹陷的，仅呈白色斑点状，顶部的胚乳粉质部分较马齿种少，但比硬粒种多，品质亦较马齿种为好，产量较高。

4. 粉质型

粉质型又称软质种，胚乳全部为粉质。籽粒乳白色，组织松软，无光泽，适于作淀粉原料。

5. 甜质型

甜质型又称甜玉米。胚乳多为角质，含糖分多，含淀粉较少。因成熟时水分蒸发使籽粒表面皱缩，呈半透明状。多做蔬菜用。

6. 甜粉型

籽粒上半部为角质胚乳，下半部为粉质胚乳。

7. 蜡质型

为糯性玉米。籽粒胚乳全部为角质，不透明，切面呈蜡状，全部由支链淀粉组成。食性似糯米，黏柔适口。

8. 爆裂型

籽粒小而坚硬，呈米粒形或珍珠形，胚乳几乎全部为角质，仅中部有少许粉质。品质良好，适宜加工爆米花等膨化食品。

9. 有稃型

籽粒被较长的稃壳包裹，籽粒坚硬，难脱粒，是一种原始类型。

(二) 玉米颖果结构

玉米颖果的结构较为复杂，由果皮、种皮、胚芽、胚轴、胚根、子叶和胚乳等组成，玉米颖果基本结构如图1-1所示。

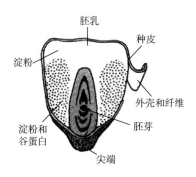

图1-1　玉米颖果的结构示意图

1. 皮层

玉米籽粒皮层由果皮和种皮组成，具有母本的遗传性，皮层下为糊粉层。

果皮由子房壁发育而来，是籽粒的保护层，光滑而密实。果皮表面是一层薄的蜡状角质膜，下面是几层中空细长的已死亡细胞，是一层坚实的组织。该层下面有一层称为管细胞的海绵状组织，是吸收水分的天然通道。多数果皮无色透明，少数具有红、褐等色，受母本遗传的影响。

种皮是在海绵状组织下面一层极薄的栓化膜，由珠被发育而来。一般认为，层皮膜起着半透膜的作用，限制大分子进出胚芽、胚乳，保护玉米籽粒免受各种霉菌及有害液体的侵蚀。

在种皮和胚乳中间是糊粉层，是厚韧细胞壁的单细胞层，含有大量蛋白质和糊粉粒，营养成分较高。糊粉层具有多种不同的颜色，种皮和糊粉层所含的色素决定了籽粒的颜色。

果皮占籽粒质量的 4.4% ~ 6.2%，糊粉层占籽粒质量的 3% 左右。糊粉层下面有一排紧密的细胞，称为次糊粉层或外围密胚乳，其蛋白质含量高达 28%，这些小细胞在全部胚乳中的比例少于 5%，它们含有很少的小淀粉团粒和较厚的蛋白质基质。

2. 胚乳

玉米胚乳位于糊粉层内，是受精后形成的下一代产物。胚乳部分占籽粒干重的 78% ~ 85%。胚乳主要由蛋白质基质包埋的淀粉粒和细小蛋白质颗粒组成，分为半透明和不透明两部分。与糊粉层相接的胚乳部分只有黄或白两种颜色。成熟的胚乳由大量细胞组成，每个细胞充满了深埋在蛋白质基质中的淀粉颗粒，细胞外部是纤维细胞壁。按照胚乳的质地分为角质和粉质两类，通常受多基因控制；其他一些胚乳性状，如标准甜、超甜、蜡质、粉质等属于单基因突变体。

对于硬粒型籽粒，其淀粉和蛋白质体更多地集中在胚乳四周，从而形成坚硬的角质外层。

对于马齿型籽粒，粉质结构可一直扩展到胚乳顶部，籽粒干燥时形成明显的凹陷。在形态学上，角质区和粉质区的分界线不明显，但粉质区细胞较大，淀粉颗粒大且圆，蛋白质基质较薄。粉质区在籽粒干燥过程中，蛋白质基质呈细条状崩裂，产生了空气小囊，从而使粉质区呈白色不透明和多孔结构，淀粉更易于分离。

对于角质胚乳，较厚的蛋白质基质虽然在干燥期间也收缩，但不崩裂。干燥产生的压力形成了一种密集的玻璃状结构，其中的淀粉颗粒被挤成多角形。角质胚乳组织结构紧密，硬度大，透明而有光泽。角质区胚乳的蛋白质含量比粉质区多 1.5% ~ 2.0%，黄色胡萝卜素的含量也较高。角质淀粉因包裹在蛋白质膜中，相互挤压呈稍带棱角的颗粒，而粉质淀粉近似球状。

3. 胚

胚位于玉米籽粒的宽边中下部面向果穗的顶端，被果皮和一层薄的乳细胞包住，也是受精后形成的。玉米籽粒胚部较大，占籽粒干重的 8%～20%，其体积占整个籽粒的 1/4～1/3。胚由胚芽、胚根鞘、根及盾片构成。

盾片是胚的大部分组织，形似铲状，含有大量的脂肪，可向正在发芽的幼苗输送和消化贮存在胚乳中的养分。

胚芽和胚根基位于盾片外侧的凹处。在成熟籽粒中，胚芽有 5～6 个叶原体。周包着圆柱形的胚芽鞘（即子叶鞘）。在玉米发芽时，胚芽鞘首先伸出地面，保护卷筒形幼苗从中长出。胚根基外面包着胚根鞘，是胚根萌发的通道，胚根鞘伸长不明显。

4. 果梗与黑层

种子下端有一个与种皮接连的"尖冠"状的果梗。果梗与种子之间有一层很薄的黑色覆盖物，即黑层。

果梗不仅连接籽粒与穗轴，还有在种子成熟过程中输送养分和保护胚的作用。只有在种子完全成熟时，黑层才出现，因此黑层的形成是籽粒成熟的标志。在玉米收获脱粒时，果梗常留在种子上。由于遗传原因，有的玉米在籽粒脱粒时果梗脱落，个别的还存在果梗与黑层同时脱落的现象。如果黑层脱落，则在籽粒贮存和萌发时易造成病菌侵入，影响出苗和植株的生长。

三、玉米籽粒营养品质

（一）玉米籽粒品质概述

根据玉米籽粒的营养成分、加工性能、感观特征，可以将玉米籽粒品质分为营养品质、加工品质、商品品质。营养品质是玉米品质的一个最重要的指标，其不同营养成分含量对玉米籽粒作为粮食、饲料、化工、医药原料的质量都有很大影响。

玉米籽粒营养品质主要是指玉米籽粒中所含营养成分的比例和化学性质。营养成分包括淀粉、蛋白质、脂肪、各种维生素和微量元素等。蛋白质不仅包括人畜必需氨基酸如赖氨酸、色氨酸、蛋氨酸等含量，还包括蛋白质的溶解特性。玉米脂肪品质主要是指不饱和脂肪酸如亚油酸的含量。由于玉米淀粉有支链淀粉和直链淀粉，因此淀粉品质中支链淀粉与直链淀粉的比例是重要的指标，此外还包括直链淀粉长度、支链淀粉的分支数量等。玉米富含多种维生素，包括维生素 A、维生素 E、B 族维生素和胡萝卜素等。

微量元素分为有益和有害两种，人们所需要的是有益矿质微量元素如 Zn、

Se 适量增加，而有害元素如 Cd、As 含量符合标准。

加工品质是指通过深加工后所表现出的品质。目前玉米加工业主要包括营养成分提取工业和食品加工业。为了提取玉米营养成分，良好的加工品质通常指易于提取、含量高、杂质少。对于食品加工业，需要注意玉米的食用品质或适口性，经过深度加工的产品可以更充分地发挥营养品质的效果，使食品的营养性能与良好的适口性相结合。

商品品质指玉米籽粒的形态、色泽、整齐度、容重以及外观或视觉性状，还包括化学物质的污染程度。

（二）玉米籽粒的营养成分

玉米的营养丰富，其中碳水化合物含量高达83.7%，但是粗脂肪的含量仅为1.3%，该成分配比赋予了玉米具有16.39 MJ/kg的高消化能的特性。同时玉米中还含有尼克酸、谷固醇、卵磷脂、胡萝卜素、谷胱甘肽、维生素 A、B 族维生素、维生素 E 以及钙、磷、铁、镁等多种无机盐，对预防心血管疾病、防治肥胖、预防癌症和肠道等疾病起到了积极的作用。尤其在近些年，人们的健康意识不断提升，在市场上用玉米生产的保健食品也日益丰富。尽管玉米的营养非常丰富，但仍然存在相应的缺陷。如玉米中缺乏必需氨基酸中的赖氨酸和色氨酸，所以在以玉米为主食时，需要同时摄入其他来源的蛋白质才能达到营养均衡。

胚乳和胚芽是玉米颖果的主要组成部分。玉米颖果不同部位的营养成分（蛋白质、淀粉、油脂、灰分、水分）和含量存在显著的差异，其具体的含量和成分见表1-1。从表1-1可以得出淀粉和油脂分别分布在胚乳和胚芽中，玉米中的淀粉含量高达62%，蛋白质的含量为7.8%。而在胚乳中淀粉含量高达87%，蛋白质含量为8%，其他成分含量较低。玉米中如此高的淀粉含量，引起了人们的广泛关注。而且随着科学技术的迅速发展，将淀粉经过发酵生成酒精也进行了产业化，使玉米淀粉行业得到了突飞猛进的发展。

表 1-1　基本成分在玉米和玉米加工副产物中的分布

成分	整颗籽粒/%	干重/%						
		胚乳	胚芽	果皮	尖端	玉米蛋白饲料	玉米蛋白质粉	玉米干酒粕
淀粉	62.0	87	8.3	7.3	5.3	27	20	—
蛋白质	7.8	8	18.4	3.7	9.1	23	65	27
油脂	3.8	0.8	33.2	1	3.8	2.4	4	13
灰分	1.2	0.3	10.5	0.8	1.6	1	1	4

续表

成分	整颗籽粒/%	干重/%						
		胚乳	胚芽	果皮	尖端	玉米蛋白饲料	玉米蛋白质粉	玉米干酒粕
其他*	10.2	3.9	29.6	87.2	80.2	46	10	56**
水	15.0	—	—	—	—	—	—	—

注 *存在差异，包括纤维、非蛋白氮、戊聚糖、植酸、可溶性糖和叶黄素，**也包括甘油、有机酸和乙醇发酵的其他副产物。

1. 淀粉及其他碳水化合物

淀粉是玉米主要储能物质，主要存在于胚乳细胞中，胚芽和皮层的淀粉含量较少。玉米淀粉按其结构可分为直链淀粉和支链淀粉两种。普通玉米的直链淀粉和支链淀粉含量分别为23%~27%和73%~79%。此外，成熟玉米籽粒中还含有1.5%左右的可溶性糖，其中绝大部分是蔗糖。

2. 蛋白质

玉米中的粗蛋白质大约75%存在于胚乳中，20%在胚芽中，其余则存在于皮层和糊粉层中。

按照蛋白质溶解性，玉米蛋白质可分为溶于水的白蛋白、溶于盐的球蛋白、溶于酒精的醇溶蛋白、溶于稀碱的谷蛋白和不溶于液体溶剂的硬蛋白，其中含量较大的是醇溶蛋白和谷蛋白。醇溶蛋白是普通玉米籽粒蛋白质的主要组分，占蛋白质总数50%以上；谷蛋白占35%以上；其余为白蛋白、球蛋白和硬蛋白，各占5%以下。各类蛋白质的氨基酸含量差别较大。赖氨酸和色氨酸是人类必需的氨基酸，但醇溶蛋白中的含量分别仅为0.2%和0.1%。谷蛋白中的氨基酸组成较为平衡，含有2.5%~5%的赖氨酸。

胚芽和胚乳的蛋白质组分存在较大差别，胚乳中醇溶蛋白占43%左右，而谷蛋白仅为28%。胚芽蛋白中，谷蛋白约为54%，醇溶蛋白仅为5.7%。胚芽中蛋白质的赖氨酸和色氨酸含量分别为6.1%和1.3%，胚乳中蛋白质的赖氨酸和色氨酸含量分别为2.0%和0.5%。从营养价值角度来看，胚芽蛋白的营养价值明显优于胚乳蛋白。

众所周知，通常蛋白质是由20种基本氨基酸中的部分或全部组成的。蛋白质中的氨基酸种类及所占比例，对人体或动物所需要的食品或饲料非常重要。因此，常将含有全部氨基酸的蛋白质称为全价蛋白。对于玉米中的蛋白质，由于其类型不同，所含有的氨基酸种类也不尽相同。其中，玉米醇溶蛋白属于非全价蛋白，因为其几乎不含有赖氨酸和色氨酸等必需氨基酸；而白蛋白、球蛋白和谷蛋白则为全价蛋白。按照营养价值，玉米蛋白并不是人类理想的蛋白质来源。玉米胚中分别含有 30%左右的白蛋白和球蛋白，是生物学价值较高的蛋白质。

3. 脂肪

玉米籽粒脂肪含量在 1.2%~20%，80%以上的脂肪存在于玉米胚中，其次是糊粉层，胚乳和种皮的含油量很低，只有 0.64%~1.06%。玉米油的主要脂肪酸成分是亚油酸、油酸、软脂酸和硬脂酸。玉米脂肪约含有 72%的液态脂肪酸和28%的固体脂肪酸。此外，在玉米油中还含有一些微量的其他脂肪酸以及磷脂、维生素 E 等。

玉米油是一种优质植物油，稳定性能最好，色泽透明，气味芳香，含有维生素 E 和 61.9%的亚油酸，易被人体吸收，特别适于家庭食用。玉米油还有降低胆固醇含量、防止血管硬化、预防肥胖症和心脏病的功效。

第二节　玉米蛋白粉

一、玉米加工技术

目前，玉米的加工主要有干法加工、碱法加工、湿法加工和干磨处理 4 种方法。碱法加工和干磨处理获得的玉米可以供人们直接食用，湿磨法获得的初级产品是淀粉和玉米油，乙醇干磨法的主要产品为酒精。玉米湿磨法的蛋白质副产物是玉米蛋白粉和玉米蛋白饲料。

玉米干法制粉有两个基本方法，即去胚和不去胚工艺。不去胚的干磨加工属于旧法，是将整个籽粒全部磨粉，胚留在粉中会影响其储藏保留时间。大多数商品玉米粉是用新法加工的，即用去皮玉米籽粒再去胚后加工的，能同时生产玉米糁、脱脂玉米粉及玉米胚芽等干法分离产品。

玉米干法制粉加工包括清理、水分调节、脱皮、破粒脱胚、粗碎精选和制粉等工序，基本工艺流程如图 1-2 所示。

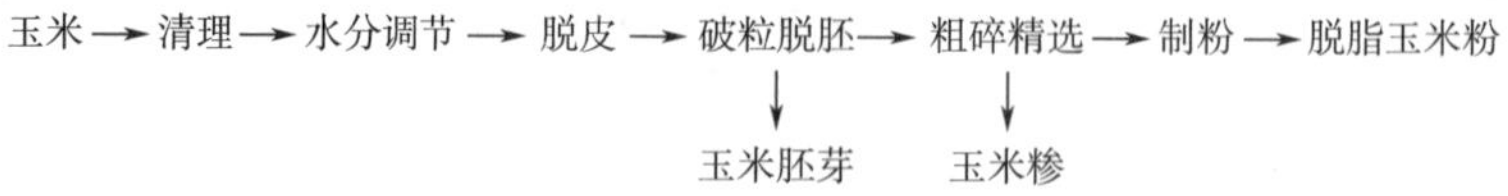

玉米 → 清理 → 水分调节 → 脱皮 → 破粒脱胚 → 粗碎精选 → 制粉 → 脱脂玉米粉
　　　　　　　　　　　　　　　　　↓　　　　　↓
　　　　　　　　　　　　　　　玉米胚芽　　玉米糁

图 1-2　玉米粉加工工艺流程

水分调节是在玉米清理后，一般将其水分含量调节至 15%~17%，有些玉米品种则要求含水量达到 21%。

脱皮可以使用砂辊碾米机或砂臼碾米机进行，借砂辊的碾削和擦离作用去皮碾白。

破粒脱胚可采用粉碎机、横式砂铁辊碾米机、脱胚机完成。玉米脱胚机是一种特殊的磨粉机，它由两个锥形表面组成，二者嵌套在一起旋转，以此摩擦玉米去除皮层和胚芽。

粗碎精选，粗碎的机械种类很多，常用的有齿辊式粉碎机、锤片式粉碎机、爪式粉碎机和砂盘粉碎机等。玉米粗碎后利用直径 2mm 或 1mm 的筛面筛选分离出不同粒度的玉米糁，玉米糁粒度视不同地区食用习惯而定。

制粉，一般采用四道磨粉，通过辊式磨粉机研磨和筛理系统进行制粉。得到脱脂玉米粉，全通 90 目筛为细玉米面，全通 70 目筛为粗玉米面。

在干法乙醇加工过程中的主要副产物有玉米酒糟粕或者含有酒精的玉米酒糟，这些副产物的蛋白质含量和其他成分的含量也存在很大的不同。玉米蛋白粉的主要成分为蛋白质，其次为淀粉，如果对玉米蛋白粉中的蛋白质加以利用，可以一定程度上解决蛋白质资源问题，以及提高玉米加工厂的经济效益。

二、玉米蛋白粉的组成

玉米蛋白粉中的蛋白质并不是单一的蛋白质，而是多种蛋白质。目前最常用的分类方式是根据在不同介质中的分散能力，将玉米中的蛋白质分为 4 大类，见表 1-2。

表 1-2　玉米中蛋白质的组分

蛋白种类	溶解度	全粒/%（干基）	胚乳/%（干基）	胚芽/%（干基）
白蛋白	水	8	4	30
球蛋白	盐	9	4	30
谷蛋白	碱	40	39	25
醇溶蛋白	乙醇	39	47	5

这 4 类蛋白质分别是溶于水的白蛋白、溶于盐溶液的球蛋白、溶于碱溶液的谷蛋白和溶于乙醇溶液的醇溶蛋白。4 种玉米蛋白分布在玉米的不同部分，几乎所有的玉米醇溶蛋白都分布在胚乳中，谷蛋白分布在胚乳和胚芽中，白蛋白和球蛋白主要分布在胚芽中。玉米醇溶蛋白作为醇溶类蛋白质，在谷物中发挥着特定的作用（相当于大麦中的大麦醇溶蛋白和小麦中的醇溶蛋白），而且玉米醇溶蛋白是胚乳中的主要储藏蛋白质，其含量与玉米胚乳的硬度呈正相关。一般而言，

不同的玉米品种含有不同的蛋白质含量，但是以干基计算，玉米中蛋白质含量在6%~12%，其中75%的蛋白储藏在胚乳组织，其余的分布在胚芽和麸皮中。

第三节　玉米醇溶蛋白组成和结构

玉米醇溶蛋白（zein）作为玉米深加工的主要副产物之一，是高经济价值的天然植物蛋白质，具有可降解、可再生、非致敏、独特自组装、生物相容等众多优良特性。随着玉米产量逐年提高与玉米深加工副产物利用效能低这一矛盾逐渐凸显，挖掘玉米醇溶蛋白利用的新模式，推动玉米醇溶蛋白的全值利用具有十分重要的意义。

一、玉米醇溶蛋白的组分

与大多数植物蛋白质相同，玉米醇溶蛋白并不是单一的组分，而是由多种组分组成。一般根据溶解度、氨基酸序列和相对分子质量的不同对其进行分类，主要分为4种类型，分别为 α、β、γ 和 δ。根据聚丙烯酰胺凝胶电泳（SDS-PAGE）的结果发现，α-玉米醇溶蛋白包含分子量为 19 kDa 和 22 kDa 的 2 条条带，γ-玉米醇溶蛋白含有分子量为 26 kDa 和 27 kDa 的 2 个肽段，β-玉米醇溶蛋白仅含有分子量为 15 kDa 的条带，δ-玉米醇溶蛋白含有分子量为 10 kDa 的条带。这 4 种组分的含量不同，其中 α-玉米醇溶蛋白是玉米醇溶蛋白的最主要成分，占总玉米醇溶蛋白的 70%~85%，而 γ-玉米醇溶蛋白的含量为 10%~20%，β-玉米醇溶蛋白和 δ-玉米醇溶蛋白的含量均占总玉米醇溶蛋白的 1%~5%，具体见表 1-3。

表 1-3　玉米醇溶蛋白组分

组分	比例/%
α-玉米醇溶蛋白	70~80
β-玉米醇溶蛋白	1~5
γ-玉米醇溶蛋白	10~20
δ-玉米醇溶蛋白	1~5

4 种组分的氨基酸也存在很大差异，见表 1-4。从表 1-3 的氨基酸组成可以发现，玉米醇溶蛋白的 4 种组分均含有亲水氨基酸和疏水氨基酸，都具有双亲性。但是 4 种组分的亲水残基和疏水残基的比例不尽相同，从而赋予了 4 种组分在水中不同的分散潜力。从整体的氨基酸组成而言，玉米醇溶蛋白含有较多的疏水氨基酸，如谷氨酰胺、亮氨酸、脯氨酸和丙氨酸，从而具有易分散在非极性介

质（如有机溶剂）中的特性，而在极性溶剂中具有较低的分散能力，尤其在纯水中很难分散。一般而言，基团的疏水性和基团的非极性成正比，即非极性越大，疏水性越强。例如，水分子极性很强，而非极性有机分子没有任何可以分离的静电荷，所以水分子对有机分子没有任何的吸引力，但是水分子之间有很强的吸引力，所以水分子可以把有机溶剂"挤出去"，从而该有机溶剂不能与水互相分散，所以该有机溶剂具有很强的疏水性。

半胱氨酸因为含有一个游离巯基而具有特定的生物活性，在氧化剂的作用下，2 个游离巯基（—SH）生产一个二硫键，而在还原剂的作用下又断开重新生成游离巯基，这个反应对蛋白质的功能性质产生很大的影响。4 种组分的半胱氨酸含量也不同。其中 α-玉米醇溶蛋白仅含有 1~3 个半胱氨酸，而 γ-玉米醇溶蛋白含有 12~15 个半胱氨酸，这说明两者形成二硫键的潜力不同。异亮氨基酸是 20 种氨基酸中疏水性最强的氨基酸，α-玉米醇溶蛋白和 γ-玉米醇溶蛋白 2 种蛋白质中异亮氨基酸的含量明显不同，其中 α-玉米醇溶蛋白含有 22 个异亮氨基酸，而 γ-玉米醇溶蛋白仅含有 6 个异亮氨基酸。通过对表 1-3 中 α-玉米醇溶蛋白和 γ-玉米醇溶蛋白的亲水和疏水氨基酸进行统计，结果发现 α-玉米醇溶蛋白质中亲水氨基酸和疏水氨基酸的比例为 0.92，而 γ-玉米醇溶蛋白的亲水氨基酸和疏水氨基酸的比例为 1.22。从氨基酸组成上可以推断出 γ-玉米醇溶蛋白比 α-玉米醇溶蛋白具有更高的溶于水的潜力。

表 1-4 玉米醇溶蛋白 4 种组分的氨基酸组成

氨基酸（aa）	氨基酸					
	α-玉米醇溶蛋白（19 kDa）	α-玉米醇溶蛋白（22 kDa）	γ-玉米醇溶蛋白（27 kDa）	γ-玉米醇溶蛋白（26 kDa）	β-玉米醇溶蛋白（15 kDa）	δ-玉米醇溶蛋白（10 kDa）
丙氨酸	35	41	16	20	28	15
缬氨酸	7	15	17	10	7	5
亮氨酸	48	51	25	19	19	20
异亮氨酸	11	11	4	2	2	3
甲硫氨酸	3	6	2	4	20	31
苯丙氨酸	13	10	2	7	1	6
色氨酸	0	0	0	1	0	0
脯氨酸	22	21	51	25	15	20
甘氨酸	2	3	13	15	14	4

氨基酸（aa）	氨基酸					
	α-玉米醇溶蛋白（19 kDa）	α-玉米醇溶蛋白（22 kDa）	γ-玉米醇溶蛋白（27 kDa）	γ-玉米醇溶蛋白（26 kDa）	β-玉米醇溶蛋白（15 kDa）	δ-玉米醇溶蛋白（10 kDa）
丝氨酸	19	16	10	11	11	10
苏氨酸	8	10	10	6	3	6
酪氨酸	8	7	4	8	12	1
天冬酰胺	11	13	0	1	3	3
谷氨酰胺	43	49	30	31	25	15
天冬氨酸	1	0	0	0	1	1
谷氨酸	1	1	2	3	3	0
赖氨酸	1	1	0	1	1	1
精氨酸	3	3	6	3	5	0
组氨酸	1	5	16	4	0	3
半胱氨酸	3	1	15	12	8	6
总共	240	264	223	183	178	150
极性（%）	42.65	42.26	47.53	51.91	50.00	33.37
非极性（%）	57.35	57.74	52.47	48.09	50.00	66.67
半胱氨酸（%）	0.84	0.38	6.73	6.56	4.49	4.00

二、玉米醇溶蛋白的结构

（一）α-玉米醇溶蛋白的结构

α-玉米醇溶蛋白是玉米醇溶蛋白中最主要的成分，其具有独特的结构特征。目前，针对 α-玉米醇溶蛋白结构的研究较多。研究发现其肽链存在序列同源性：N-端包含 35~37 个氨基酸，C-端有 8 个氨基酸，中间部分包括 9~10 个重复的序列，该序列包括 14~25 个氨基酸残基。其含有 50%~60% 的 α-螺旋结构主要位于肽链的中间部位，15% 的 β-折叠，其他的是无序的结构。从二级结构的含量可以发现，玉米醇溶蛋白含有大量的 α-螺旋结构，而 α-螺旋结构的表面具有很强的疏水性和很高的有序性，所以可以推测 α-玉米醇溶蛋白结构赋予了玉米醇溶蛋白有序性高、疏水性强的特点。Argos 等研究并提出了螺旋型的玉米醇溶蛋白结构，具体如图 1-3 所示。该模型中，玉米醇溶蛋白的分子结构由 9 个重复螺旋结构以反平行的形式排列构成，螺旋之间以氢键维持其结构的稳定，螺旋结构与结构的首尾两端又与谷氨酰胺相连接，最终形成一个轻微不对称的蛋白质分子。利用圆二色光谱的方法测定发现，当玉米醇溶蛋白分散至甲醇溶液中，玉米醇溶蛋白的二级结构中具有 50%~60%的 α-螺旋。

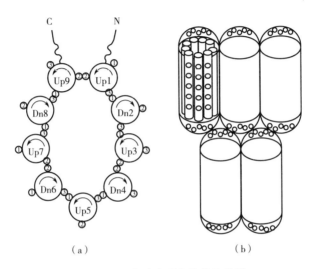

图 1-3　玉米醇溶蛋白的结构模型

随着技术的发展，玉米醇溶蛋白结构模型更加具体化和形象化。例如，1997年 Matsushima 等利用小角 X 射线衍射实验，提出了三维结构模型（图 1-4）。该模型是在螺旋型结构上提出来的，是对螺旋型结构的改进，该试验的条件是乙醇-水溶液介质环境，该模型发现玉米醇溶蛋白的结构呈棱状、瘦长、对称的椭圆形，该模型中分子的长是 13nm，轴径与长度比为 1∶6。

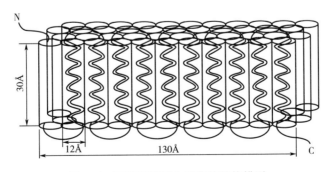

图 1-4　玉米醇溶蛋白四聚体结构模型

基于这样的一个模型，Dugs 等人通过蛋白质预测软件对玉米醇溶蛋白的二级结构含量进行了预测，研究发现玉米醇溶蛋白二级结构中有 65%以上呈现 α-螺旋结构，转角结构占极少数，剩余部分为无规则卷曲。α-螺旋堆积在一起，形成长半球直径为 13. 8nm、短半球直径为 3. 4nm 的椭圆球状结构。

（二）γ-玉米醇溶蛋白的结构

γ-玉米醇溶蛋白是玉米醇溶蛋白中另一种主要的蛋白质，在稳定蛋白体过程中起到至关重要的作用。γ-玉米醇溶蛋白最典型的结构特性是在 N-端有一个（VHLPPP)$_8$ 的重复单位，该结构主要负责 γ-玉米醇溶蛋白在蛋白体表面的聚集。这一结构区域的特殊性主要表现在以下四点：第一是具有 N-末端，第二是脯氨酸串联重复序列域（VHLPPP)，第三是脯氨酸-Xaa（P-X）连接区域，第四是含有丰富半胱氨酸的 C-末端区域（图 1-5）。Bicudo 等人利用傅里叶红外光谱和核磁共振两种方法测定生理状态下的 γ-玉米醇溶蛋白的二级结构，其中 α-螺旋和 β-折叠的含量分别为 33%和 31%。利用圆二色光谱仪测定其含有还原剂的 γ-玉米醇溶蛋白水溶液状态下的二级结构，分别含有 26%的 α-螺旋、24%的 β-折叠、49%的无规则卷曲。

10	20	30	40	50	60
MRVLLVALAL	LALAASATST	HTSGGCGCQP	PPPVHLPPPV	HLPPPVHLPP	PVHLPPPVHL
70	80	90	100	110	120
PPPVHLPPPV	HVPPPVHLPP	PPCHYPTQPP	RPQPHPQPHP	CPCQQPHPSP	CQLQGTCGVG
130	140	150	150	170	180
STPILGQCVE	FLRHQCSPTA	TPYCSGPQCQS	LRQQCCQQLR	QVEPQHRYQA	IFGLVLQSIL
190	200	210	220		
QQQPQSGQVA	GLLAAQIAQQ	LTAMCGLQQP	TPCPYAAAGG	VPH	

图 1-5　γ-玉米醇溶蛋白的氨基酸序列

第四节　玉米醇溶蛋白理化性质

一、基本物理性质

玉米醇溶蛋白的氨基酸序列中绝大部分是疏水性氨基酸和含硫氨基酸，带正电荷的氨基酸和带负电荷的氨基酸含量低，所以具有较强的疏水性，在水溶液中溶解度差，但是由于在食品行业，最常用的溶剂是水，所以在食品以及医药方面，大大地限制了玉米醇溶蛋白的应用。玉米醇溶蛋白的基本物理性质如

表 1-5 所示。

表 1-5 玉米醇溶蛋白的基本物理性质

性质	特点
外观	无定型浅黄色粉末
分子质量	约 35000
组分	主要非极性氨基酸：亮氨酸（19.3g/100g），脯氨酸（9.0g/100g）和丙氨酸（8.3g/100g）；主要极性氨基酸：谷氨酸（22.9g/100g），丝氨酸（5.7g/100g）和酪氨酸（5.1g/100g）
等电点（pI）	6.2
玻璃态转化温度	165℃
热降解点	320℃
溶解度	主要溶剂：醇类、醚类、氨基醇、硝基醇、酸、酰胺和胺；二级溶剂：水和低脂肪酸醇和酮

二、物理形态

基于目前技术水平的限制，玉米醇溶蛋白中存在的叶黄素不易被分离，所以玉米醇溶蛋白为淡黄色固体（图 1-6）。天然、环保、可降解的玉米醇溶蛋白属于在食品行业应用时安全的级别，这样引起了人们的广泛关注。玉米醇溶蛋白独特的结构性质赋予了其强疏水性，如果对其结构进行适当的改变，可以在一定程度上改善其功能性质，从而拓宽其运用范围。

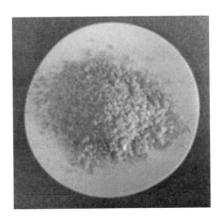

图 1-6 玉米醇溶蛋白粉的物理形态

三、玉米醇溶蛋白提取方法

（一）传统提取过程

传统提取玉米醇溶蛋白的方法中作用材料包括玉米、无水乙醇、纯水。具体步骤如下：第一步是将玉米粉碾磨成细粉末，并加入无水乙醇，静置 15~30min。第二步是将混合物过滤，去除固体颗粒，得到玉米醇溶液。第三步是将醇溶液离心，分离出醇溶蛋白。第四步是用纯水洗涤醇溶蛋白，使其纯度更高。第五步是将醇溶蛋白干燥并保存。

在提取过程中需要注意：材料中的无水乙醇浓度可根据需要进行调整；在操作前应保持清洁卫生，以确保提取出的蛋白质不受污染；操作时注意安全，避免接触皮肤和眼睛。

（二）超声辅助 α-淀粉酶法

将玉米蛋白粉与蒸馏水按 1∶10 混合后，调节 pH 至 6.0，加入 0.9% 的 α-淀粉酶，混合均匀后，在一定条件下进行超声波提取，超声结束后将溶液在 5000r/min 条件下离心 20min，水洗沉淀 3 次，冷冻干燥，得超声辅助 α-淀粉酶法玉米醇溶蛋白。

（三）醇法

将玉米蛋白粉与 80% 乙醇以 1∶10 的比例混合，在室温下搅拌 3h，然后在 5000r/min 条件下离心 20min，将上清液与 1% NaCl 溶液按 1∶1 混合，放置 4℃ 冰箱过夜沉淀后，将沉淀冷冻干燥，得醇法玉米醇溶蛋白。

（四）酶法

将玉米蛋白粉与蒸馏水按 1∶10 混合后，调节 pH 至 6.0，加入 0.9% 的 α-淀粉酶，在 45℃ 下酶解 2h 后，将酶解液在 5000r/min 条件下离心 20min，水洗沉淀 3 次，冷冻干燥，得酶法玉米醇溶蛋白。

（五）超声波法

将玉米蛋白粉与蒸馏水按 1∶10 混合后，放入超声波细胞粉碎机中，设置超声波功率密度 4.75W/cm³，在 65℃ 下超声 35min 后，在 5000r/min 条件下离心 20min，水洗沉淀 3 次，冷冻干燥，得超声波法玉米醇溶蛋白。

第五节　玉米醇溶蛋白功能性质

基于玉米醇溶蛋白的特殊物理和化学特性，其是一种双亲性的蛋白质，表现出特殊的功能特性。

一、分散特性

蛋白质属于有机大分子的化合物，其在水中以分散态（胶体态）存在，这与严格化学意义上的溶解态有很大的区别，即蛋白质在水中形成的是胶体分散系，所以蛋白质的溶解性更确切的定义为分散性。影响蛋白质分散性的因素主要包括 pH、离子强度、温度、溶剂的类型和蛋白质的本身结构等。例如，蛋白质的二级（螺旋和双螺旋链）和三级结构（分子链内和链间的链接）以及主肽链和侧链的长度决定了蛋白质在水中的分散能力。了解蛋白质的分散性可以为天然蛋白质的提取、提纯和分离提供重要的理论依据，同时分散能力与蛋白质的增稠性、起泡性、乳化性和凝胶性等功能性质息息相关，更为重要的是分散性的变化可以作为蛋白质变性程度的一个重要评价指标。所以，从严格意义上讲，玉米醇溶蛋白在水中的溶解情况用分散性来评价更为科学。

与乳蛋白等易分散在水中的蛋白质不同，玉米醇溶蛋白具有独特的分散性，其虽然不能分散在纯水中，但是可以分散在高浓度的尿素、碱（pH 11.3~12.7）或者含有表面活性剂（如 SDS）的水溶液中。Ofelt 等人发现玉米醇溶蛋白可以分散在 pH 11.3~12.7 的水中（用氢氧化钠调节 pH），即 1.4%~6.4% 的氢氧化钠可以溶解 10% 的玉米醇溶蛋白，之所以可以分散在此 pH 范围的水中，是因为玉米醇溶蛋白中的酪氨酸的酚羟基发生了离子化而形成了钠盐。而玉米醇溶蛋白可以分散在尿素水溶液中，是因为尿素将蛋白质变性，失去了原来的结构。

玉米醇溶蛋白也可以分散在有机溶剂中，有效的有机溶剂应该含有含量较高的极性基团，如羧基、羟基、酰胺或醛，并且需要碳氢化合物与这些极性基团进行适当的平衡。不饱和碳氢键的出现，尤其是在苯环或者呋喃环中的不饱和碳氢键有利于提高溶质分散能力。对于玉米醇溶蛋白，最佳溶剂是含有 2 个和 4 个碳的脂肪族极性溶剂和 C/O 的比例在 0.7~1.3。例如，45%（摩尔分数）的乙醇-水溶液（体积分数为 68%）的 C/O 的比例是 0.9，玉米醇溶蛋白具有较好的分散能力，可以分散在 40%~95% 的乙醇水溶液中。相关研究发现，乙醇-水溶液和异丙醇-水溶液是玉米醇溶蛋白最好的分散剂。α-玉米醇溶蛋白和 γ-玉米醇溶蛋白氨基酸组成、结构存在很大的差异，这种差异导致两者的分散性不同。其中

α-玉米醇溶蛋白可以溶解在 60%~95% 的乙醇水溶液中，而 γ-玉米醇溶蛋白可以分散在 60% 的水–乙醇溶液中，但是不能分散在 90% 的乙醇–水溶液中。

二、自组装特性

（一）胶体颗粒

玉米醇溶蛋白是一种双亲性的蛋白质，其可以自组装形成微球。利用该特殊的自组装特性，结合玉米醇溶蛋白在水–乙醇混合介质中独特的分散特性，可以制备微米或者纳米胶体颗粒。通过调节水–乙醇混合相中两者的比例，可以将玉米醇溶蛋白沉淀出来制得微米球状结构，这种方法称为反溶剂法制备胶体颗粒。利用反溶剂法也可以形成用于制备药物的水溶的外壳分散液，制备可运输小分子物质的微米球状结构颗粒，制备包裹脂类物质的纳米球状结构胶体颗粒。Zhong 等人详细地描述了反溶剂法制备玉米醇溶蛋白胶体颗粒的方法。将玉米醇溶蛋白储备液混合到水介质中，在混合过程中要不断搅拌，使储备液分散成小液滴。由于乙醇和水具有很好的可混合性，分散液滴中的乙醇逐渐进入水相中，当液滴中乙醇的浓度低于玉米醇溶蛋白可分散的最低浓度时，会沉淀出来，用透射电镜观察可见球状的胶体颗粒，形成过程见图 1-7。

用水稀释

图 1-7　利用水稀释玉米醇溶蛋白的乙醇–水溶液制备球状结构胶体颗粒

在这个过程中，储备液中玉米醇溶蛋白和乙醇的浓度是影响胶体颗粒形成的主要因素。乙醇的浓度越高，形成的颗粒越小，玉米醇溶蛋白浓度越高，形成的颗粒越大。溶液中加入少量乙醇，可以在很短时间内达到分散玉米醇溶蛋白的最低乙醇浓度，液体被搅拌成含有蛋白的小液滴而发生固化，从而形成大颗粒。采用上述方法制备的胶体颗粒，可以通过吸附或者共价连接 2 种方式对药物进行包裹、运输等。

当然，除了上述反溶剂法制备的胶体颗粒方法外，通过相分离和喷雾干燥也可以制得胶体颗粒，这些胶体颗粒也可以起到运输药物的作用。但是反溶剂法、相分离和喷雾干燥 3 种方法均有相应的优缺点，其中相分离的缺点主要是无法控制粒子尺寸的分布，而喷雾干燥的缺点在于不能运载热敏性较高的药物，反溶剂法的优点在于不需要梯度提升温度或者相分离诱导的作用。而且，选择合适的材料和条件可以有效地控制粒子尺寸的范围和优化包埋率。Karthikeyan 等人将玉米醇溶蛋白分别与亲水性物质（乙酰氯酚酸）、疏水性物质（二甲双胍）和双亲性物质（异丙嗪）相互作用形成微米胶体颗粒，结果发现形成的 3 种微米胶体颗粒在试管中维持能力依次为疏水性物质、亲水性物质和双亲性物质。而且他们以美国国家生物技术信息中心（NCBI）上玉米醇溶蛋白氨基酸序列为基础，利用 Jayaram 等人提出的拟合蛋白质 3D 结构的方法，提出了玉米醇溶蛋白的 3D 结构，见图 1-8。在 3D 结构上推断出了玉米醇溶蛋白与药物结合的活性部位。

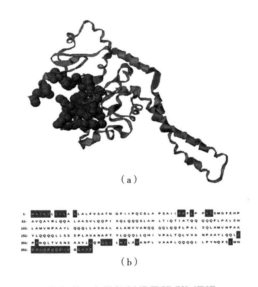

（a）

（b）

图 1-8　玉米醇溶蛋白的 3D 结构

（a）具有活性位点的玉米醇溶蛋白 3D 结构，其中灰色条带状代表蛋白质非活性部位，
绿色圆球代表活性位点；（b）玉米醇溶蛋白的氨基酸序列，绿色为活性部分

（二）成膜性

玉米醇溶蛋白容易在空气与水界面上形成膜状，该膜具有坚硬与光滑的特点，仅含或者绝大部分含玉米醇溶蛋白的膜柔韧性低，能通过加塑化剂的方法改善膜的这一性质。玉米醇溶蛋白膜制作中，塑化剂的作用可以用润滑理论、自由体积理论、凝胶理论进行解释。润滑理论认为塑化剂起润滑剂的作用，能够减小分子间的摩擦，使分子间的运动加快；自由体积理论则支持塑化剂起到减小复合物的自由体积的作用，从而使玻璃化的温度下降；凝胶理论认为塑化剂能够阻碍分子间的运动。

玉米醇溶蛋白由于分子中含有稳定性较弱的次级键（氢键、疏水相互作用等）和二硫键，所以产生的玉米醇溶蛋白膜易溶解、不稳定。影响膜的稳定性的因素有交联剂、水分等。交联剂对玉米醇溶蛋白膜的拉伸强度和抗水性具有改善的作用，当加入交联剂时，膜的柔韧性以及拉伸强度会得到提高。Yang 等人发现，在乙醇溶液中生产玉米醇溶蛋白膜时，由于玉米醇溶蛋白分子不进行充分的伸展，使多肽间的相互作用受到侧链基团的影响，所以玉米醇溶蛋白分子会以有序的结构进行整齐排列，或者沿轴心按一定的方向排列。

三、双亲特性

双亲性就是同时具有亲水性和亲油性，这里的亲水性和亲油性是特定基团的性质。双亲性大分子物质具有较高的表面活性，从而在稳定泡沫、乳化液、分散液等食品成分中起到重要的作用。一般用亲水亲油平衡值（HLB 值）衡量双亲能力强弱，HLB 值就是亲水基的亲水性和亲油基的亲油性的比值。该值可以通过改变表面活性剂的亲水基团和亲油基团的结构调整其高低，进而改变蛋白质的亲水性。Benichou 等人研究发现通过蛋白质和多糖进行复合形成制备双亲性较强的复合物，与单独的蛋白质或者多糖相比较，这种复合物的双亲性明显增加。影响双亲性物质合成的因素包括 pH 值、蛋白质–多糖的比例、盐离子强度、温度、混合方式、混合过程等。Nesterenko 等人将脂肪酸链通过酰化作用链接到大豆分离蛋白质中，从而提高了大豆蛋白的双亲性，增加了大豆蛋白对疏水物质的吸附能力。Agyare 等人研究发现，通过微生物的谷氨酰胺转胺酶对麦谷蛋白进行脱酰胺可提高其双亲性。

玉米醇溶蛋白因为同时含有亲水残基和疏水残基而具有双亲性，这两种残基严格地定义为极性和非极性区域。这样玉米醇溶蛋白既可以与亲水物质相互作用，又可以与疏水物质相互作用。但是由于玉米醇溶蛋白在水中的低分散能力，使玉米醇溶蛋白的双亲性不能发挥最大作用。Riha 等人研究发现，将蛋白质中的酰胺基团转化成酸基团后，蛋白质成为双亲性分子而作为表面活性剂或者乳化剂应用到食品加工行业中。

四、流变学特性

流变学特性是研究物质在力的作用下变形和流动的科学，属于力学性质。但是，在食品行业将其归于功能性质之一，该特性主要影响加工特性。在流变学中包含了黏度、表观黏度、弹性模量和黏性模量等基本概念，利用这些基本概念可以评价物质流变学特性的变化。

一般而言，影响玉米醇溶蛋白流变学特性的因素包括 pH 值、溶剂、蛋白质的浓度、蛋白质自身结构。例如，Fu 等人研究发现 pH 值和乙醇的浓度影响着玉米醇溶蛋白的流变学特性。Kim 和 Xu 发现乙醇−水溶剂的疏水−亲水特点影响着玉米醇溶蛋白的聚集形成和聚集数目，不同的聚集体具有不同的流变学行为。Zhang 等人也研究了 pH 值对 α-玉米醇溶蛋白流变学的影响，结果发现分散在70% 乙醇、10% 浓度的 α-玉米醇溶蛋白在 pH 2.7~12.5 时表现出了剪切稀释行为，而且研究发现在高 pH 值或者低 pH 值下的黏性模量（G''）和黏性模量（G'）要低于在中性 pH 值下的黏性模量（G''）和黏性模量（G'）。Nonthanum 等人研究发现，在高 pH 值条件下，玉米醇溶蛋白 γ-玉米醇溶蛋白的凝胶时间比 α-玉米醇溶蛋白的凝胶时间要短，这一现象归功于 γ-玉米醇溶蛋白含有较多的半胱氨酸，有利于更多二硫键的形成。因为蛋白质结构中出现二硫键（—S—S—）或者游离硫基（—SH）影响它的流变学特性。目前，对玉米醇溶蛋白的应用主要集中在制备膜、纳米胶体颗粒、微米颗粒、纳米复合材料、凝胶、纤维等方面。

五、玉米醇溶蛋白改性现状

蛋白质的分散性与功能性质（如胶凝性、乳化性和搅打性）息息相关，而玉米醇溶蛋白在水中的低分散能力催生了关于提高其在水中分散能力的研究。目前，主要利用碱改性、十二烷基磺酸钠改性，与水可溶性蛋白质复合改善玉米醇溶蛋白在水中的分散能力。在碱性条件下，蛋白质中的谷氨酰胺（Gln）或者天冬酰胺（Asn）转化成亲水的谷氨酸（Glu）和天冬氨酸（Asp），尽管天冬酰胺和谷氨酰胺是中性氨基酸，但是天冬酰胺和谷氨酰胺的极性末端忙于氢键的形成而使玉米醇溶蛋白不易溶于水。通过将玉米醇溶蛋白中的谷氨酰胺和天冬酰胺转换成谷氨酸和天冬氨酸而形成相应的盐或酸，同时也可以使蛋白质的结构展开而提高其在水中的分散能力，脱酰胺基的机理如图 1-9 所示。Cabra 等人利用碱修饰玉米醇溶蛋白后发生了脱酰胺基作用，其乳化性、分散性均得到了大幅度的提高。Yong 等人发现酶修饰 α-玉米醇溶蛋白后也发生了脱酰胺基作用，脱酰胺度达到一定幅度后 α-玉米醇溶蛋白在水中的分散性提高，分子柔性增加，聚集程度降低。

表面活性剂和球蛋白具有较强的结合特性，可以大幅度提高不溶性蛋白质在水中的分散能力。表面活性剂和蛋白质相互作用的机理如下：表面活性剂带电荷的一端和蛋白质带相反电荷的氨基酸通过静电作用相结合；此外，表面活性剂烷基部分通过疏水相互作用和蛋白质表面或者内部非极性部分相结合。最常用的改性玉米醇溶蛋白的表面活性剂是十二烷基磺酸钠（SDS），其改性玉米醇溶蛋白的关键复合浓度是 4mmol/L。Deo 等人提出了随着 SDS 浓度变化展开玉米醇溶蛋

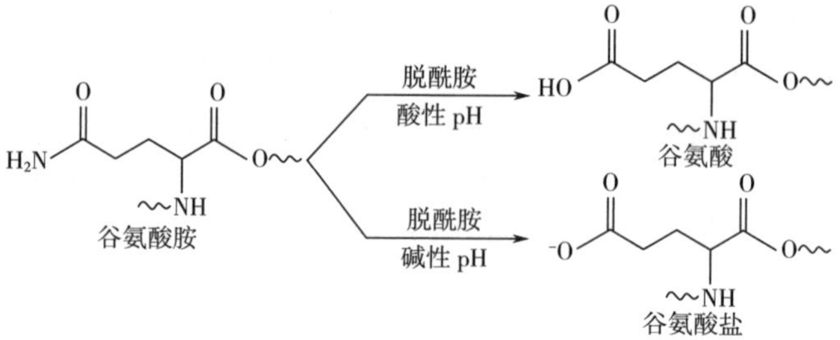

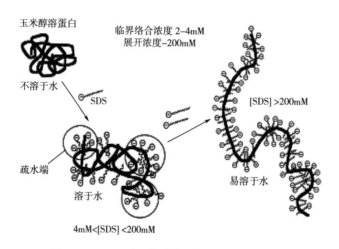

图 1-9　谷氨酰胺脱酰胺的反应

白的结构模型，见图 1-10。SDS 展开玉米醇溶蛋白的结构分为两步，第一步是在 SDS 浓度为 4mmol/L 时，SDS 结合到玉米醇溶蛋白的内部，形成小的疏水微区域；第二步是 SDS 浓度达到 200mmol/L（展开浓度）时，玉米醇溶蛋白完全展开，形成了棒状结构。

图 1-10　SDS 对玉米醇溶蛋白结构展开的影响

　　通过共价键连接亲水氨基酸、甘氨酸基团和磷酸基团也可以大幅度提高玉米醇溶蛋白在水中的分散能力。例如，玉米醇溶蛋白的磷酸化可以提高玉米醇溶蛋白在水中的分散能力，而且磷酸化程度与分散能力成正比。蛋白的磷酸化目的是使玉米醇溶蛋白主链中色氨酸或苏氨酸的羟基（—OH）或氨基（—NH₂）等发生酯化反应。此外，通过非共价键将亲水的氨基酸或蛋白质与玉米醇溶蛋白结合后，形成微米或者纳米胶体颗粒，可以大大提高玉米醇溶蛋白在水中的分散能力。

　　因为玉米醇溶蛋白的疏水特性限制了其包装水溶性生物活性物质如没食子

酸，因此，将玉米醇溶蛋白与其他物质复合制备成复合膜或者复合物，用于运载活性物质。如 Zhang 等人基于玉米醇溶蛋白-芸香苷复合颗粒和玉米醇溶蛋白淀粉制备成生物活性膜，这种膜可以很好地控制芸香苷的释放。玉米醇溶蛋白和多酚类物质（如儿茶素、六羟黄酮、绿原酸）可以通过共价键或者非共价键结合，共价键结合形成的玉米醇溶蛋白-儿茶素复合物比非共价键形成的玉米醇溶蛋白-儿茶素复合物表现出更高的热稳定性和更强的氧化活性，而且研究还发现乙醇挥发后复合物的形态取决于最初形成复合物的本质特性。Luo 等人将羧甲基壳聚糖通过静电作用力吸附在玉米醇溶蛋白的表面，同时添加维生素 D_3 和 Ca 制备成纳米胶体颗粒。该纳米胶体颗粒的直径为 86~200nm，其包裹效率从原来的52.2%（单独的玉米醇溶蛋白包裹率）提高到 87.9%，而且释放药物的速度可以得到很好的控制，并且具有较好的耐旋光性。将玉米醇溶蛋白和丙烯酸以丙烯酰胺为激发着相互铰链形成玉米醇溶蛋白-蛋白质冷凝胶，形成的凝胶在去离子水中吸附 1h 后可达到最大溶胀平衡（119.5g/g 水/冷凝胶）和在柴油中吸附 15min 达到最大吸油平衡（49.8g/g 油/冷凝胶）。在 2010 年，Patel 等人利用酪蛋白酸钠与玉米醇溶蛋白制备得到胶体纳米颗粒，与单独的玉米醇溶蛋白相比，该复合物在水中的分散性提高，具有较好的盐稳定性，并且保持着较高的消化吸收率。

除了上述改性玉米醇溶蛋白的研究外，对玉米醇溶蛋白自身结构、溶剂对结构的影响和胶体颗粒的制备等方面也进行了相关的研究。例如，Kim 等人研究发现，不同的玉米醇溶蛋白随着环境的变化会发生不同形式的聚集，他们通过测定70%~93%乙醇浓度范围内透光率的变化，发现透光率随着乙醇浓度的增大呈现先上升后下降的趋势，在 90%浓度时达到最大值；通过测定粒径发现，随着乙醇浓度的增加呈现先降低后上升的趋势，其中在 90%乙醇浓度时达到最小值。从而推断玉米醇溶蛋白会随着乙醇浓度的变化而发生结构逆转，而且 90%乙醇浓度为结构转变的关键点，最后提出了结构转变模型，其依据在于亲水或者疏水粒子与玉米醇溶蛋白结合的能力，结果如图 1-11 所示。

Zhong 等研究发现，将玉米醇溶蛋白分别分散在 55%~90%乙醇溶液中制备得到玉米醇溶蛋白分散液，将该分散液加入去离子水中（即改变溶剂的极性），可以形成直径为 100~200nm 的纳米颗粒。基于 Matsushima 等对玉米醇溶蛋白提出的结构模型，Wang 和 Padua 对玉米醇溶蛋白随着溶剂的极性变化而形成纳米颗粒的现象，从蛋白质二级结构和微观形态角度上进行了解释。该变化过程主要包括 4 个步骤：第一步是 α-螺旋转变为 β-折叠；第二步是包裹 β-折叠变为条带；第三步是条带卷曲成环状；第四步是环状增加而变为纳米颗粒。通过了解乙醇挥发诱导玉米醇溶蛋白结构变化的过程可以更好地控制玉米醇溶蛋白形成颗粒的大小、结构和形状，从而更好地拓宽玉米醇溶蛋白的应用范围。

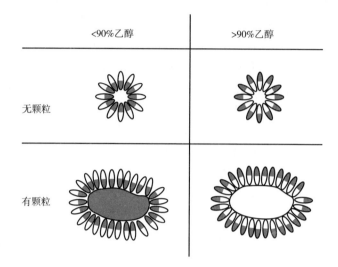

图1-11　在添加或者不添加颗粒情况下玉米醇溶蛋白结构逆转机理图

灰色表示疏水面，当具有亲水（疏水）表面的粒子与玉米醇溶蛋白混合后，
其表面会包裹着亲水端，而粒子的疏水端朝向外部

综上所述，目前国内和国外对玉米醇溶蛋白的研究主要集中在提取、组分、分离、胶体颗粒的制备、玉米醇溶蛋白自身结构的研究、成膜性、改性等方面。但是缺乏介质极性不同对玉米醇溶蛋白改性程度、结果的影响，以及在不同极性溶剂改性后结构和性质的差异的研究，而且对改性后不同结构和性质之间关系的研究也鲜有报道。

第六节　玉米醇溶蛋白的应用

一、作为载体

由于玉米醇溶蛋白固有的疏水特性，使其具有较强的自组装能力，所以容易形成胶体颗粒，通过简单调节可溶解玉米醇溶蛋白的溶剂，使其变为不可溶解玉米醇溶蛋白的溶剂介质环境，这一过程称为反溶剂沉淀法。玉米醇溶蛋白因对消化酶具有抗性而被人知晓，这种抗性会导致消化道的消化速度变慢，从而可以将玉米醇溶蛋白作为功能性成分释放的载体。通过玉米醇溶蛋白制备的胶体颗粒可以作为载体用于包埋和运输小分子营养物质或者药物。生物材料柔性对各组织物理和机械性能起到非常重要的作用，蛋白质分子柔性反映了分子结构对外界环境变化的适应能力，结构柔性对蛋白质功能特性具有重要影响。柔性与蛋白质的一级、二级和三级结构均息息相关，分子间的氢键、范德华力、静电作用力、疏水作用力和共价键等均对蛋白质的柔性有影响。蛋白质分子柔性越好，空间结构越易发生变构调节，环境适应性越强。

玉米醇溶蛋白分子具有较强的刚性结构，自组装纳米颗粒的稳定性难以控制，运载小分子活性物质时包埋率低、环境敏感度差、肠胃控释性能差等不足之处也会限制其应用范围。Folter 等研究发现，玉米醇溶蛋白纳米颗粒可以在水包油乳化体系中稳定存在，但对 pH 值和离子强度有很高的限制性要求。国内外学者做了大量的研究工作来提高玉米醇溶蛋白纳米颗粒的稳定性及小分子生物活性物质的运载能力。

利用多糖、蛋白质、多酚等物质与玉米醇溶蛋白复合形成二元复合体。多糖属于多分散性大分子，亲水性强，分子链上含有大量的活性基团（如氨基、羧基等），通过静电、疏水和氢键作用与玉米醇溶蛋白形成纳米颗粒，多糖的加入影响了纳米颗粒之间的静电或空间斥力，进而提高纳米颗粒的稳定性及生物活性物质的运载能力。在特定限制条件下制备的玉米醇溶蛋白-多糖二元复合体纳米颗粒在特定环境下运载特定疏水小分子活性物质的稳定性、缓释特性有很大提高。例如，在高复合比和低 pH 值条件下得到的玉米醇溶蛋白-果胶二元复合体纳米颗粒在高内相乳液中的稳定性明显提高；玉米醇溶蛋白-羧甲基壳聚糖二元复合体纳米颗粒提高了姜黄素的缓释能力；玉米醇溶蛋白-壳聚糖二元复合体纳米颗粒提高了白藜芦醇的运载能力；65% 乙醇中制备的玉米醇溶蛋白-木糖二元复合体纳米颗粒对姜黄素的包埋能力、运载能力和缓释性能均得到显著提升。

玉米醇溶蛋白与蛋白质、多酚的二元复合体纳米颗粒也普遍存在与玉米醇溶蛋白-多糖纳米颗粒相同的问题，即只能提高特定条件、特定环境下的稳定性及运载特定小分子活性物质的能力。例如，pH 循环法制备的玉米醇溶蛋白-酪蛋白酸钠纳米颗粒在中性 pH 值的水介质环境中具有良好的稳定性；玉米醇溶蛋白-酪蛋白酸钠纳米颗粒运载岩藻黄素的能力显著提升，体外模拟胃肠道环境实验中发现包埋后的岩藻黄素比游离岩藻黄素的生物利用度更高；通过氢键等非共价形成的玉米醇溶蛋白-单宁酸纳米颗粒在水包油乳化液中具有良好的稳定性。

利用化学改性方法改变玉米醇溶蛋白分子结构，碱、酸和表面活性剂修饰是主要手段，酸或碱修饰均可以诱导玉米醇溶蛋白分子发生脱酰胺反应，分子结构改变，进而提高分子柔性。Chen 和 Zhong 利用碱修饰提高玉米醇溶蛋白分子柔性，提高了在水包油乳化体系中的稳定性。利用碱修饰得到柔性玉米醇溶蛋白，提高了在低极性介质水包油乳化液中纳米颗粒的稳定性。然而，通过碱修饰的玉米醇溶蛋白形成的纳米颗粒易受温度、pH 值、盐离子等因素的影响，碱修饰破坏了玉米醇溶蛋白分子中半胱氨酸，形成赖氨酸和丙氨酸，降低了 L-对映体和必需氨基酸的消化率（毒理学实验已证实这些变化会损害小鼠的肾脏）。Deo 利用十二烷基苯磺酸钠（SDS）修饰玉米醇溶蛋白，低浓度的 SDS 可部分展开玉米醇溶蛋白分子，形成疏水微区，有限地提高稳定性，高浓度 SDS 可完全展开玉米醇溶蛋白分子，显著提高稳定性。然而，表面活性剂存在细胞毒性问题，利用广度受到极大的限制，尤其是在开发运载人体用药的纳米颗粒方面，同时表面活性剂通常会造成产品不理想的味道。

利用酶改性方法改变玉米醇溶蛋白分子结构。Yong 等、张京京等利用谷氨酰胺酶或碱性蛋白酶适度的水解修饰玉米醇溶蛋白可以提高其分子柔性，通过暴露部分活性基团，提高乳化体系的稳定性。Pan 等利用碱性蛋白酶修饰玉米醇溶蛋白，制备了专门用来运载姜黄素的纳米颗粒，显著提高了姜黄素的理化稳定性和体外生物利用度。然而，酶修饰对底物和修饰条件较为苛刻，酶在特定环境下才具有最佳活力，而且不同来源的酶对相同底物的催化部位不同，例如，蛋白质谷氨酰胺酶更倾向于攻击短肽或蛋白质中的谷氨酰胺残基，而不是攻击天冬酰胺残基或游离谷氨酰胺，对不同蛋白质或者相同蛋白质不同条件下的活性也不同，这给玉米醇溶蛋白的目标修饰程度带来一定的难度。

对于既能吸附疏水活性物质，也能吸附亲水活性物质的玉米醇溶蛋白纳米颗粒的制备，需要研究玉米醇溶蛋白分子的亲水端和疏水端的动态转化机制。目前相关研究主要揭示了玉米醇溶蛋白分子或者吸附小分子活性物质时玉米醇溶蛋白分子在不同浓度的乙醇—水介质环境下的动态转化机制。例如，Kim 等发现玉米醇溶蛋白分子会随着乙醇浓度的变化而发生结构逆转，在低乙醇浓度（<90%）时，玉米醇溶蛋白的亲水基团暴露在外面，当浓度升高（>90%）时，玉米醇溶蛋白的疏水基团暴露在外面，发生结构逆转。高瑾等研究发现，70%乙醇溶液中玉米醇溶蛋白分子中的氨酸残基和多酚通过氢键和疏水作用形成复合物，进而改变玉米醇溶蛋白的二级及三级结构。Dong 等研究表明玉米醇溶蛋白的结构逆转能力与介质极性改变时 α-螺旋恢复能力有关。

二、食品乳化剂

乳化性是指油品和水形成乳化液的能力。利用样液与色拉油或大豆油混合，搅拌后取乳状液进行比色，根据指标计算乳化稳定系数来判断其乳化性的变化。蛋白质的乳化性与分子的柔性有关，改变柔性可以促使蛋白质分子向界面移动，更利于蛋白分子在界面上重新排列，促使性质发生变化。由于表面能够固化在油-水界面和空气-水界面，所以玉米醇溶蛋白具有食品乳化剂的作用，保护胶质类食品的微观结构。现发现当果胶作为乳化剂时，玉米醇溶蛋白可以辅助乳化，乳液在 pH 为 4 时可以形成稳定的乳化体系。

三、作为包装材料与表面涂膜

玉米醇溶蛋白疏水性强，因而成膜性好，可以将其制备成包装材料。利用玉米醇溶蛋白制备成的包装材料可以包装一些具有不愉快味道的物质，防止该味道扩散；在包装一些香料时，可以延长香气的释放时长，以达到长久留香的目的。此外，玉米醇溶蛋白制备成的包装材料还可以作为脂类物质的包装材料以防止脂类氧化，可在喷雾干燥、高温高湿等食品加工中，保持食品原料原有的成分，以及防止这些成分被破坏。利用玉米醇溶蛋白制成的包装材料具有可降解性，因此得到较为广泛的关注，但是玉米醇溶蛋白膜脆性强，这就限制了其应用，对玉米醇溶蛋白进行物埋、化学或者酶法的改性，能够达到降低脆性的目的。例如，采用柠檬酸、甲醛等物质改变玉米醇溶蛋白的性质，可以使玉米醇溶蛋白膜的拉伸性提高 2~3 倍。

因玉米醇溶蛋白具有成膜性，可以将其用于食品表面的涂膜，或者用于果蔬的保鲜。天然且高纯度的玉米醇溶蛋白膜可塑性差，可以通过添加塑化剂来增强膜的可塑性。利用玉米醇溶蛋白对食品（如水果、蔬菜）等物质进行涂膜，可以降低果蔬中水分的散失，降低呼吸的强度，使衰老的进程下降。主要原因是玉米醇溶蛋白能够防潮、防紫外线、隔氧等。

第二章 大豆蛋白概述

第一节 大豆

一、大豆的起源

大豆在中国古代称"菽"。关于大豆的起源，虽然不同学者存在不同的看法，但是，总体认为大豆的起源地可能在中国、日本和印度等地区，其中多数学者支持大豆起源于中国。据史料记载，早在周朝和秦汉时期，大豆就已经是我国黄河流域最主要的农作物品种之一。在我国出土的商代甲骨文中，也发现有"菽"的记载。在春秋战国时期的黄河流域，大豆就已成为重要的食物，并位居五谷之首。公元前5世纪~公元前3世纪，已有大豆形状、种类、分布等较为详细的记载。秦汉以后，"菽"被"大豆"一词替代，并最早在《神农书·八谷生长篇》中出现。至明清时期，大豆种植已经遍及东北、华北及西北等地区。

在国外的相关著作中，也有过关于大豆起源于中国的记载。《美国百科全书》曾这样记载：大豆是中国文明基础的五大谷物之一（水稻、大豆、粟、小麦、大麦）。《苏联大百科全书》也有"栽培大豆起源于中国，中国在5000年以前就有栽培这个作物"的记载。

大豆中国起源说虽已被大多数学者认可，但是对于大豆在我国具体的起源地，还存在一定的争议。目前主要观点有东北起源说，南方起源说，黄河流域，多中心起源说，云南、贵州起源说等。以上各种关于大豆中国起源说的理论是从不同角度阐述的，目前还不能形成最终统一的结论，但是随着历史学及古生物学研究的深入，野生大豆地理分布及栽培大豆遗传多样性的逐渐明晰，以及生态学、生物化学、分子生物学等新技术的综合应用，具体的中国大豆起源说将会逐步得到证实。

二、大豆籽粒的结构

大豆种子主要由胚、子叶及种皮等组织构成。其中胚由胚根、胚轴和胚芽组成（图2-1）。种皮由栅栏组织、柱状组织、薄壁组织、糊粉层和压缩胚乳组织5部分组成，占种子质量的1%~2%，子叶占种子质量的95%以上。大豆品种不同，种子大小、形状及成分也各异。一般单粒大豆种子质量为7~50mg，形状有圆形（球形）、长椭圆形及扁圆形等。

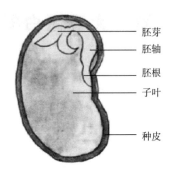

胚芽
胚轴
胚根
子叶
种皮

图 2-1　大豆籽粒结构

（一）种皮

包裹在大豆种子表面一层薄壳称为种皮，它由珠被发育而成，位于种子表面，起保护种子的作用。大多数种子表面光滑，也有部分品种表面附有蜡粉或泥膜，种皮上还附有种脐、种孔和合点。不同品种种脐颜色、大小和性质略有差异，在种脐纵向的一侧，有一个凹陷的小点称为合点，是种子从豆荚脱离时，在珠柄维管束与种胚连接处断裂时留下的痕迹。种脐合点的相反侧有一个小孔，种子萌发时，胚根将由此孔伸出，此孔即为种孔。

种皮颜色一般分为 5 种，分别为黄色、青色、褐色、黑色和双色。现代遗传学表明，至少有 5 个基因位点（I、R、T、W1、O）控制大豆种皮颜色，这些位点都与色素的沉积有关，其中 I、T、W1 3 个位点与类黄酮生物代谢途径相关酶的结构基因有关，O、R 也推测为类似的类黄酮生物合成途径、类黄酮转运途径酶的结构基因，以及相关酶的调节基因或转录因子。大豆的种皮颜色与利用要求有关。黄种皮大豆用途广泛，可油用或食用，色泽好，商品价值高。青大豆子叶中，淀粉粒分布于各部分，易煮熟，适宜作蔬菜用。黑大豆、褐大豆和双色大豆多用作饲料或酱豆，也有药用功效。黄种皮大豆的种脐色有黄色、极淡褐色、褐色、黑色、深褐色和蓝色，青大豆的脐色可分为无色、淡褐色、褐色、深褐色和黑色。黑大豆、褐大豆和双色大豆的种脐多为深色。这是由种脐内含不同色素沉积造成的。它是鉴别品种纯度及品质优劣的重要农艺性状之一。从商品角度看，脐色越淡且整齐一致，越受市场欢迎。

（二）胚

大豆种子的胚由胚根、胚轴和胚芽组成。胚根将发育成主根，胚轴包括子叶上胚轴和子叶下胚轴，是幼胚的茎，上连胚芽、下连胚根，胚芽具有生长点和已分化的真叶（单叶），以及第一复叶原基。大豆种子的胚根、胚轴和胚芽 3 部分的质量一般为种子总质量的 2%~3%。与子叶相比，胚轴中异黄酮、皂苷含量极高，而且贮藏蛋白的组成也有显著差异。子叶和胚轴的衔接处称为子叶节，为了与胚轴相区分，从子叶节向上至幼芽部分称为上胚轴。由于大豆子叶节具有极强的组织再分化能力，因此，子叶节常被用作大豆转基因技术中的农杆菌介导子叶节转化体系的构筑。

胚轴从外向内由表皮、皮层和中心柱构成。中心柱的内层称为髓，外层是水分和养分的传导组织。发芽后的幼苗胚轴表皮颜色与花色相对应，受位于 WI 基因座的调控大豆花颜色的显性基因 F35H 的控制，即当其基因型为 WIWI 或 WIwI 时，花色为紫色，其轴颜色也为紫色。反之，当大豆花色为白色时，胚轴颜色则表现为绿色。

（三）子叶

作为不完全无胚乳大豆种子，子叶肥厚而发达，约占种子质量的 95% 以上。子叶内贮藏着丰富的营养物质，对大豆的萌发和初期幼苗的生长具有重要作用，也是最具经济价值的部分。在成熟种子的子叶细胞内，分布着丰富的蛋白质颗粒，在蛋白质颗粒之间，散布着较多的油体颗粒。但是，随着大豆种子的成熟，子叶细胞质内的淀粉含量会逐渐减少，其含量远低于红小豆、芸豆等其他豆类作物。

三、细胞内器官

（一）蛋白质颗粒

成熟的大豆种子蛋白质主要存在于蛋白质贮藏型液泡中，在干燥种子中称为蛋白质颗粒。作为大豆种子贮藏蛋白，7S 球蛋白和 11S 球蛋白主要蓄积在液泡基质中。

（二）油体颗粒

1. 存在部位

大豆种子中储藏了约 20% 的脂质，为种子发芽提供能量。它分为极性脂质和非极性脂质。大部分非极性脂质以三酰甘油的形式，蓄积于胚轴和子叶的油体颗粒中。总脂质中 15% 为磷脂质和糖脂质，它们属于极性脂质。磷脂质主要以细胞膜、蛋白质贮藏型液泡、细胞核、高尔基体、线粒体等细胞器官膜的形式存在。糖脂质存在于脂质二层膜内部向膜表面突出的部位，作为特定化合物的识别位点，与特定的细胞结合，形成稳定的组织结构。

2. 存在状态

极性脂质中的磷脂质和糖脂质常作为膜的构造成分存在，非极性脂质几乎以油体颗粒的内溶物的形式存在。油体颗粒以三酰甘油为核，呈球形，其表面覆盖一层磷脂质，在磷脂质上面有钉状突出插入其中。油体先在细胞的小胞体内合成后，再输送至细胞质。

（三）其他组织

其他组织包括细胞核、小胞体、过氧化物酶体等。细胞核由 2 层核膜包裹，核膜上到处分布着直径为 50~80nm 的小孔，称为核膜孔。mRNA 在细胞核内合成后就是通过核膜孔来到细胞质中的。小胞体是与核膜外膜相连的网状构造体。膜上附着有核糖体的小胞体称为粗面小胞体，核糖体上新合成的种子贮藏蛋白被送入小胞体内。7S 和 11S 球蛋白在小胞体内形成三聚体分子集合，在催化蛋白质分子中，巯基与二硫键结合的蛋白质二硫键异构酶与大豆种子的贮藏蛋白的高级结构的形成密切相关。种子贮藏蛋白主要通过小胞体向高尔基体输送，最终蓄积到蛋白质贮藏型液泡。过氧化物酶体又称为微体，它是真核细胞中普遍存在的一层单位膜包裹的囊泡。它含有氧化酶、过氧化氢酶和过氧化物酶等丰富的酶类。其主要作用包括两个方面，一方面是参与光呼吸作用，将光合作用的副产物乙醇酸氧化为乙醛酸和过氧化氢，过氧化氢酶利用过氧化氢氧化各种底物，如酚、甲酸、甲醛和乙醇等，氧化的结果是使这些有毒性物质变成无毒性物质，从而保护细胞免受高浓度氧的毒害。另一方面是在萌发的大豆种子中，进行脂肪的 β-氧化，产生乙酰辅酶 A，经乙醛酸循环，由异柠檬酸裂解为乙醛酸和琥珀酸，加入三羧酸循环，在大豆幼苗生长发育过程中承担着重要的作用。

四、大豆籽粒的形态结构

根据大豆种子的形状，分为球形、椭圆形、长椭圆形、扁椭圆形和肾形等。

大豆种子的大小一般用百粒重（100 粒种子的克数）表示，按粒重大小可将其分为特大粒（>24.1g）、大粒（18.1~24g）、中粒（12.1~18g）、小粒（6.1~12g）和极小粒（<6g）5 种。由于用途不同，对种粒大小的要求也不同。一般蔬菜用的要求大粒种或特大粒种，而作芽豆、纳豆用的要求百粒重在 10g 左右的小粒种。

根据大豆种皮的颜色，一般分为黄色、青色、黑色、褐色和双色等。种皮的颜色关系到大豆的商品价值，其中以黄色最佳，生产上大部分也都是以黄色为主。随着人们生活质量的提高，追求营养健康的饮食，黑色和褐色种皮的大豆越来越受到人们的喜爱。

根据大豆种脐的颜色，一般分为黄白色、淡褐色、褐色、深褐色、蓝色和黑色。

从商品质量检验角度来看，大豆分级标准是根据籽粒饱满、整齐度，种皮是否光洁，有无皱缩、破裂，成熟度是否一致，含水量、破碎率及杂质率而定的。我国国家标准《大豆》（GB 1352—2009）规定了大豆的商品等级，主要指标有纯粮率、杂质、水分。纯粮率是指除去杂质的大豆（其中不完善粒折半计算）占试样质量的百分率。不完善粒包括未熟粒、虫蚀粒、病斑粒、破碎粒、生芽或涨大粒、生霉粒和冻伤粒等。中国大豆商品等级较低。目前，各类大豆按纯粮率分为 5 个等级，以三等为中等标准，低于五等的大豆为等外品。收购大豆水分的最大限度和大豆安全储存水分标准，由各省、自治区与直辖市规定。与国外标准相比较，中国大豆标准中杂质限量较低，而水分规定较严。但指标内容与国外标准不一致，各类大豆按纯粮率分等，标准中对不完善粒未作规定，缺乏可比性。因此，大豆标准的修订工作亟待加强。

五、大豆营养价值

（一）大豆的营养成分

大豆的营养价值很高，其种子中含有丰富的蛋白质、脂肪、碳水化合物、维生素、矿物质及配糖体等物质，它们构成了大豆的内在品质，即化学品质。

大豆蛋白质是一种植物性蛋白。大豆蛋白质含量平均为 40%左右，是谷类食物的 4~5 倍。大豆蛋白质的氨基酸组成与牛奶蛋白质相近，除甲硫氨酸略低外，其余必需氨基酸含量均较丰富，是植物性的完全蛋白质，在营养价值上，可与动物蛋白等同，在基因结构上也最接近人体氨基酸，因此是最具营养的植物性蛋白。

脂肪是大豆种子的重要组成成分和营养物质。中国栽培大豆种子中的脂肪含量一般为 17%~21%，最高可达 24%。大豆脂肪含量差异较大，主要受品种、产地、纬度、生态环境影响。一般来说，温度较低、雨量偏少、日照时数较长的高纬度地区有利于脂肪的合成。大豆脂肪含量随纬度的增加而增加，据分析，东北春大豆平均脂肪含量>南方夏大豆平均脂肪含量>秋大豆平均脂肪含量。李卫东等（2006）选择河南夏大豆主产区的 5 个试点，以"豫豆 25 号" 13 期分期播种的方法研究了气象、土壤养分和海拔等 38 个生态因子对"豫豆 25 号"脂肪含量的影响，通过逐步回归统计分析，确定了大豆脂肪含量与其密切相关的 11 个生态因素间的直线或曲线关系。明确了夏大豆鼓粒成熟期较少的日照、较高的均温、较多的降水和较大的昼夜温差，以及出苗期较高的均温和花荚期较多的降水均利于脂肪的积累形成。较高的土壤全氮和钾含量、较低的硫含量有利于大豆脂肪含量大幅度提高。pH 为 6.95~7.89 时，偏碱性壤利于脂肪的形成。在所有研究因子中，其他生态因子对大豆脂肪含量无明显影响。通常，东北主产区大豆脂肪含量在 19%~22%，黄淮平原大豆产区脂肪含量在 17%~18%，长江流域大豆产区脂肪含量在 16%~17%，当然，在每个产区也有局部地区不符合上述规律。

随着人们消费水平的不断提升及大豆精深加工技术的快速发展，大豆新品种的培育朝着优质化、专用化的方向发展。例如，大豆油脂加工企业需要高脂肪含量的品种（>23%），分离蛋白加工企业则需要高蛋白质含量（>45%）且蛋白质凝胶稳定性好（高 11S 球蛋白含量）的大豆品种，豆奶加工企业则需要无豆腥味（脂肪氧化酶完全缺失）、高分散性（高 7S 球蛋白含量）的大豆品种。

（二）大豆的营养含量

大豆种子以富含优质蛋白质、脂质、异黄酮、维生素 E 等多种营养成分而著称。在蛋白质含量方面，与其他粮油作物相比明显偏高，素有"植物肉""旱田之肉"等美称。除此之外，它还富含人体必需的多种氨基酸，仅赖氨酸含量就比精白米、小麦、玉米等禾谷类作物种子高出数倍以上，对于人类长期摄食禾谷类粮食作物所致的食欲缺乏、偏食、消瘦等赖氨酸缺乏症，起到了很好的补充作用。大豆是重要的油料作物之一，脂肪含量多达 16%~22%，还是多种灰分及矿物质营养元素的供给源。大豆种子主要成分含量与人体每人每日必需量比较如表 2-1 所示。

表 2-1　大豆种子成分含量与人体必需量比较

项目	蛋白质	豆油	低聚糖	膳食纤维	皂苷	异黄酮	各种维生素	微量元素	磷脂	核酸
大豆成分/（g/100g）	40	18~20	7~10	20	0.08~0.10	0.05~0.07	—	4.0~4.5	1.5~3.0	0.1~0.2
人体每日需要量/mg	91	350	10000~20000	25~35	30~50	40	149.4	—	—	400

表 2-1 数据表明，大豆种子几乎含有人体必需的各种营养成分。它承担了大豆自身生长所需的各种生理功能，称为一重功能；它兼备一定的食品加工物性功能，称为二重功能；最重要的是它的三重功能，即具备影响人类健康的诸多药理功能，如可降低血压的大豆多肽，可清除自由基、抗氧化的天然大豆维生素 E，可引起过敏反应的 Gly m Bd 28k、Gly m Bd 30k、Gly m Bd 60k 等过敏原蛋白，影响凝胶稳定性（加工物性）的 7S、11S 球蛋白亚基，可引起大豆腥臭味的脂

肪氧化酶等。如何调控这些成分的多寡，避开有可能对人类健康造成危害的一面，充分发挥其二、三重功能中的积极作用，对保障人类健康、增强国民体质具有重要的意义。

第二节 大豆蛋白的主要组分

大豆蛋白（soy protein）是植物蛋白最丰富的来源，在可再生资源中具有十分重要的地位，它也是大豆中最主要成分之一，由于大豆的来源及种植地域不同，其蛋白含量存在很大的差异。大豆蛋白因为其氨基酸的组成和含量与动物蛋白的氨基酸组成和含量相近，因此被誉为"植物牛奶"，能够达到人体对氨基酸的基本需求。大豆蛋白含有各种优异的特性，如凝胶性、乳化性、起泡性和持水性等，所以经常被用作食品的配料。为了进一步拓宽其在食品领域的应用范围，在食品工业实际应用中会对其进行适当的修饰、改性和重组。热处理是常用的修饰方式之一，而且是大豆蛋白生产过程中必不可少的环节，该过程会发生蛋白质的去折叠、变性、聚集等行为，其中蛋白的聚集行为与蛋白的功能特性有着紧密的关系。

通过对蛋白分子进行热处理，从而改变其结构和聚集行为。改变温度、pH等因素来控制蛋白质的聚集和自组装行为，从而得到结构类型不同的大豆蛋白热致聚集体，其具有较好的界面性质（如乳化性、起泡性等），因而得到广泛的关注和研究。因此，本研究对大豆蛋白质热致聚合物的研究情况进行了综述，并且阐述了对大豆蛋白质热致聚合物的界面性质的应用情况，旨在明确国内外大豆蛋白质热致聚合物的研究进展和应用范围，为开发和研究大豆蛋白质热致聚合物奠定基础。

一、大豆蛋白的分类

大豆蛋白有很多分类方法，可以根据大豆蛋白的溶解特性分为蛋白质含量为95%左右的大豆球蛋白和蛋白质含量为5%左右的大豆白蛋白。但是目前最常用的方法是以蛋白质的含量为指标进行分类。采用此方法按可将大豆蛋白分为三大类：大豆蛋白粉（含量≥50%）、大豆浓缩蛋白（含量≥65%）和大豆分离蛋白（含量≥90%）。它们都是以低温脱脂豆粕（全脂豆粉除外）为原料通过加工提取制得的。这些大豆蛋白的蛋白质含量和氨基酸组成存在一定差异（表2-2）。

表2-2 大豆制品蛋白质含量及氨基酸组成

项目	蛋白质含量	赖氨酸（Lys）	亮氨酸（Leu）	缬氨酸（Val）	异亮氨酸（Ile）	苏氨酸（Thr）	苯丙氨酸+酪氨酸（Phe+Tyr）	甲硫氨酸+半胱氨酸（Met+Cys）	色氨酸（Trp）
FAO/WHO*	—	5.5	7.0	5.0	4.0	4.0	6.0	3.5	5.0

续表

项目	蛋白质含量	赖氨酸（Lys）	亮氨酸（Leu）	缬氨酸（Val）	异亮氨酸（Ile）	苏氨酸（Thr）	苯丙氨酸+酪氨酸（Phe+Tyr）	甲硫氨酸+半胱氨酸（Met+Cys）	色氨酸（Trp）
FNB**	—	5.1	7.0	4.8	4.2	3.5	7.3	2.6	1.1
脱脂蛋白	56.0	6.9	7.7	5.4	5.1	4.3	8.9	3.2	1.3
浓缩蛋白	72.0	6.3	7.8	4.9	4.8	4.2	9.1	3.0	1.5
分离蛋白	96.0	6.1	7.7	4.8	4.9	3.7	9.1	2.1	1.4

注 —表示无推荐值。

*联合国粮食及农业组织与世界卫生组织建议的配比；

**美国联邦营养局规定的高级蛋白质标准。

二、大豆蛋白的主要组分

大豆蛋白不是单一的组分，它具有球蛋白和白蛋白 2 类。前者为大豆蛋白的主要成分，高达 90%。后者在大豆蛋白中含量较少，一般只有 5% 左右。另外，由于大豆的品种不同，球蛋白和白蛋白的比重有所不同。基于离心沉降系数不同，被分成 2S、7S、11S 和 15S 4 种主要组分，每个组分所占比例、成分和相对分子量如表 2-3 所示，其中 7S 组分占 34%，11S 组分占 45%。7S 是 β-伴大豆球蛋白（β-conglycinin）的主要成分，11S 是大豆球蛋白（glycinin）的主要成分，这 4 种组分都属于混合物，成分复杂。由于氨基酸的组成和结构的差异性，致使 11S 和 7S 的营养物质和功能性质有着较大的差异。目前对 7S 和 11S 这两种成分的研究较多，两种物质的主要差别在于 7S 含有糖基，11S 不含糖基。

表 2-3　大豆蛋白的主要组分

组分	所占比例/%	成分	分子量/kDa
		胰酶抑制剂	8~215
2S	12	细胞色素 C	12
		2S 球蛋白	18.2~32.6
		血球凝集素	110
		脂肪氧化酶	102
7S	34	β-淀粉酶	617
		β-伴大豆球蛋白	140~170

组分	所占比例/%	成分	分子量/kDa
7S	34	γ-伴大豆球蛋白	150
11S	45	大豆球蛋白	320~375
15S	9	大豆球蛋白的二聚体	600

三、大豆蛋白组分表征

（一）SDS-PAGE 凝胶电泳

利用电泳表征大豆蛋白的组分是一种常见的方式，所谓电泳指的是带电颗粒在电场作用下，向着与其电荷相反的电极移动的现象。聚丙烯酰胺凝胶（PAG）是由单体丙烯酰胺（Acr）和交联剂甲叉双丙烯酰胺（Bis）在加速剂四甲基乙二胺（TEMED）和催化剂过硫酸铵（AP）的作用下聚合交联而成的三维网状结构的凝胶。以此凝胶作为支持介质的电泳称为 PAGE。PAGE 具有电泳和分子筛的双重作用。PAGE 分为连续系统和不连续系统两大类。连续系统电泳体系中缓冲液 pH 值与凝胶中的相同，带电颗粒在电场作用下，主要靠电荷和分子筛效应。不连续系统中带电颗粒在电场中泳动不仅有电荷效应、分子筛效应，还具有浓缩效应，因而其分离条带清晰度及分辨率均较前者佳。

SDS-PAGE 是在蛋白质样品中加入 SDS 和含有巯基乙醇的样品处理液，SDS 是一种很强的阴离子表面活性剂，它可以断开分子内和分子间的氢键，破坏蛋白质分子的二级和三级结构。强还原剂巯基乙醇可以断开二硫键，破坏蛋白质的四级结构，使蛋白质分子被解聚成肽链形成单链分子。解聚后的侧链与 SDS 充分结合形成带负电荷的蛋白质-SDS 复合物。有许多蛋白质是由亚基或两条以上肽链组成的，它们在 SDS 和巯基乙醇作用下，解离成亚基或单条肽链，因此，这一类蛋白质测定的只是亚基或单条肽链的分子量。蛋白质分子结合 SDS 阴离子后，所带负电荷的量远远超过了它原有的净电荷，从而消除了不同种蛋白质间所带净电荷的差异。蛋白质的电泳迁移率主要取决于亚基的相对分子质量，与其所带电荷的性质无关。

当蛋白质的分子量为 17000~165000 时，蛋白质-SDS 复合物的电泳迁移率与蛋白质分子量的对数呈线性关系。

将已知分子量的标准蛋白质在 SDS-PAGE 中的电泳迁移率对分子量的对数作图，即可得到一条标准曲线。只要测得未知分子量的蛋白质在相同条件下的电泳迁移率，就能根据标准曲线求得其分子量。

（二）大豆蛋白组分的电泳表征

大豆蛋白在加工过程中要经过碱溶酸沉、高温处理等，可能对蛋白质的组分产生一定的影响。采用SDS-PAGE表征和比较4种通过不同加工处理得到的大豆蛋白组分的差异，如图2-2所示。4种来源的大豆蛋白分别命名为大豆分离蛋白A（SPIA）、大豆分离蛋白G（SPIG）、脱脂豆粉（TZ）和自制大豆蛋白（ZZ）。

4种来源的大豆蛋白的组分存在较大的差异，图2-2中大豆SPIA和SPIG与TZ和ZZ均含有7S组分中的α-亚基、和α'-亚基，其中TZ和ZZ含有11S的酸性亚基和碱性亚基。与TZ和ZZ两种大豆蛋白组分相比较，SPIG和SPIA缺少了11S的碱性亚基和7S的β-亚基。这可能是由于SPIA和SPIG两种大豆分离蛋白在加工中经历了碱溶酸沉的过程，使11S的碱性亚基减少甚至消失，在热处理过程中7S的β-亚基也有部分的损失。

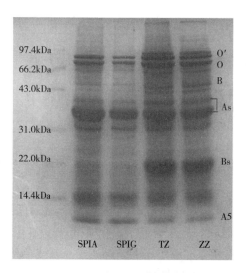

图2-2　不同大豆原料蛋白质组成差异

第三节　大豆蛋白氨基酸组成

一、大豆蛋白氨基酸组成

大豆蛋白中的蛋白质组成丰富且氨基酸组成复杂，主要球蛋白组成及氨基酸组成如表2-4所示。

表 2-4　大豆球蛋白组成及氨基酸组成

氨基酸	每百克蛋白中的氨基酸/%				
	大豆球蛋白	11S 球蛋白	7S 球蛋白（β-浓缩球蛋白）	7S 球蛋白（γ-浓缩球蛋白）	2.8S 球蛋白
色氨酸	1.0	1.5	0.3	0.7	2.6
赖氨酸	6.0	5.7	7.0	6.8	6.3
组氨酸	2.4	2.6	1.7	2.8	0.7
精氨酸	7.8	8.9	8.8	6.3	7.2
天冬氨酸	12.6	13.9	14.1	10.0	15.6
苏氨酸	3.6	4.1	2.8	4.2	4.0
丝氨酸	5.7	6.5	6.8	6.5	5.0
谷氨酸	22.4	25.1	20.5	17.4	10.8
脯氨酸	5.4	6.9	4.3	5.9	5.4
甘氨酸	4.1	5.0	2.9	6.1	5.2
丙氨酸	3.9	4.0	3.7	4.7	3.2
半胱氨酸	1.2	1.7	0.3	1.1	2.2
缬氨酸	4.7	4.9	5.1	6.4	8.0
蛋氨酸	1.2	1.3	0.3	1.4	0.7
异亮氨酸	4.8	4.9	6.4	4.4	9.3
亮氨酸	7.9	8.1	10.3	7.6	7.4
酪氨酸	3.8	4.5	3.6	2.1	2.5
苯丙氨酸	5.5	5.5	7.4	5.5	7.3

　　7S 和 11S 是大豆蛋白质含量较多的两种重要成分，约占大豆总蛋白质含量的 70% 左右。由于 7S 和 11S 的蛋白质氨基酸组成、一级结构、二级结构和空间构象存在很大的不同，所以其理化特性和功能特性存在很大的差异。因而在食品领域的应用范围有一定程度的不同。在这两种成分中，氨基酸含量最多的为谷氨酸和天冬氨酸。但是谷氨酸较天冬氨酸含量更多一些，两者共占 45% 左右。其酸性氨基酸约有一半以酰胺态的形式存在。11S 中的必需氨基酸色氨酸、蛋氨酸、半胱氨酸的含量是 7S 中含量的 5~6 倍，而 7S 中赖氨酸含量比 11S 要高，但是 11S 中的含硫氨基酸较少，因此 7S 为大豆蛋白质最具特征的代表，γ-浓缩球蛋白比 β-浓缩球蛋白酸性氨基酸少，另外，2.8S 球蛋白的酸性氨基酸含量很少。

二、大豆蛋白氨基酸序列

蛋白质的一级结构既是蛋白质多肽链中氨基酸残基的排列顺序，也是蛋白质最基本的结构。它是由基因上遗传密码的排列顺序决定的。蛋白质的一级结构决定了蛋白质的二级、三级等高级结构。由于组成蛋白质的 20 种氨基酸各具有特殊的侧链，侧链基团的理化性质和空间排布各不相同，当它们按照不同的序列关系组合时，就可形成多种多样的空间结构和不同生物学活性及不同食品特性的蛋白质分子。大豆蛋白的氨基酸顺序如图 2-3 所示。

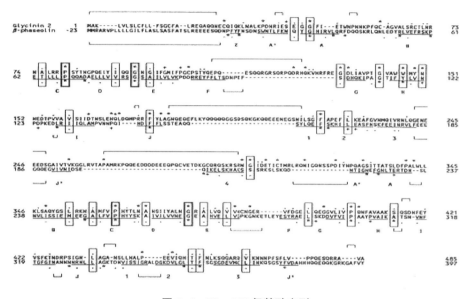

图 2-3 7S，11S 氨基酸序列

三、氨基酸比较

大豆蛋白质的氨基酸组成相对比较均衡，而且较易被人体吸收，其生物学价值与动物蛋白相似，含有人体必需的 8 种基酸，属于全价蛋白。如表 2-5 所示，其氨基酸的比例与联合国粮食及农业组织/世界卫生组织（FAO/WHO）的推荐值较为接近。但是，由于甲硫氨酸、胱氨酸等含硫氨基酸所占比值较低，一定程度上影响了它的有效利用价值。因此，通过遗传改良手段，提高蛋白质营养价值，增加含硫氨基酸含量，已成为大豆品质改良育种的重要目标。

表 2-5　大豆及主要粮油作物氨基酸含量组成比较

氨基酸		大豆蛋白	菜籽蛋白	大米蛋白	小麦蛋白	玉米蛋白	FAO/WHO 推荐值
必需氨基酸	赖氨酸	6.01	5.81	3.52	2.44	3.67	5.50
	甲硫氨酸	1.56	2.38	1.73	1.41	1.83	—
	苏氨酸	3.66	4.50	3.85	3.04	4.40	4.00
	亮氨酸	7.72	7.31	8.40	7.11	15.20	7.00
	异亮氨酸	5.02	4.20	3.54	3.58	3.28	4.00
	苯丙氨酸	5.00	4.14	4.75	4.53	4.96	—
	缬氨酸	5.30	5.29	5.43	4.22	4.95	5.00
	色氨酸	1.20	1.45	1.68	1.14	0.78	1.00
非必需氨基酸	组氨酸	2.25	2.72	2.32	2.23	3.03	—
	精氨酸	7.55	6.64	9.15	4.29	4.70	—
	天冬氨酸	10.38	7.12	8.46	7.22	7.05	—
	丝氨酸	4.61	4.71	5.02	5.97	3.62	—
	谷氨酸	18.42	17.92	19.68	29.94	13.25	—
	脯氨酸	6.20	6.14	3.95	7.56	5.63	—
	甘氨酸	4.62	5.33	3.27	4.46	6.65	—
	丙氨酸	4.50	4.90	5.43	4.02	4.62	—
	胱氨酸	1.63	2.64	2.21	2.54	2.40	>3.5
	酪氨酸	3.91	3.10	3.80	3.20	5.20	>6.0

注　—表示无推荐值。

第四节　大豆蛋白组分的性质

一、7S 的基本特性

7S 包括血球凝集素、脂肪氧化酶、β-淀粉酶和 7S 球蛋白 4 种主要成分，但 4 种主要成分所占比例不同，其中 7S 球蛋白在大豆蛋白中所占比例最大。7S 属于糖蛋白，是一种含有 3.8% 甘露糖和 1.2% 氨基葡萄糖的糖蛋白。它的糖基部分与天冬氨酸以共价键结合，1 分子 7S 蛋白可以结合 5 个或 6 个糖基。7S 球蛋白是由 3 个亚基的 6 种不同组合通过疏水作用力形成的三聚体糖蛋白，这 3 个亚基分别为 α、α′ 及 β，其相对分子量分别为 72kDa、68kDa 和 52kDa，等电点分别为

4.9、5.2 和 5.7。7S 球蛋白具有致密折叠的高级结构（图 2-4），其中含有 5%的 α-螺旋结构、35%的 β-片层结构和 60%的不规则结构。

7S 分子中 3 个色氨酸残基几乎全部处于分子内部；4 个半胱氨酸残基相互作用形成二硫键。7S 蛋白质的次单元结构随着离子强度、pH 值、温度等周围条件的改变而改变。当溶剂中的离子强度达到 0.5 时，7S 以单体——5.6S 的形式存在；当离子强度在 0.8 以上时，7S 以完全单体的形式存在；当 pH 为 3.6 时，7S 以二聚体 9S 或 10S 的形式存在。因为 11S 和 7S 的结构存在很大的不同，所以 7S 和 11S 呈现的特性也不同，水解的难易程度不同，呈现出的聚合能力也存在很大的差异。

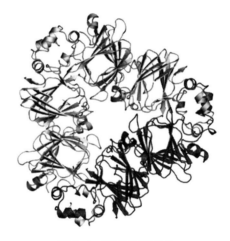

图 2-4　7S 的三级结构

二、11S 的基本特性

大豆蛋白中的 11S 蛋白被认为是一种单一的不含糖基的蛋白。11S 的等电点大约在 4.6。利用等电点时蛋白质溶解度最低的原理和 11S 的冷沉原理，可以将 11S 从大豆蛋白质中分离出来。11S 是一种分子量约为 350kDa 的六聚体，其中包括 5 个亚基（$A_{1a}B_2$，A_1bB_{1b}，A_2B_{1a}，A_3B_4 和 $A_5A_4B_3$），每个亚基又包括 2 条多肽链，一条具有酸性等电点，另一条具有碱性等电点，分子质量分别约为 35kDa 和 20kDa。两条链通过共价键——二硫键相连。A_1、A_2、A_4 的分子质量均为 34.8kDa，A_3 的分子质量为 45kDa，A_5 的分子质量为 10kDa；B_1、B_2、B_3、B_4 的分子质量均为 21kDa。酸性亚基和碱性亚基的等电点分别为 4.8~5.4 和 8.0~8.5。其中酸性亚基和碱性亚基的氨基酸种类如表 2-6 所示。从表 2-6 中可以看出碱性亚基的疏水氨基酸的数量占总氨基酸的 47.1%，而酸性亚基的疏水氨基酸的数量占总氨基酸的 36.6%。酸性亚基和碱性亚基一般利用等电点法进行分离，然后用 SDS-PAGE 检测分离的效果和纯度。酸性亚基和碱性亚基的理化和功能特性存在很大的不同。De-Bao Yuan 等人通过分析发现，酸性亚基和碱性亚基理化特性如游离巯基，以及表面疏水性和功能特性如起泡性和乳化性存在很大的不同。

表 2-6　酸性亚基和碱性亚基氨基酸组成

氨基酸	酸性亚基/%	碱性亚基/%
天冬氨酸	13.01±0.34	13.25±0.26
苏氨酸	3.43±0.03	3.98±0.11
丝氨酸	6.55±0.07	7.26±0.02
谷氨酸	25.37±0.36	15.15±0.12
甘氨酸	9.61±0.31	8.11±0.10
丙氨酸	4.17±0.06	7.44±0.16
缬氨酸	4.44±0.08	7.52±0.09
甲硫氨酸	1.17±0.02	1.12±0.06
异亮氨酸	5.32±0.06	5.87±0.05
亮氨酸	6.54±0.07	9.55±0.10
酪氨酸	2.68±0.05	3.45±0.11
苯丙氨酸	3.79±0.05	5.15±0.09
赖氨酸	5.63±0.31	4.49±0.12
组氨酸	2.27±0.07	1.99±0.01
精氨酸	6.03±0.25	5.67±0.20

三、7S 的营养特性

7S 球蛋白含有人体必需的 8 种氨基酸，在分散性及赖氨酸含量方面高于 11S 球蛋白，但是甲硫氨酸等含硫氨基酸含量较低，仅为 11S 球蛋白的 16%~20%，在营养性上不如 11S 球蛋白高，而且 7S 球蛋白稳定性较差，在离子强度时极易发生聚合或离析作用。

四、11S 的营养特性

11S 球蛋白与植物种类无关，是一种无任何糖锁附加的非糖蛋白。其甲硫氨酸、色氨酸等含硫氨基酸较 7S 球蛋白含量高，具有较高的营养特性及凝胶稳定性。

第五节　大豆蛋白的功能性质

一、大豆蛋白的功能特性

大豆球蛋白的溶解性、凝胶稳定性及乳化性被认为是重要的加工功能特性。特别是有关大豆蛋白质的溶解性研究，一直以来备受重视。若大豆蛋白质的溶解性不良，必然会影响大豆的加工功能特性。

（一）溶解性

溶解性是指蛋白质在水溶液或食盐溶液中溶解的性能，其溶解的程度又称溶解度。在各种不同条件下，溶解度性质是蛋白质可应用性的一个很重要指标，它影响着蛋白质的凝胶作用、乳化作用和起泡作用的能力。高溶解度的蛋白质有较好的功能特性，也就是说其具有良好的胶凝性、乳化性、发泡性，脂肪氧化酶活性也较高，比较容易掺入食品中；而低溶解度的蛋白质的功能性和使用范围则受到限制。

众多研究报道显示，大豆种子贮藏蛋白具有不易溶于纯水，但溶于低浓度中性盐溶液的特性。它的溶解性是蛋白质-水、蛋白质-蛋白质相互作用，最终达到平衡的结果。影响蛋白质溶解度的因素，主要有溶媒的 pH、离子强度及该蛋白质的等电点等。大豆蛋白质的平均等电点在 4.8 时，几乎不含盐离子的水溶液的溶解度最低大豆种子中含有的植酸成分，通常以植酸钙、镁盐的形式和植酸-7S 球蛋白结合的形式存在，其含量的降低或去除，会极大地改善大豆蛋白的溶解性、豆乳的均质及稳定性。

影响大豆蛋白溶解性主要包括内在因素和外在因素两方面：内在因素包括疏水作用、氢键作用等；外在因素则包括 pH、盐的种类和离子强度等。例如，随着离子强度从 0 增加到 0.1mol/L，大豆分离蛋白的溶解性不断下降；但是当离子强度高于 0.1mol/L 时溶解性又会有所上升。pH 值会影响大豆分离蛋白中的各组分溶解度，如果缓冲体系中离子强度低于 0.03mol/L，当 pH 值大约在 6.0 时，大豆球蛋白溶解性很差，而 β-伴大豆球蛋白却很好；然而 pH 值大约在 4.8 时 β-伴大豆球蛋白却很难溶。

蛋白质的溶解性与其等电点有密切关系，但是目前对大豆分离蛋白及其组分等电点的报道因实验条件的不同并不能很好地统一起来。如大豆分离蛋白的等电点有报道为 4.64，但也有文献报道为 4.2；β-伴大豆球蛋白的等电点为 4.8，大豆球蛋白等电点为 6.4。很明显，大豆分离蛋白的等电点与其两个重要组分大豆球蛋白和 β-伴大豆球蛋白的等电点并不匹配，这可能是在实验中蛋白质分散体系不相同，如采用缓冲溶液（磷酸盐缓冲液、tris-HCl 缓冲液等）、甘油、尿素以及 KCl 和 NaCl 的浓溶液等，也有使用巯基乙醇作变性剂先破坏其次价键的例子。但是，目前这些分散体系都是悬浊液或乳浊液，极少有得到光学澄清的大豆分离蛋白水溶液的报道。

（二）凝胶稳定性

大豆蛋白质凝胶是基于蛋白质三级结构形成的具有保水功能的透明或半透明网络构象体，它是大豆分离蛋白最主要的功能特性之一。球蛋白凝胶网络的形成，主要由加热所致，其形成过程分为 3 个阶段：Ⅰ可溶性团粒的形成，即天然球蛋白经初级加热形成可溶性聚合体网状结构，Ⅱ通过继续加热，可溶性凝聚物相互自由缔合，形成网络结构的软胶凝胶硬度的增强，Ⅲ继续加热至 80℃ 以上，可形成结构有序的凝胶。这种热致凝胶网络，具有束缚水、脂质、风味物质、色素等成分，使其在分散相中保持相对稳定的功能，凝胶稳定性的好坏，将直接影响食品加工企业的经济效益。

大豆球蛋白和 β-伴大豆球蛋白是大豆分离蛋白的两种主要成分。但在凝胶形成的贡献方面，大豆球蛋白远大于 β-伴大豆球蛋白，这主要取决于前者的变性温度大于后者，即在加热至变性温度以上时，凝胶随着温度的增加而变硬，后者则不再变硬。反之，低温加热条件下，因球蛋白的变性不充分，β-伴大豆球蛋白对凝胶形成所起的作用会更大一些。大豆蛋白的各亚基不同，也会影响凝胶的形成：例如，α/β-球蛋白亚基形成的凝胶硬度大于其他亚基；亚基形成凝胶的速度大于其他亚基；β-伴大豆球蛋白方面，α-亚基形成凝胶的硬度比 α'-亚基形成凝胶的硬度大。以上是加热条件下蛋白质自身特性对凝胶形成的影响。另外，通过改变蛋白质的环境条件，如改变二价离子的强度、降低 pH 等方法，也可以影响凝胶形成的强度及速度。

（三）乳化性

大豆球蛋白的乳化性是指油水混合在一起形成的乳状液性能，是大豆球蛋白的一种重要功能性质。球蛋白乳化性常用乳化稳定性指数和乳化活性指数两个指标来评价。乳化稳定性是指蛋白质维持油水混合不分离的乳化特性对外界条件的抗应变能力，乳化活性是指蛋白质在促进油水混合时，单位质量的蛋白质（g）能够稳定的油水界面的面积（m^2）。大豆球蛋白具有很强的表面活性，它既能降低油和水的表面张力，又能降低水和空气的表面张力，其乳化能力的强弱与蛋白质浓度、pH、NaCl 浓度、受热温度、物理作用力及增稠剂浓度等密切相关。

常见的天然乳化物有豆乳、豆腐等。关于豆乳、豆腐的构造，日本学者小野伴忠团队的研究较为详尽，豆乳主要成分是水溶性蛋白（球蛋白、β-伴大豆球蛋白等）和油体（或称"油滴"）。水溶性蛋白或游离于水中，或附着于油体表面，油体由油质和镶嵌于油质表面的油质蛋白和磷脂质构成，它们共同形成了分散稳定性极佳的乳状液——豆乳。豆腐由油体、水及蛋白质网状结构组成。豆乳加热后，附着在油体表面的球蛋白、β-伴大豆球蛋白发生脱离进入水中，并与水中已经存在的蛋白质凝集形成较大的胶状体（colloid）。这些胶状体遇到 Mg^{2+}（卤水、$MgCl_2$）或 Ca^{2+}（石膏、$CaCO_3$），或将 pH 往酸性方面调整时，蛋白质粒子会更加聚合，形成复杂的网络构造，形成豆腐。

（四）起泡性

大豆蛋白质分子具有典型的两亲结构，因而在分散液中能表现较强的界面活性，起到降低界面张力的作用，这就决定了蛋白质溶液具有一定的起泡能力和稳定泡沫的能力。作为起泡剂的蛋白质一般满足 3 个基本条件：能快速地吸附至气-液界面；易于在界面上展开和重排；通过分子间相互作用形成黏弹性膜。

这就要求蛋白质的结构应是疏水、柔顺和无序的。有限的水解，可以增加疏水基团的暴露，增加多肽链的交联，这会增加片层的黏度，增加泡沫的稳定性，疏水性的增加可以增强起泡能力。

有限的水解会提高起泡性；相反，过度水解的结果，高的净电荷浓度会导致分子之间的排斥使气泡塌陷，降低稳定性。蛋白分子的柔顺性、大小、分子交联程度都对起泡性有影响，而黏度又是反映这方面的特征，因此起泡性还与黏度有关，黏度越大，其起泡性越好。过度的水解使溶液黏度下降，也是导致起泡性差的原因。所以为了得到较好的起泡特征，要兼顾溶解性、疏水性和黏度，使亲水和疏水达到一种良好的平衡。

二、大豆蛋白的改性特性

天然的大豆蛋白因为其营养价值比较高，并且具备特殊的功能性质，所以在食品行业的应用范围比较广范，然而其功能特性与动物蛋白相比却有较大差距，如果对蛋白质采用适当的方法进行改性，不仅会改变蛋白质的结构，其功能性质在很大程度上也能得到增加。当前，很多厂家开始进行大豆蛋白产品的制备和生产，但是由于种种因素的影响，导致工业制备的大豆蛋白存在容易变质、难溶解等问题，因此使其在食品领域的需求受到限制。因此，为了使蛋白质相应的特征和功能性质得到更好的发挥，可以使用适宜的方法改性蛋白质。一般其改性原理主要是通过对其结构和组分进行调控，对蛋白质构成和结构进行定向修饰，从而导致蛋白质的物理化学性质发生改变，以达到改进功能性质的效果。近年来，常用的蛋白质改性方式主要包含物理、化学、酶法以及其他改性等方法。

（一）物理改性方法

物理改性的定义是利用一些物理方法（如对蛋白质分子进行加热、冷冻等）使其结构发生改变，从而得到一种改善蛋白质功能特性的方法。蛋白质在物理改性后，通常只会引起高级结构及分子间的聚集方式发生改变，但其一级结构通常不会发生改变。蛋白聚集体及分子间的高级结构在合适的物理条件下改性可以被破坏，从而致使蛋白质分散液能够均匀地分布，蛋白质分子展开，溶解性增大，疏水基团也会暴露。在蛋白质的加工过程中，热处理是一种非常重要的物理改性方法。在恰当的热处理后，大豆蛋白的营养价值可以得到大幅度增强。另外，热处理也是增强大豆蛋白质功能性质（如乳化性、起泡性、凝胶性）的重要物理改性方法。但是在实际工业生产中，不正确的热处理方式也会导致蛋白质的分散性较差、外观比较浑浊，从而使大豆蛋白在一些食品中的应用受到了限制。为了充分利用热处理方法来拓展大豆蛋白质在食品领域的应用范畴，Guo 等在 pH 7.0 条件下，对大豆蛋白 7S 和 11S 进行热处理，不仅研究了它们聚集方式的差异，还对热处理过程中的聚集方式进行了研究，提出了它们的聚集模型，如图 2-5 所示。

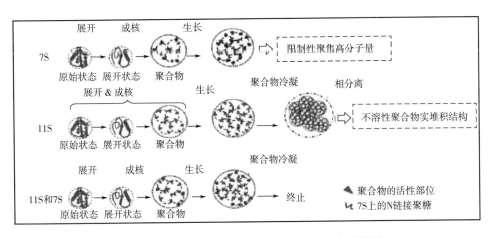

图 2-5　7S 和 11S 在 pH 7.0 条件下热聚集行为的模型图

（N 天然状态，U 展开状态，Agg 聚集状态）

在加热条件下，大豆分离蛋白表面疏水性和二级结构会发生改变，大豆分离蛋白表面的疏水特性由于热变性能够被提高，但是其因为聚合物的形成在一定程度上也会有所降低。此外，当加热温度在90℃以下时，大豆分离蛋白的β-折叠数目与表面的疏水性表现出负相关。

超声处理也是改善大豆分离蛋白质的结构和功能特性的另外一种重要物理方式，超声处理因为所具有的频率的范围不一致，可以分为两类，一类是低功率频率，另一类是高功率频率。在规定食品的质量和安全领域的应用中，通常采用低功率超声波，而在改进各种食品的功能特性时，通常使用高功率超声波。丁俭等实验表明，通过恰当的超声波处理，大豆分离蛋白的空间结构会得到一定的改善，大豆分离蛋白与多糖界面结构特性和乳化体系的冻融稳定性得到提升。此外还有研究表明，大豆分离蛋白经过高压且在pH 8.0时进行改性，其会产生聚集、表面的疏水性会增加、游离的巯基会降低、7S和11S的一部分会发生分离并展开、二级结构也会发生一定的改变。物理改性有很多优点，如比较温和且具有更高的安全性，更能控制其作用的时间，对蛋白质的营养价值破坏较小，但是在效果上物理改性不是特别明显。

（二）化学改性方法

蛋白质的化学改性是利用化学反应引入亲水/亲油、巯基等各种功能基团，以改变其结构、电荷量和亲疏水性基团，进而达到改变其理化性和功能性质的目的。蛋白质的化学改性一般包括酸碱处理、糖基化等方式。用葡萄糖和大豆分离蛋白作为原料改性，在糖基化后，大豆分离蛋白的溶解性、乳化性以及乳化稳定性在很大程度上得到了增强。利用美拉德反应让蛋白质与糖产生糖基化反应的改性方式有两种，一种是干热法，另一种是湿热法。王松等采用湿热法对葡萄糖和大豆分离蛋白进行糖基化，发现大豆分离蛋白的乳化性、溶解性以及凝胶性在糖基化后都在很大程度上得到了提高。通过化学改性蛋白质分子具有很多优势，包括其改性成本低、改性效果好以及处理工艺简单等。但是，化学改性蛋白质分子也存在一些缺点，包括处理过程中存在化学试剂，因此分离较为复杂且存在一定的污染性。

（三）酶法改性

酶法改性是指蛋白酶在一定的条件下（温度、pH值），改变蛋白质的溶解性、乳化性等功能特性，从而使蛋白质结构或组成发生改变，进而使蛋白质的营养价值和应用价值得到大幅度的增加。酶法改性的优点是反应的速度比较快、安全性很高、容易把控、食物的营养价值也不会被削弱，同时蛋白质也会具有更优的功能性质。酶法改性早已变为增强蛋白质各类功能特性和拓宽其使用领域的一种常用方式，这种改性方式受到很多专家学者的关注。

（四）其他改性方法

近年来，除了上述常规的 3 种改性方法外，还出现了一些新的改性方法。如基因工程改性、使用小分子化合物修饰蛋白质形成复合物等。研究发现，基因工程改性方式有着很大的发展前景，但是其技术所需的周期很长、见效比较慢，而且安全性也需要进一步研究。

三、传统大豆蛋白制品

（一）传统非发酵豆制品的加工

1. 传统豆制品加工原理

生豆浆加热之后，蛋白质分子的二、三、四级结构的次级键断裂，蛋白质的空间结构改变，多肽链舒展，分子内部的某些疏水基团（如—SH）疏水性氨基酸侧链趋向分子表面，使蛋白质的水化作用减弱，溶解度降低，分子之间容易接近而形成聚集体，形成新的相对稳定的体系——前凝胶体系（熟豆浆）。

借助无机盐、电解质的作用使蛋白质进一步变性，破坏蛋白质的水化膜和双电层，并通过—Mg—或—Ca—等离子的"搭桥"作用，将蛋白质分子连接起来，形成立体网状结构，并将水分子包容在网络中，形成豆腐脑。

2. 传统豆制品生产的原辅料

（1）凝固剂

凝固剂包括石膏、卤水、葡萄糖酸-δ-内酯（GDL）、复合凝固剂。

石膏主要成分为含水硫酸钙。该凝固剂制备的豆制品保水性好，光滑细腻。卤水主要成分为 $MgCl_2$。卤水制备的产品特点为蛋白质凝固快，网状结构易收缩，产品保水性差，适合做豆腐干、干豆腐等低水分产品。GDL 的持水性好，弹性大，质地华润爽口，但产品口味平淡且略带酸味，应添加一定的保护剂（如磷酸氢二钠、磷酸二氢钠、酒石酸钠等），改善风味。复合凝固剂，如带涂覆膜的有机酸颗粒凝固剂，常温下不溶于豆浆，一旦加热涂覆膜溶化，内部的有机酸就可以发挥凝固作用。

（2）消泡剂

消泡剂主要包括油脚、油脚膏、硅有机树脂、脂肪酸甘油酯。油脚，油炸食品的废油，杂质较多，色泽暗，适合作坊式生产使用。油脚膏，由酸败油脂与氢氧化钙混合制成。硅有机树脂，热稳定性和化学稳定性高，表面张力低，消泡能力强。脂肪酸甘油酯，脂肪酸甘油酯分为蒸馏品（纯度达 90% 以上）和未蒸馏品（纯度为 40%~50%）。

（3）防腐剂

主要有丙烯酸、硝基呋喃系化合物等，主要用于包装豆腐，对产品色泽稍有影响。

3. 传统豆制品加工实例

（1）传统豆制品加工工艺

传统豆制品加工工艺流程如图 2-6 所示。

大豆 → 清理 → 浸泡 → 磨浆 → 过滤 → 煮浆 → 凝固 → 成型 → 成品

图 2-6　传统豆制品加工流程

在整个加工过程中，清理的步骤主要是选择品质优良的大豆，除去杂质，得到纯净的大豆。

浸泡要求大豆增重至原来的 2.0~2.2 倍。浸泡后大豆表面光滑，无皱皮，豆皮不轻易脱落，手感有劲。浸泡后的大豆需经过适当的机械破碎才能使其中的蛋白质溶出，破碎越细，越容易溶出，但磨碎过细，大豆中的纤维素会随着蛋白质进入豆浆中，造成产品粗糙，色泽较深，且不利于浆渣分离，影响产品得率。一般控制磨碎细度为 100~200 目。

煮浆是蛋白质热变性的过程，为后序点浆创造必要条件。煮浆消除豆浆中的抗营养成分，杀菌，减轻异味，提高营养价值，延长产品的保鲜期。煮浆过程中蛋白质能与少量脂肪结合形成脂蛋白，使豆浆产生香气。

凝固是借助凝固剂的作用，使大豆蛋白质由溶胶状态转变为凝胶状态。点脑是将凝固剂按一定比例和方法加入熟豆浆中，使大豆蛋白质溶胶转变成凝胶，形成豆腐脑。点脑后蛋白质网络结构不牢固，需经过一段时间静置凝固才能完成，此过程为蹲脑。成型是把凝固好的豆腐脑放入特定的模具内，施加一定的压力，压榨出多余的黄浆水，使豆腐脑密集地结合在一起，成为具有一定含水量和弹性、韧性的豆制品。

（2）内酯豆腐生产工艺流程

采用葡萄糖酸内酯作添加剂制作豆腐，是从日本引进的一项新技术，用它取代以盐卤、石膏作豆腐凝固剂的传统加工方法，其产品色白、细嫩、无苦涩味。

制浆时，采用各种磨浆设备制浆，使豆浆浓度控制在 10~11°Bé。脱气时采用消泡剂消除部分泡沫，采用脱气罐排出豆浆中多余的气体，避免豆腐出现气孔，同时脱除一些挥发性气体，使内酯豆腐质地细腻，风味优良。冷却混合与灌装时，根据葡萄糖酸内酯的水解特性，内酯与豆浆混合必须在 30℃ 以内，添加量为 0.25%~0.30% 的比例，混合时间为 15~20min。凝固成型的温度为 85~

90℃，需要保温 15~20min（图 2-7）。

原料大豆 → 清理 → 浸泡 → 磨浆 → 滤浆 → 煮浆 → 脱气 → 冷却 → 混合 → 灌装
成品 ← 冷却 ← 凝固杀菌

图 2-7　内脂豆腐生产工艺流程

（二）传统发酵豆制品的加工

1. 腐乳的加工

腐乳是利用豆腐坯上培养的、腌制期间加入的、外界侵入的各种微生物分泌的酶类，同时各种调料也共同参与，引起极其复杂的化学变化，促使蛋白质水解，糖分发酵成乙醇和其他醇类及形成有机酸，合成复杂的酯类，最后形成腐乳所特有的色、香、味、体等，使成品细腻、柔糯可口。

腐乳的加工过程主要包括前期发酵和后期发酵，前期发酵主要是让豆腐上长出毛霉。后期发酵主要是加盐腌制、加卤汤装瓶，然后密封腌制。

2. 酱油的生产

（1）酱油生产的原理

酱油生产原理包括蛋白质的水解、淀粉水解、有机酸生成和酒精发酵。

原料中的蛋白质经过米曲霉分泌的蛋白酶作用，分解成多肽、氨基酸。谷氨酸和天冬氨酸使酱油呈鲜味；甘氨酸、丙氨酸、色氨酸使酱油呈甜味；酪氨酸使酱油呈苦味。

原料中的淀粉质经米曲霉分泌的淀粉酶的糖化作用，水解成糊精和葡萄糖。淀粉水解物的作用：为微生物提供碳源、发酵的基础物质、与氨基酸化合成有色物质，赋予酱油甜味。

酱油中含有多种有机酸，其中以乳酸、琥珀酸、醋酸居多。适量的有机酸生成，对酱油呈香、增香均有重要作用。乳酸具鲜、香味；琥珀酸适量较爽口；丁酸具有特殊香气。有机酸过多会严重影响酱油的风味。

酵母菌分解糖生成酒精和 CO_2，酒精氧化成有机酸，挥发散失，与氨基酸及有机酸等化合生成酯，微量残存在酱醅中，与酱油香气形成有极大关系。

（2）酱油生产工艺流程

酱油生产工艺流程如图 2-8 所示。

原料处理 → 制曲 → 发酵 → 滤油 → 滤浆 → 酱油后处理技术

图 2-8　酱油生产工艺流程

1）制曲

种曲是制酱油曲的种子，在适当条件下由试管斜面菌种经逐级扩大培养而成。制曲是种曲在酱油曲料上的扩大培养过程。

种曲制备的目的是获得大量纯菌种，为制大曲提供优良的种子。原料要求为蛋白质原料较少，淀粉质原料较多，必要时加入适量的饴糖，以满足曲霉生长时所需要的大量糖分。灭菌工作涉及的曲室及一切工具在使用前均需洗刷后消毒灭菌。接种温度一般规定夏天 38℃，冬天 42℃左右。接种量为 0.1%~0.5%。

酱醪——成曲拌入大量盐水，成为浓稠的半流动状态的混合物。

酱醅——成曲拌入少量盐水，使其成不流动的状态。

将酱醪和酱醅装入发酵容器中，利用曲中的酶和微生物发酵作用，将其中的原料分解、转化，形成酱油独有的色、香、味、体成分。

2）发酵

固态低盐发酵操作要点：①注意食盐水的浓度：浓度要求 12%~13%。②控制制醅用盐水的温度，一般温度在 50~55℃，使拌曲后酱醅开始的发酵温度达到 42~44℃。③拌水量必须恰当：在制曲总重量的 65%左右。④上部加盐水量较下部稍多（有挥发）。⑤防止表层过度氧化。用食盐将醅层和空气隔绝，从而既防止空气中杂菌的侵入，又避免氧化层的大量产生，对酱醅表层还具有保温、保水作用。由于盖面盐不可避免地溶化，又使表层相当深度的酱醅含盐量偏高，从而影响酶的作用和全氮利用率的提高。可用塑料薄膜代替。⑥保温发酵和管理。发酵前期：控制发酵温度在 40~45℃，一般维持 15 天左右，后期发酵：温度可以控制在 33℃左右；整个发酵周期：25~30 天。如发酵周期在 20 天左右：最高温度不超过 50℃；发酵温度前期以 44~50℃为宜；后期酱醅品温可控制在 40~43℃。⑦倒池。目的是使酱醅各部分温度、盐分、水分以及酶的浓度趋向均匀；排出酱醅内部产生的有害气体；增加酱醅的含氧量。一般发酵周期 20 天左右时只需在第 9~10 天倒池 1 次。如发酵周期在 25~30 天时可倒池 2 次。

3）酱油的浸出（淋油）

酱油浸出工序主要包括如下两个过程：第一，发酵过程生成的酱油成分，自酱醅颗粒向浸提液转移溶出的过程，这个过程主要与温度、时间和浸提液性质等因素有关。第二，将溶有酱油成分的浸出液（酱油半成品）与固体酱渣分离的过程。这个过程主要与酱醅厚度、黏度、温度及过滤层的疏松程度等因素有关。

①淋油前的准备工作。用以淋油的酱醅必须已经达到质量标准，以免降低酱油质量和使淋油不畅。淋油池洗刷干净，处于清洁完好状态后方可进行淋油操作。配制盐水：一般把二淋油（或三淋油）作为盐水使用，加热至 90℃以上，盐度要求达到 13~16.5°Bé。②移醅装池，酱醅装入淋油池要做到醅内松散，醅

面平整。移醅过程尽可能不破坏醅粒结构，用抓酱机移池要注意轻取低放，保证淋油池醅层各处疏密一致。醅层疏松，可以扩大酱醅与浸提液接触面积，使浸透迅速，有利于溶出。醅面平整可使酱醅浸泡一致，疏密一致可以防止短路。在一般情况下，醅层厚度多在40~50cm，如果酱醅发黏，可酌情减薄。③浸提液的正确加入。浸提液的加入时，冲力较大，应采取措施将冲力缓和分散。冲力太大会破坏池面平整，水的冲力还可能将颗粒状的酱醅搅成糊状造成淋油困难，或者破坏疏密一致状态，局部变薄导致淋油"短路"现象发生。④采取较高的浸泡温度。浸提液温度提高到80~90℃，以保证浸泡温度能够达到65℃左右。⑤浸泡酱醅的时间要充分适当。在发酵过程中，原料中蛋白质、淀粉等大分子物质受蛋白酶系和淀粉酶系的作用，其最终产物为氨基酸和葡萄糖，也生成了大量的中间产物如胨、肽、糊精等分子量较大的物质。酱醅淋头油的浸泡时间，不应少于6h。淋二淋油的浸泡时间不少于2h。淋三淋油时，已经属酱渣的洗涤过程，浸泡时间还可缩短。

4）酱油的加热

酱油加热的目的是杀灭酱油中的残存微生物，延长酱油的保质期；破坏微生物所产生的酶，特别是脱羧酶和磷酸单酯酶，避免继续分级氨基酸而降解酱油的质量。可起到澄清、调和香味，增加色泽的作用。

加热温度一般采取两种。①90℃，15~20min，灭菌率为85%。②超高温瞬时灭菌135℃，压强0.78MPa，3~5s达到全灭菌。

5）成品酱油的防霉

在气温较高的地区和季节，成品酱油表面往往会产生白色斑点，随着时间的延长，逐渐形成白色的皮膜，继而加厚、变皱，颜色也由嫩黄逐渐变成黄褐色，这种现象称为酱油生白花或生白。防腐剂有苯甲酸钠、苯甲酸、山梨酸和山梨酸钾等，添加量为0.1%。

（3）酱油风味的形成

色素的形成：色素的形成包括非酶褐变和酶褐变，非酶褐变又包括美拉德反应和焦糖化反应。

香气的形成：酱油应具有酱香及酯香，无不良气味。200多种化学物质共同作用产生，主要的20多种，如醇、醛、酯、酚、有机酸、缩醛和呋喃酮等多种成分。醇类包括甲醇、乙醇、丙醇、丁醇、异戊醇、苯甲醇等。有机酸类包括醋酸、乳酸、琥珀酸、葡萄糖酸等。酯类物质包括香气主体。所有风味物质均来自原料、发酵产物及加热过程。

味的形成：酱油的味觉是咸而鲜，稍带甜味，具有醇和的酸味，不苦，其成分中包括呈咸、鲜、甜、酸、苦的物质，作为调味料以鲜味最主要。鲜味主要来源肽类、氨基酸、核苷酸；咸味来自所含的食盐，肽、氨基酸、有机酸和糖类等咸味柔和；甜主要是糖类（3~4g/100mL），以及一些甜味氨基酸；酸味为乳酸、醋酸等（总酸应<1.5g/100mL），其他有乙酸、丙酮酸、琥珀酸等；微苦味是酪氨酸等苦味氨基酸，能增加酱油的醇厚感，但不能有焦苦味。酱油的呈味必须做到咸、鲜、甜、酸、苦五味调和。

酱油的体态：酱油的浓稠度，俗称酱油的体态。由无盐的可溶性固形物组成（主要有可溶性蛋白、氨基酸、维生素、糖类物质）。是酱油的质量指标之一，优质酱油的无盐可溶性固形物应大于20g/100mL。

3. 豆豉的生产

（1）豆豉的定义

豆豉是以大豆或黄豆为主要原料，利用毛霉、曲霉或者细菌蛋白酶的作用，分解大豆蛋白质，达到一定程度时，加盐、加酒、干燥等方法，抑制酶的活力，延缓发酵过程而制成。

豆豉，古人不但把豆豉用于调味，而且会入药，对它极为看重。豆豉的生产，最早是由江西泰和县流传开来的，后来成为人们所喜爱的调味佳品，而且传到海外。我国台湾地区称豆豉为"荫豉"，在唐代外传日本。

（2）豆豉的分类

按原料分为黑豆豉和黄豆豉。

按口味分为咸豆豉和淡豆豉。淡豆豉：发酵后的豆豉不加盐腌制，如浏阳豆豉。咸豆豉：发酵后的豆豉加入盐水腌制，大部分豆豉。

按水分分为干豆豉和水豆豉，以干豆豉为多。干豆豉：发酵好的豆豉再进行晒干。水豆豉：不经晒干的豆豉，如山东临沂豆豉。

按发酵优势微生物分为毛霉型、曲霉型、根霉型、细菌型。

（3）豆豉的工艺流程

豆豉加工工艺过程如图2-9所示。

大豆 —→ 浸泡 —→ 蒸熟 —→ 摊晾 —→ 制曲 —→ 拌料发酵 —→ 成品

图2-9 豆豉加工工艺流程

原料的选择：原料选用蛋白质含量丰富、颗粒饱满新鲜的黑豆、黄豆，以春黑豆、春黄豆为佳，因其皮较薄，蛋白质含量高，制成的豆豉色黑，颗粒松散，滋润化渣，且不易破皮烂瓣。

浸泡：使大豆吸收一定的水分，以便蒸料时蛋白质迅速达到适度变性，淀粉易于糊化，利于毛霉菌生长及酶解。大豆浸泡后膨胀无皱纹，含水量达45%~50%为适宜。

蒸料：豆粒熟而不烂，内无生心，颗粒完整，有豆香味，无豆腥味，用手指压豆粒即烂，豆粒呈粉状，含水量52%左右。若蒸熟度不够，蛋白质未达到适度变性，消化率不高，发酵后的豆豉坚硬；反之，蛋白质变性过度，肉质腐烂，表皮角质蜡状物被破坏。

摊晾：常压蒸料出甑后，装入箩筐，待其自然降温至30~35℃时，进曲房分装簸箕，黑豆装量厚度2~3cm，加压蒸料，利用绞龙，送入通风制曲房，装量厚度18~20cm，摊平。

毛霉制曲：① 天然制曲。传统豆豉生产采用自然接种的毛霉制曲面以此介绍豆豉的生产工艺。② 纯种制曲品温在23~27℃培养。

（4）豆豉的营养保健作用

豆豉的主要生产原料——大豆营养丰富：大豆蛋白质含有人体不能合成而必须从食物摄取的8种必需氨基酸；大豆脂肪含不饱和脂肪酸占80%以上；大豆还含有1.8%~3.2%磷脂等。

（5）豆豉加工前后营养成分的变化

测定豆豉加工前后可溶性糖、可溶性氮、维生素B1、维生素B2、维生素A、维生素E含量以及黄酮含量与组分变化。纤维酶使纤维素水解生成单糖；蛋白酶容易与蛋白质接触水解产生一系列的中间产物，如胨、多肽、氨基酸等。

第六节　大豆蛋白的应用

一、大豆蛋白在食品中的应用

（一）大豆蛋白用于肉制品

大豆蛋白用量最大的是制作肉制品。香肠中加入大豆蛋白，可提高肉类中水分和脂肪的固着力，并与淀粉凝在一起形成稳定剂存在于脂肪乳化液中。把大豆蛋白加入午餐肉肉末中与其他成分较好地混合，并膨胀成一个完整的块状。在肉末制品中加入大豆蛋白可使肉汁不至于很快失去水分和脂肪。在熟火腿中使用大豆蛋白作熏烤液，不仅可增加蛋白质含量，而且改进了持水能力，使产品含汁、鲜嫩。从营养学角度看，大豆蛋白的氨基酸含量低，添加到肉制品中可以与肉起互补作用，成为更为理想的高级蛋白质。

（二）大豆蛋白用于烘烤制品

适量将脱脂大豆蛋白添加到面粉中去，加工成营养面包、营养饼干等，可提高制品风味，减少脂肪、提高蛋白质含量和改善烘烤的质量，有助于调节面团性质、改善皮色和面包心质构和蛋糕弹性。大豆蛋白作为食品添加剂，有较好的保湿性、抗衰老性和延长产品的货架期。

（三）大豆蛋白饮料

近年来，美国已有食品公司投产大豆蛋白饮料，豆奶产品有巧克力、香草、水果香型等，除直接饮用外，还可加入其他产品（如咖啡、汤、早餐谷物等）中而不会对风味产生负面影响，美国一大豆蛋白公司采用膜分离技术生产出膜工艺分离蛋白，用于冰激凌中，使冰激凌很快占领了美国市场，大豆蛋白近来一个很大用途是做牛奶的替代品，尤其是针对牛奶蛋白过敏和乳糖不耐的婴儿，大豆蛋白配方是较佳的选择。

（四）大豆蛋白在乳品行业中的应用

可分为豆乳类、发酵豆乳、速溶豆粉、婴幼儿配方食品、其他含大豆蛋白乳制品（如大豆炼乳、植物性干酪、大豆冰激凌）等。

（五）大豆蛋白在水产制品中的应用

大豆蛋白用于水产制品，可提高其蛋白质含量，改善产品的品质和口感，降低成本，延长保存期。近年来，已制成了多种水产仿生食品（人造水产品），特别是各种水产珍味食品，这些食品以其丰富的营养价值和独特的色、香、味而脍炙人口。

（六）大豆蛋白在面制品中的应用

在面制品中添加大豆蛋白，可增加产品中的蛋白质含量，并可利用蛋白质的互补作用，提高蛋白质的生物价（BV），从而提高面制品的营养价值。其黏度小、分散度快、不易结团的特点，更适用于烘焙食品、方便面、挂面等。

（七）大豆蛋白在糖果中的应用

利用大豆蛋白粉生产糖果如生产砂性奶糖，可全部代替奶粉。如生产胶质奶糖，可代替50%的奶粉。

（八）大豆蛋白在其他食品中的应用

方便食品（大豆蛋白膨化食品，大豆蛋白涂抹食品等）；仿生食品（大豆蛋白杏仁大豆蛋白核桃仁、大豆蛋白羊羹等）。

二、大豆蛋白在造纸业中的应用

大豆分离蛋白是一种循环可再生资源，来源丰富，具有生物降解性和生物相容性，因此开发以大豆分离蛋白为基质的新型高分子材料受到人们极大的关注。大豆蛋白的分子链与纸浆纤维素可产生氢键，用作纸张干强剂。但由于大豆蛋白自身易形成分子内氢键，发生卷曲和折叠，不易溶于水。因此有必要通过在大豆蛋白分子链上接入更多的离子基团和能与纤维结合形成共价键的活性基团，以提高大豆蛋白的溶解度和对纸张湿强度的作用。因此将大豆分离蛋白进行羧甲基化改性，既保留了大豆分离蛋白的优点，又极大地改善了其水溶性，具有极大的应用价值。

在造纸工业中，大豆蛋白主要被用作施胶剂、共黏剂，以改善涂布机的运行性能，降低涂料不动点固含量。将羧甲基大豆蛋用作增强剂，当其加入量为绝干纤维的 0.2% 时，羧甲基大豆蛋显示出良好的增强效果，是一种很好的纸张增强剂。

三、大豆蛋白在伐木材料中的应用

在非食品领域，大豆蛋白通过温度、化学、高压等方式改性，可应用在材料黏合剂、生物降解膜、塑料材料、纤维材料、生物医用材料等方面，这对增加大豆附加值、节约石油资源、保护环境具有重要意义。

胶液黏度是代木材料胶黏剂的重要指标，一方面，溶液黏度表征蛋白质溶液分子量变化，较高的分子量有比较高的内聚强度，对于提高干态强度和耐水强度都有重要意义。另一方面，黏度表征着蛋白质分子多级结构的变化程度。因此对改性大豆蛋白胶黏剂黏度的研究，对研究蛋白质的化学变化剂代木材料的制备具有重要意义。我国木材资源短缺，秸秆资源丰富，价格低廉，废弃包装材料的回收利用不够科学，利用秸秆和废弃包装材料生产代木材料，可缓解木材供应压力，具有广阔的发展前景。

以废弃瓦楞纸板和小麦秸为主要原料，制备一种可用于热压成型的轻质代木包装材料。在包装领域，该材料可用于制作非承力部位的间隔件、填充件、支撑件等。

第三章　蛋白质的自组装

分子自组装普遍存在于神奇的大自然和人类的生活中。例如，生物体细胞的细胞膜通常由大量的磷脂分子自组装而成；生活中常见的肥皂泡是由小分子表面活性剂自组装形成的。这些分子通常由疏水和亲水两部分构成，因此在水溶液中具有两亲性。这些有趣而又神秘的自组装现象激发了人们研究分子自组装的兴趣。

第一节　自组装的概念

一、自组装的概念

自组装（self-assembly）属于一个跨学科概念，是指一个无序的体系在无人为等外界因素的干预下，由分散的构筑基本单元（building blocks）通过它们之间的特异性和局部相互作用而自发形成一个有序的体系或结构的过程。这些构筑基本单元可以是原子、分子、微米级、纳米级材料。在此基础上又引出多个自组装的相关概念。分子自组装是利用分子与分子之间或分子中某些片段之间的分子识别，通过疏水作用力、范德华力、静电作用力等非共价作用形成具有特定排列顺序的分子聚集体。多肽自组装是指介于氨基酸和蛋白质之间的化合物，按照一定的排列顺序通过肽键结合而成的聚合物，这主要涉及生物体内各种细胞功能的生物活性物质。生命活动中的自组装主要包括蛋白质的折叠、DNA 的双螺旋、病毒的形成、细胞的生成到器官的生成。

生物的有序性、相互作用、组成结构这 3 个主要特征赋予了自组装概念具有一定的独特性。无论是立体的形状还是自组装实体进行的任何行为，自组装后的结构相对于单独的组成部分一定具有更高的顺序性，这就是所谓的有序性。然而从化学角度上看，在自然界中物质在最无序的状态下能量最低，此时物质处于最稳定的状态，所以物质总是朝着能量最低的无序状态转变。这是自组装中有序性和化学角度上存在很大不同的方面。相互作用指范德华力、毛细现象、π-π 相互作用、氢键等非共价键的相互作用，相对于共价键、离子键、金属键等共价作用力起到更重要的作用。这些非共价键的相互作用决定了液体的物理性质、固体的可溶性以及生物膜的分子组装。组成结构指构建单位既包括分子、原子，还包括具有不同化学构成、结构、功能的纳米级或微米级的结构。

二、自组装特点

生物结构的自组装具有高度重复性、高度程序化和高组装效率3个较为显著的特征。一条鱼产生的受精卵，所形成的千百条后代的表型几乎一模一样，这个例子属于自组装中高度重复性的特点。从生物分子到分子复合物、亚细胞结构、细胞、组织、器官到生命个体这个自组装过程完全按既定程序进行，几乎不会发生偏差，这体现了自组装的高度程序化。高组装效率如DNA复制机器每秒钟能够合成1000个核苷酸；蛋白质合成机器（核糖体）采用并联式蛋白质合成策略；一个大肠杆菌细胞就像一个高度组织化、高效率的细胞工厂，20min就能复制一代，包括合成和组装所有的分子机器、无数的结构元件和功能元件直至形成完整细胞。

三、自组装技术

（一）酰胺反应法自组装

利用分子中羧基（—COOH）和氨基（—NH$_2$）之间的化学反应生成酰胺键（—CO—NH—），从而形成生物大分子多层自组装膜的方法，将含有氨基或羟基（—OH）的生物大分子通过酰胺键连接到含有羟基或氨基反应基的基材表面，以形成单分子层薄膜。若生物大分子上还含有氨基或羟基，则可与含有羟基或氨基的另一分子发生酰胺化反应，如此重复循环下去，可以制得生物大分子的LBL的多层膜。

利用酰胺反应法自组装方法构造了酶的单分子层膜，将硫醇修饰的金表面的自组装单分子层（SAM）的末端羟基化，将其转化成活性的中间体，该活性中间体的COOH受到葡萄糖氧化酶（GOx）上赖氨酸上的氨基的亲核进攻，通过酰胺化反应在GOx与SAM之间形成共价键，从而得到酶的单分子层膜。Yoon等利用这种手段在金表面构造酶的LBL交替沉积多层膜。他们通过酰胺化反应将聚氨基酰胺树状高分子和GOx交替沉积到金表面，这样构筑出来的电极可应用于生物传感器。Yoon等还在实验中组装成另一种可应用于生物传感器的GOx多层酶修饰的金电极，他们将高碘酸氧化的COx和链接有荧光素的树状高分子（F-D）通过酰胺化反应交替沉积到金表面，这种电极具有电化学性质和酶的活性。Myungok将抗-DNA抗体固定到一羟基化的硫醇自组装单分子层膜上，并通过计算DNA上S的放射线来检测自组装后的抗体DNA活性。

由于蛋白质具有羟基和氨基，这种方法被广泛应用于蛋白质的自组装，因此可通过这种方法将其固定到氨基和羟基的表面。

（二）生物大分子的特异识别自组装

利用某些生物大分子和特定的生物分子之间的特异识别进行生物大分子的逐层自组装，是一种简易的自组装方法。例如，抗生物素蛋白对生物素，伴刀豆凝集素（ConA）对甘露糖等。Rao 等通过这种方法，获得了蛋白质的生物大分子逐层多层自组装薄膜。他们先将辣根过氧化物酶（HRP）用 BcapNHS 进行生物素化得到 Bcap-HRP，其中每个 HRP 分子含有 2 个生物素分子，然后利用抗生物素蛋白和生物素的相互作用进行交替沉积到聚苯乙烯（PS）胶体颗粒上。实验发现，这种方法组装的 HRP 比酰胺反应组装的活性高，也比游离的 Bcap-HRP 溶液的活性高，因为它能容纳更高浓度的 H_2O_2，并且减少对底物的抑制作用。Amzai 等在石英晶体表面进行抗生物素蛋白和连接有生物素分子的抗体的交替沉积并研究了它的活性。另外还通过 ConA 与糖酶的链的生物特定的络合作用进行糖蛋白的 LBL 交替沉积组装。Anzai 等通过 ConA 和 COx 的相互作用在电极表面进行交替沉积以形成 GOx 的多层薄膜，并将其应用为葡萄糖传感器。对于一些本身无糖链的生物大分子，如乳酸氧化酶（LOx）先用甘露糖等进行修饰后，再与 ConA 进行络合反应，这样就可得到 LBL 交积的多层薄膜。

（三）分子沉淀法自组装

分子沉积法是对带有电荷的生物大分子，以静电相互作用为推动力进行交替沉积。自从 1991 年 Decher 等提出这种方法后，被广泛应用于大多数水溶性的蛋白质与带相反电荷聚电解质的交替沉积，通过一些表征手段可以观察到蛋白质的组装规律性，自组装酶具有很高的催化活性。Anzai 等通过 LBL 沉积法将抗生蛋白质和聚阴离子聚苯乙烯磺酸钠（PSS）、聚乙烯硫酸盐（PVS）和葡聚糖硫酸酯（DS）交替沉积到石英晶体表面。实验结果发现，沉积的聚电解质不同，则沉积的状态也不同。如在 PSS 和 PVS 交替沉积的多层膜中，每一层沉积着大量的抗生物素蛋白，且与抗生物素蛋白和聚电解质的浓度有关。但在 DS 的 LBL 组装膜中，每一层只沉积着单层或少于单层的蛋白质，并且与浓度无关。实验还证明组装后的抗生物素蛋白分子依旧保留着对生物素的键合作用。Lin 等研究了脂肪酶和淀粉酶分子在表面负离子化聚对苯二甲酸乙二醇酯（PET）薄膜表面的分子自组装，并研究脂肪酶和淀粉酶单分子层膜的表面结构和活力，结果表明酶/PET 自组装单分子层膜的酶活力相当高。Caruso 等研究了在 PS 胶体颗粒上的 FITCBSA 牛血清蛋白和免疫球蛋白 G（IgG）与聚电解质的交替沉积。由于颗粒具有表面积大、组装密度高等优点，与平面组装相比较具有一定的优势。当然也可以用其他的物质如纳米颗粒等代替聚电解。

第二节　蛋白质自组装

蛋白质是物质的起源，它具有分子识别、催化、分子开关以及结构控制等丰富的生物功能和生物可降解以及生物相容性等特性。近些年来，蛋白质的自组装在化学、物理、医学、材料科学和食品科学等领域受到了广泛的关注，因为蛋白质的自组装与人类息息相关。每个领域对于蛋白质自组装的研究都有自己独特的兴趣视角。蛋白质自组装可以很好地解释分子尺寸变化的现象（折叠和伸展的机理），同时蛋白质自组装也可以很好地解释从分子到自组装体尺寸变化的耦合现象。

一、蛋白质自组装概念

从蛋白质的氨基酸排列顺序的一级结构到空间构象的高级结构的改变都属于蛋白质自组装。从分子学角度分析，氨基酸通过肽键组成了一条肽链，单肽链之间通过共价键组成了多肽链，是蛋白质分子的基本构成单元，而蛋白质独特的结构源于二硫键、氢键、疏水作用、静电作用以及范德华力等协同作用的分子自组装。

蛋白质的自组装范畴也包括蛋白质二级结构（α-螺旋、β-折叠等）形成、蛋白质之间的聚集、DNA 分子中碱基互补配对和各种特殊功能生物膜的形成。蛋白质分子自组装是生命体的基础，因为自组装的存在形成了形态各异的丰富物种，并且普遍存在于生命体系。但是蛋白质的自组装并不总是朝有利于生命进化的方向发展，蛋白质的自组装也可以形成与某些疾病相关的淀粉样纤维聚合物，1984 年 Glenner 等发现与这此疾病有关的淀粉样纤维的蛋白是由 39~43 个氨基酸组成、分子量约为 4.24kD，且具有一个 β-片层的二级结构。当然蛋白质在正常折叠途径受阻时也能聚集成淀粉样纤维，但是与淀粉样纤维疾病无关，这两种淀粉样纤维结构完全一样。

二、蛋白质自组装作用力

从物理化学角度看，生物结构自组装的本质是各种分子内或分子间的相互作用及协调效应，主要包括范德华力、疏水作用力、静电作用力、氢键等弱相互作用力。

（一）范德华力

从物理学角度上讲，范德华力属于一种弱静电作用，主要包括 3 种力——取向力、诱导力、色散力。范德华力在蛋白质与其他蛋白质或表面物质的相互作用中起到非常重要的作用，但是由于蛋白质分子的结构非常复杂，范德华力在蛋白质之间的作用大小取决于理想的分子几何模型，如直径大小、球状蛋白质的种类。同时范德华力的大小还取决于球蛋白的几何形状的规则性和球蛋白分散的介质，其中球蛋白的几何形状对范德华力的影响更大。由于在球蛋白分子内部堆积了大量的非极性基团，一定程度上决定了球蛋白的几何形状。在蛋白质溶液中，蛋白质分子之间的互补表面与范德华力有关。

（二）疏水作用力

疏水作用是非极性分子或非极性基团在水相中倾向于避开水而相互靠近积聚的一种现象。疏水作用的本质是源于熵力，一个孤立体系出现平衡态是熵和能量达到最佳值的产物。疏水作用是非极性分子或非极性基团在水相中倾向于避开水而相互靠近积聚的现象。

蛋白质多肽链中含有疏水氨基酸和亲水氨基酸，它们能够形成疏水键，带动肽链盘曲折叠，对蛋白质三、四级结构的形成和稳定起重要作用。对于一个球蛋白，由于疏水效应，从分子内到分子外，疏水残基逐渐减少，亲水残基不断增多。疏水侧链堆积形成蛋白质的疏水内核以维持蛋白质折叠的稳定，而极性侧链多暴露在表面，与水分子相互作用。长期认为，疏水侧链相互作用在蛋白质自组装聚合中起最关键作用之一，水分子被迫从它们之间的空间区域逃逸到外部的液态水中，这增加了自由水分子的数量。因此，在室温条件下，疏水作用都是由熵驱动的。该假说得到了分子动力学模拟研究的大力支持。

（二）静电作用力

静电作用又称盐键。由于组成蛋白质的氨基酸是两性电解质，具有可解离的性质，因此有的蛋白质带正电，有的带负电，而在等电点时蛋白质不带电。由于大部分的蛋白质带电，所以蛋白质与蛋白质之间的相互作用存在静电引力或者静电斥力。静电作用的大小不仅跟蛋白质本身氨基酸组成、结构和两者的距离有关，还与蛋白质所存在环境（尤其是 pH 值和溶液电解质性质）有关。蛋白质与蛋白质之间的静电作用力的大小与电量的乘积成正比，与电荷间的距离平方成反比（库仑定律）。当在体外组装蛋白质时，外界环境条件有时会破坏静电作用，从而导致蛋白质不能正确自组装。

（四）氢键

氢键也可认为是一种固有偶极之间的范德华力，驱动形成蛋白质或 DNA 分子的二级结构。Watson 和 Crick 建立的 DNA 双螺旋模型中，氢键是维持双螺旋结构的主要作用力。

在 DNA 分子中，形成的是 N—H…O 和 N—H…N 两种类型的氢键；氢键也是维持蛋白质二级结构（α-螺旋、β-折叠、β-转角和无规则卷曲）稳定的主要作用力，主要是 N—H…O 型氢键。氢键的键能一般为 5~30 kJ/mol，最大约为 200 kJ/mol，比一般的共价键、离子键和金属键的键能都要小。虽然键能小，但由于蛋白质和 DNA 分子内存在的氢键的数量对的共同作用，所以蛋白质和 DNA 的结构非常稳定。

（五）蛋白质种类

不同类型的蛋白质一般通过特异性相互作用或非共价键进行分子自组装。如利用蛋白质分子之间的特异性相互作用和 DNA 链互补自组装制备热可逆的交联网络。此外，没有特异性相互作用的球状蛋白分子，如大豆球蛋白、7S、11S、酸性亚基、碱性亚基、燕麦球蛋白、β-乳球蛋白、乳清分离蛋白、乳清浓缩蛋白、卵清白蛋白等可以通过非共价键组装形成纤维状结构。通常在强酸环境中加热有利于这类球状蛋白分子发生变性和进行自组装。

（六）分子柔性

组成天然蛋白质结构的原子具有随机运动的性质，赋予蛋白质侧链构象的转变，使蛋白质结构的不同区域具有不同的柔性程度。蛋白质柔性越大，对环境的适应能力越强。蛋白质的柔性区域可以定义为蛋白质分子中空间结构易于发生改变的部分，而结构固化不易改变的部分称为刚性区域。此外，柔性区间也可以截石位连接各段刚性区间的部分，以便于调整各段刚性区间的相对位置关系。

玉米醇溶蛋白分子由 9~10 个同样的螺旋重复单位反平行排列组成的 13nm×1.2nm×3nm 的棱柱模型，单个重复螺旋结构之间是由谷氨酰胺连接，根据这个模型可以得出，由螺旋结构组成的棱柱侧面具有疏水性，具有较强的刚性，而棱柱的上下两端具有亲水性，具有较好的柔性（图 3-1）。利用谷氨酰胺酶将谷氨酰胺断开，可以增加侧面疏水柱子的灵活度，进而增加玉米醇溶蛋白分子的柔性。

图 3-1 玉米醇溶蛋白分子柔性增加示意图

蛋白质柔性反映了蛋白质构象的运动性，柔性越好则空间结构越易发生变构调节，环境适应性越强。玉米醇溶蛋白分子柔性与界面性质息息相关，理论上通过物理化学方式改变玉米醇溶蛋白分子的柔性可以达到对玉米醇溶蛋白纳米颗粒表面极性的主动调节控制，增强在复杂介质环境中的稳定性或适应能力，以及体内消化吸收利用程度，实现生物运载体的重要功能。

三、蛋白质自组装体

(一) 线形蛋白

1. 胶原蛋白

胶原蛋白是哺乳动物体内含量最丰富的蛋白质，呈特殊的三股螺旋结构并具有很高的稳定性，其作为结构蛋白广泛存在于肌腱与软骨中。其结构基础为三股左旋的多肽链聚脯氨酸 II 相互缠绕形成右手的螺旋线圈结构。在氨基酸序列的排列上，胶原蛋白要求每 3 个氨基酸中即有一个甘氨酸而另外两个氨基酸可以变换。甘氨酸上的氨基与另外两氨基酸上的羧基之间形成的氢键是稳定这种特殊三股螺旋结构的分子层级以上的相互作用基础。

2. 肌动蛋白

肌动蛋白是真核生物中含量最高的蛋白质，其约占肌肉细胞总量的15%。它具有维持细胞骨架及促使肌肉收缩等多种生物功能。肌动蛋白有两种截然不同的存在形式：单体状的球状肌动蛋白（G-actin）以及多聚的纤维状肌动蛋白（F-actin）。虽然结晶线状肌动蛋白暂时尚不能实现，但是科学家通过对含有超高浓度的 F-actin 溶液进行 X 射线衍射以及通过电镜重建的方式对其结构进行了探究。研究表明，纤维状肌动蛋白呈左手的螺旋结构，且每六圈约含 13 个单体。其结构的形成主要基于界面间广泛分布的静电相互作用以及疏水相互作用。

3. 淀粉样纤维蛋白

与上述蛋白质不同的是，这种蛋白质结构对生物体非但无益反而非常有害。淀粉样纤维蛋白是非常刚性的、结构非常规整的蛋白质聚合物，与阿尔茨海默病和亨廷顿病等疾病密切相关。淀粉样纤维并无特别对应的组装基元。虽然淀粉样纤维结构可以由很多不同的蛋白质构成，但是其所形成的结构却几乎一致，均形成直径为几纳米、长度可达微米级别的、延展的无枝状线性结构。其分子作用基础是通过多肽间的氢键相互作用形成 β-片层结构，进而构成淀粉样纤维的基本骨架。最近一项研究表明，淀粉样纤维的堆叠模式有可能在热力学上比正确折叠的蛋白质更加稳定。据此推断，蛋白质在正常生理条件下保持正确折叠的状态可能是由于动力学能垒的保护，而一旦失去这种效用，蛋白质就会自组装为具有生物毒性且可自我生长的淀粉样纤维结构。

（二）环状蛋白

许多天然环状蛋白的功能都与操控调节 DNA 双螺旋分子相关。其参与的均是最基础的生物化学过程，如增加 DNA 聚合酶的效率、解旋双链 DNA、解旋 DNA 超螺旋结构以及 DNA 的运载等。

（三）管状蛋白

简单的生命体如病毒等利用管状蛋白以辅助感染寄主以及保护遗传信息。而更复杂的真核生物则利用管状蛋白构建细胞表面的通道以实现细胞内外物质的可控运输。管状蛋白主要包括烟草花叶病毒、α-溶血素、炭疽保护性抗原孔蛋白、PhiX174 噬菌体尾部等。

1. 烟草花叶病毒

烟草花叶病毒（TMV）的衣壳蛋白是一种研究最为深入的病毒蛋白 129。其经典的右手螺旋结构是由 2130 个相同的亚基自组装而成，其长度为 300nm，直径为 18nm，而空腔的直径为 4nm。TMV 具有非常显著的稳定性，可耐受高达 90℃的高温，并且在 pH 3.0~9.0 的范围内或者在乙醇、丙酮等有机溶剂内均可保持稳定。这一特性也使得 TMV 作为一个优良的模板在纳米材料领域得到广泛的应用。

2. α-溶血素

另一种广为人知的管状蛋白为七聚体形式的 α-溶血素蛋白，它可以通过与细胞膜的结合导致血红细胞的裂解。其结构呈现特殊的类蘑菇状结构，总长为 100Å，其中"躯干"部分长 52Å，而"帽子"部分为 70Å。其躯干部分形成跨膜的通道，"帽子"部分从磷脂双分子层中突出来。通道内部主要为带电的氨基酸以及少量的疏水基团，外表面主要是疏水氨基酸，以促进与磷脂双分子层的结合。

3. 炭疽保护性抗原孔蛋白

炭疽保护性抗原孔蛋白（PA pore）是自然界中蛋白质组装体结构之美的典型代表，其结构曾被类比为花朵。炭疽保护性抗原孔蛋白是由分子量为 63kDa 的蛋白质亚基组装成的同源七聚体。其管状结构的高度为 180Å，最宽处为 160Å，直径为 27Å。其具有疏水的外表面，在细胞内吞过程中，炭疽保护性抗原孔蛋白可以将致命的毒性因子分解折叠、转运并再折叠以将毒性因子转运到细胞质中。在这一过程中，其疏水的外表面以及带负电的内腔对于识别及转运过程起着至关重要的作用。

4. PhiX174 噬菌体尾巴

PhiX174 噬菌体尾巴是新近发现的管状蛋白。在病毒侵入宿主细胞的机制中一种典型的方式就是形成管状结构并以此贯穿宿主的细胞膜并将病毒基因组随后注入宿主细胞内。PhiX174 噬菌体尾巴即为这样一种十聚体的卷曲螺旋结构。它的 α-螺旋管状结构使得菌体能够侵入宿主细胞并且同时将管状结构本身作为输送病毒基因的通道。

（四）类索烃蛋白

索烃是一种特殊的机械互锁的拓扑结构。索烃结构在基于小分子的超分子化学中得到了广泛的研究。然而，在自然界中也存在这种类索烃结构。Vinograd 等已经证实了在活细胞中存在 DNA 类索烃结构。近些年来，研究发现一些蛋白质组装体也呈现这种机械互锁的类索烃结构。在这些类索烃蛋白中，绝大多数是由两个结构基元组成。在本节中，主要介绍通过超分子相互作用力形成的类索烃蛋白结构。

1. RecR

RecR 为一种参与原核生物同源重组 DNA 修复的酶蛋白。它是第一种被发现的由超分子相互作用力稳定的类索烃蛋白。研究表明在低浓度条件下，RecR 以四聚体形式存在。然而当增加浓度时，RecR 经由中间的孔洞形成互锁的八聚体结构。X 射线晶体衍射的数据也证实了这种八聚体结构的存在。其四聚体环状结构的直径为 $30 \sim 35\text{Å}$，与上述提到的 DNA 结合钳子有相似的尺寸。虽然目前还不知道 RecR 蛋白的具体作用机制，但根据其环状结构的可控开启—闭合模式，推测其可能是以一种具有特殊结构的 DNA 钳子的角色参与到 DNA 修复的过程中。

2. 过氧化物酶

野生型的线粒体过氧化物酶（peroxiredoxin）通常形成外径为 150Å 的十聚体环状结构。有趣的是，若将其 168 位的半胱氨酸突变为丝氨酸，此突变体在溶液及晶体中就会出现互锁的类索烃结构。互锁的两个十二聚体环的倾斜角度为 $55°$。深入的结构分析发现，十二聚体环亚基间的相互作用主要为疏水相互作用，而互相缠绕的环间的相互作用力主要为氢键相互作用。

3. Ⅰa 类核糖核苷酸还原酶

大肠杆菌中 Ⅰa 类核糖核苷酸还原酶（RNR）可将核糖核苷酸转换为脱氧核糖核苷酸用于 DNA 的合成。研究发现，RNR 在含有抑制剂 dATP 以及沉淀剂存在的溶液中或者在晶体结构中均以互锁的类索烃形式存在。一种可能的组装机理为，RNR 的环状结构首先开环，之后再与另外一环嵌套，最后闭环。实验发现，当沉淀剂的含量小于 10% 时，大部分的组装体为环状结构而无类索烃结构存在，当加大沉淀剂含量时类索烃结构开始出现，并且环状结构逐渐消耗。这一现象也从侧面印证了这种可能的机理。细胞可能通过调节这种无催化活性的 RNR 类索烃结构组装体以及具有催化活性的 RNR 环状组装体之间的变换来实现对 RNR 酶活性的精细调控。

4. 二硫化碳水解酶

二硫化碳水解酶可将二硫化碳催化转变为二氧化碳及硫化氢，在最近的研究中解析其结构发现其归属于类索烃蛋白 39。结合 X 射线晶体学、分析型超速离心、非变性质谱、非变性电泳等表征手段发现，二硫化碳水解酶在气态、液态以及晶体中均呈八聚体环状结构以及十六聚类索烃结构的共存态。类索烃结构中的两个环互相垂直。研究发现，在高效液相色谱（HPLC）等非常稀释的检测条件下，类索烃组装体仍然存在。数据表明环状组装体在热力学上比类索状组装体更加稳定，而类索烃状组装体是动力学产物。环状组装体和类索烃状组装体不仅在热力学稳定性上的不同，其酶催化活力也截然不同。酶动力学研究显示，十六聚体的类索烃结构具有更高的酶催化活性，但是就每个蛋白质单体而言，环状组装体的催化效率更高。

（五）笼状蛋白

1. 铁蛋白

铁蛋白为一种可在其空腔内结合铁原子的笼状蛋白。有趣的是，铁蛋白单体能自组装成两种具有不同对称性的笼状结构——铁蛋白笼及迷你铁蛋白笼。大多数铁蛋白均自组装为经典的铁蛋白笼结构，这种笼状结构包含 24 个亚基并可以结合 4500 个铁原子，广泛存在于动物、植物以及细菌体内。与此相对，迷你铁蛋白笼仅存在于细菌当中并由 12 个亚基组成。虽然不同铁蛋白单体的 DNA 及氨基酸序列十分不同，但是其二级结构以及四级结构具有很高的保守性。即便是有较大差异的经典铁蛋白笼与迷你铁蛋白笼的单体亚基也呈现很高的结构相似性。

2. 网格蛋白

网格蛋白是进化上高度保守的蛋白质并且存在于所有的真核生物细胞中。与其他蛋白质组装体不同的是，网格蛋白的组装附着在质膜之上，组装后的复合体在体内行使重要的运输作用。网格蛋白的基本结构为三联体骨架，每个三联体骨架含有三个重链（180k）与三个轻链（25）。三联体骨架可进一步组装为具有五边形及六边形表面的开放网格结构。

3. 伴侣蛋白

伴侣蛋白具有典型的圆柱形结构，其生物学功能为辅助生物体内蛋白质的正确折叠。伴侣蛋白可分为两大类：Ⅰ型伴侣蛋白由圆柱形主体及可分离的"帽子"结构组成并广泛分布于细菌（GroEL-GroES）以及叶绿体、线粒体等细胞器中（HSP60-HSP10）；Ⅱ型伴侣蛋白具有内生的不可分离的盖子结构且主要分布于古细菌以及真核细胞的细胞质中。两组伴侣蛋白均由两个背靠背相接的环状结构堆叠而成。目前对于细菌内伴侣蛋白 GroEL-GroES 的研究最为透彻，结构解析发现其环状结构的空腔直径为 5nm 且密布疏水基团。这种内表面有助于其捕获暴露出疏水基团的多肽链。随着与 ATP 的结合，GroEL 环状结构可结合 GroES 帽子结构，并引发开放的环状结构剧烈变化为封闭的具有亲水表面的空腔，蛋白质的折叠可在此受保护的微环境中完成并随后重新被释放出来。这种 ATP 可控的结构变化特性也被应用于人造伴侣蛋白组装体的药物释放研究中。

四、影响蛋白质自组装的因素

由蛋白质组装产生的聚合物结构可以是高达微米大小的球形物体，其蛋白质浓度和结构（从紧凑到伸展）各不相同。蛋白质自组装形成的聚合物结构也可以是高达微米级的线性结构，即可以形成诸如束状结构的超结构。蛋白质自组装形成聚合物的结构取决于浓度、温度、pH 值、盐浓度、盐类型和添加的溶剂等参数。

（一）pH 值

当蛋白质溶液的 pH 值小于蛋白质的等电点（pI）时，蛋白质分子表面带大量的正电荷，而这种电荷不能被有效地屏蔽（离子强度低），起始的连接有限且以线性连接为主，蛋白质分子易自组装形成有序的线性纤维聚合物；如果蛋白质溶液的 pH 值等于或者接近蛋白质的等电点或者溶液的离子强度大到足以抵消蛋白质之间的静电排斥时，球状蛋白分子可快速随机聚集，形成无规则的聚集体（图 3-2）。蛋白质自组装形成聚合物的宏观和微观特性取决于自组装体蛋白质的结构、大小以及与材料基质。因此，了解蛋白质的组装过程将有助于设计含有蛋白质作为构建块的功能材料的结构。

（二）温度

食品中蛋白质的自组装一般是不可逆的，通常是由加热或者酸化引起的。经过热诱导蛋白质的邻去折叠，从而暴露蛋白质原来隐秘在蛋白质内部分位点。基于暴露的结合位点和蛋白质其他属性，从而触发蛋白质发生自组装特性。蛋白质自组装可以形成高效的凝胶剂，这种凝胶剂含有较高含量的蛋白质，从而容易让人们产生饱腹感，是减肥的较佳方法。在临床上，高蛋白食品也可以减少老年人的少肌症。通常，在保持可接受的流变特性的同时，应实现高蛋白质需求，直到

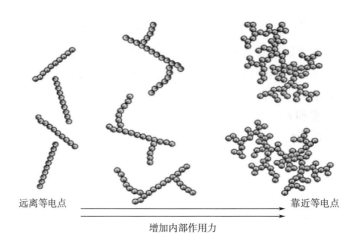

图 3-2　pH 值和离子强度对球蛋白分子自组装结构形态的影响

在加热后在 15%（质量分数）的蛋白质浓度下保持流动性。相反地，这也意味着在有些情况下需要组织自组装过程的发生。

(三) 蛋白质的种类

当然蛋白质的自组装在食品领域的应用和形成机理也有一定的研究。事实上，一些球蛋白如乳清蛋白（特别是 β-乳球蛋白）、卵清蛋白、牛血清白蛋白（BSA）、溶菌酶等可以通过非共价键进行自组装得到淀粉样纤维状结构。这类球蛋白分子的自组装通常是在酸性条件下（如 pH 2.0）、低离子强度下高温长时间处理得到的。因为在低 pH 值下，长时间加热使埋藏于球蛋白内部的疏水基团暴露出来，增大蛋白质之间的接触机会，这样蛋白质分子间更容易发生聚集，疏水作用和静电斥力的平衡促使了纤维的形成。

玉米醇溶蛋白借助于介质极性诱导其自组装形成纳米颗粒，介质极性挥发主要赋予玉米醇溶蛋白分子间作用力为非共价作用力。

第三节　蛋白质自组装聚合物

一、自组装蛋白质种类

自组装蛋白质的种类除了上述介绍的玉米醇溶蛋白、大豆分离蛋白、7S、11S 等，还包括其他种类的蛋白。

（一）小麦醇溶蛋白

目前研究蛋白质自组装颗粒聚合物的醇溶蛋白主要包括小麦醇溶蛋白和玉米醇溶蛋白。小麦醇溶蛋白根据电泳迁移率的不同，分为 α-醇溶蛋白、β-醇溶蛋白、γ-醇溶蛋白、ω-醇溶蛋白，其中结合流动性和序列的不同，ω-醇溶蛋白又分为 ω1 型、ω2 型和 ω5 型。小麦醇溶蛋白是引起小麦食物过敏的主要过敏原，引起过敏原于醇溶蛋白因富含脯氨酸残基（Pro-）和谷氨酰胺残基（Gln-）的肽基的重复序列区域，存在可与小麦过敏人群血清中 IgE 抗体结合的抗原表位，从而引起过敏反应。抗原表位位于过敏原表面，决定了过敏原的致敏性。根据抗原表位结构的不同，可分为线性（连续）表位和构象（不连续）表位两种类型。线性表位主要由连续氨基酸序列形成的肽段构成，而构象表位则是由空间相邻的氨基酸或者肽段形成，构象表位的致敏性主要依靠过敏蛋白的空间结构实现。

（二）乳清蛋白

乳清蛋白是指牛乳在 20℃、pH 4.6 酸化酪蛋白并使之沉淀后，分离出来的蛋白质总称，在乳中乳清蛋白浓度为 4~6g/L。主要包括 β-乳球蛋白和 α-乳白蛋白两大类，除此之外还含有清蛋白（Alb）、免疫球蛋白（Ig）和乳铁蛋白（LF）等。乳清蛋白中最主要的成分是 β-乳球蛋白、α-乳白蛋白和酪蛋白。

1. β-乳球蛋白

β-乳球蛋白在乳清蛋白中含量为 50%，分子量 18.3kDa，一级结构中含有 162 个氨基酸残基，其氨基酸的组成及排列顺序如图 3-3 所示。β-乳球蛋白的这些氨基酸能够折叠成 9 股，其中 8 股是反向平行的 β-桶状结构和 3 个能转动的 α-螺旋结构在蛋白分子的外表面，第九股位于第一股的侧面，这个股成为蛋白分子二聚合表面最重要的部分，但在低 pH 值时不包括在蛋白质的二聚体结构中。研究表明，β-乳球蛋白聚集体的存在形式与 pH 值密切相关，在中性 pH（pH 5.5~7.5）条件下以二聚体形式存在，pH 3.5~5.5 时，以八聚体形式存在，在 pH < 3.5 和 pH > 7.5 时，主要以单体形式存在。具体聚集体如图 3-4 所示。天然的 β-乳球蛋白分子疏水作用较强，含有 2 个二硫键和 1 个游离巯基 Cys121，这个游离巯基的反应活性与 pH 值有关，而且已有报道显示，巯基—二硫键的交换反应参与蛋白质的变性和聚合过程。

2. α-乳白蛋白

α-乳白蛋白含量在乳清中占 20%，分子量 14.1kDa，含有 123 个氨基酸残基。它具有紧密的球状结构，主要通过分子中的四个二硫键稳定其结构，不含游离巯基。具有非常有序的二级结构，与钙离子结密结合而使其构象稳定，一旦螯

1
H.Leu—Ile—Val—Thr—Gln—Thr—Met—Lys—Gly—Leu—Asp—Ile—Gln—Lys—Val—Ala—Gly—Thr—Trp—Tyt—
21
Ser—Leu—Ala—Met—Ala—Ala—Ser—Asp—Ile—Ser—Leu—Leu—Asp—Ala—Gln—Ser—Ala—Pro—Leu—Arg—
41   Glu(变异体A, B, C)   Gln(变异体A, B)
Val—Tyr—Val—Glu—Leu—Lys—Pro—Thr—Pro—Glu—Gly—Asp—Leu—Glu—Ile—Leu—Leu—Lys—
        Gln(变异体D)   His(变异体C)

61(变异体A)Asp
Trp—Glu—Asn——Glu—Cys—Ala—Gln—Lys—Lys—Ile—Ile—Ala—Glu—Lys—Thr—Lys—Ile—Pro—Ala—
(变异体B, C)Gly
81
Val—Phe—Lys—Ile—Asp—Ala—Leu—Asn—Glu—Asn—Lys—Val—Leu—Val—Leu—Asp—Thr—Asp—Tyr—Lys—

101   (变异体A)Val   SH
Lys—Tyr—Leu—Leu—Phe—Cys—Met—Glu—Asn—Ser—Ala—Glu—Pro—Glu—Glu—Ser—Leu—Cys—Gln—
                                   (变异体B, C)Ala
121
SH
Cys—Leu—Val—Arg—Thr—Pro—Glu—Val—Asp—Asp—Glu—Ala—Leu—Glu—Lys—Phe—Asp—Lys—Ala—Leu—
141
Lys—Ala—Leu—Pro—Met—His—Ile—Arg—Leu—Ser—Phe—Asn—Pro—Thr—Gln—Leu—Glu—Glu—Gln—Cys—
161 162
His—Ile.OH

图 3-3　β-乳球蛋白一级结构氨基酸组成及序列

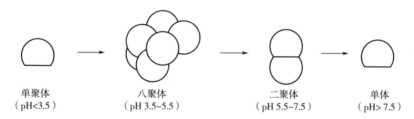

单聚体　　　　　　八聚体　　　　　　二聚体　　　　　　单体
（pH<3.5）　　　（pH 3.5~5.5）　　　（pH 5.5~7.5）　　　（pH>7.5）

图 3-4　不同 pH 条件下 β-乳球蛋白主要聚集体形式

合除去分子中的钙离子，α-乳白蛋白的稳定性则会大幅降低。

3. κ-酪蛋白

酪蛋白是在 pH 4.6 附近不溶的蛋白质，是一种含磷蛋白质，约占牛乳蛋白质的 80%。酪蛋白主要以胶体形式存在于乳中，含有较高的电荷及较高的疏水性，具有较松散的结构，而且很难形成 α-螺旋以及三级结构。酪蛋白主要包括 α_{s1}-酪蛋白、α_{s2}-酪蛋白、β-酪蛋白、κ-酪蛋白和 γ-酪蛋白。加热牛乳导致乳酪蛋白与乳清蛋白通过疏水作用和巯基—二硫键交换作用发生聚合，这种聚合通常发生在酪蛋白胶束的表面，而 κ-酪蛋白主要存在于酪蛋白胶束表面，因此乳清蛋白与酪蛋白聚合时主要是乳球蛋白与酪蛋白中的 κ-酪蛋白发生聚合。κ-酪蛋白占酪蛋白的 9%~15%，分子量 19038Da，含有 169 个氨基酸，含 1~2 个磷酸酯键，对钙不敏感，在距 C 端 1/3 处结合糖（主要是半乳糖、N-乙酰氨基半乳糖

和 N-乙酰神经氨酸），是一种糖蛋白，有 2 个半胱氨酸残基。

二、自组装蛋白质的性质

蛋白质根据其氨基酸序列，可以获得不同的空间构象，并根据其环境表现出不同的功能。温度、pH 值、离子强度和亲水—亲脂特性的介质环境影响单个蛋白质的三级结构以及它们相互作用和结合的方式。因此，在适当的环境中，它们可以作为两亲生物发挥作用。一类重要的两亲性肽是两亲性序列，当肽被适当折叠时，其包括疏水和亲水结构域。

双亲性是自组装的主要驱动力之一。含有极性和非极性元素的分子往往通过形成亲水基团的聚集体来最大限度地减少与水的不利相互作用，最大程度避免与水的相互作用，疏水基团被屏蔽而不暴露于水。基于诸如两亲物几何结构和浓度之类的参数，可以形成各种组装体。溶液中两亲分子按曲率递减顺序的基本结构是球形胶束、圆柱形杆和双层囊泡。包括立方相在内的中相已被预测用于许多系统。中间相的形成机理和表征一直是人们研究的热点。由于体积分数、pH 值、温度、溶剂的亲水—亲脂性平衡和表面活性化合物的添加的变化，经常观察到蛋白质结构的转变。

三、蛋白质自组装淀粉样纤维聚合物

（一）淀粉样纤维聚合物的概述

淀粉样纤维聚合物是蛋白质聚合物的一种。一些蛋白质和多肽通过疏水相互作用可以形成直径为 4nm 左右、长度在 $1 \sim 10\mu m$ 的无枝杈的大分子的淀粉样纤维结构的聚合物。这些淀粉样纤维聚合物是在低 pH 值（pH 2.0）、低离子强度、高温长时间加热的条件下形成的，可以形成淀粉样纤维聚合物的球蛋白主要有 β-乳球蛋白、软清蛋白、牛血清蛋白和溶菌酶素。淀粉样纤维聚合物的主要特点是其含有大量的 β-折叠结构。可以通过透射电子显微镜（TEM）、原子力显微镜（AFM）、硫代硫磺素 T（ThT）荧光光谱、刚果红（Congo Red）染色等方法检测纤维聚合物的生成。淀粉样纤维聚合物对食品中蛋白质的功能性质具有一定的提高作用。如淀粉样纤维聚合物可作为增稠剂、发泡剂、乳化剂等功能性添加剂应用到食品中。

（二）淀粉样纤维聚合物形成的影响因素

1. pH 值

影响蛋白质淀粉样纤维聚合物形成的因素主要包括 pH 值、离子强度、蛋白质浓度和加热温度。近些年来的研究表明，离子强度对蛋白质淀粉样纤维聚合物形成过程有很大的影响。其研究主要集中在二价钙离子和一价钠离子对淀粉样聚集的影响。而 pH 值主要集中在酸性条件，一般在 pH 2.0 左右。离子强度和 pH 值不仅影响淀粉样纤维形成的动力学，也影响着淀粉样纤维形成的形态学。蛋白质溶液在低 pH 值、低离子强度条件下，球状蛋白分子之间可能形成串珠状的多聚体，从而形成淀粉样纤维聚合物。

2. 盐离子浓度

Loveday 等人研究发现，在增长期添加 NaCl 和 CaCl$_2$ 可以促进淀粉样纤维聚合物的形成，添加 CaCl$_2$ 可以缩短滞后期。在 60mmol/L 的 NaCl 和 33mmol/L 的 CaCl$_2$ 的离子强度时，形成的淀粉样纤维聚合物是蠕虫状，这些蠕虫状的纤维聚合物有固定的长度，其长度较没有盐时形成的淀粉样纤维聚合物长度短。在增长阶段，pH 1.6 纤维形成的速度较 pH 1.8~2.0 的形成速度快。其形态在 pH 1.6~2.0 差异性不大。说明 pH 值和离子强度对淀粉样纤维聚合物形成速率有重要影响。

3. 蛋白质浓度

蛋白质浓度也是影响淀粉样纤维聚合的重要因素之一。蛋白质浓度太低不足以形成淀粉样纤维聚合物，而蛋白质浓度太高会形成凝胶。β-乳球蛋白在 pH 2.0 条件下形成淀粉样纤维聚合物的最低蛋白浓度不同的文献中报道的结果有所不同。Arnaudov 等人利用核磁共振（光谱）分析得到 β-乳球蛋白形成淀粉样纤维聚合物的最低浓度为 2.5%（质量分数），而利用原子力显微镜（AFM）测得的 β-乳球蛋白形成淀粉样纤维聚合物的最低浓度为 1%（质量分数），低于这个浓度均不能形成淀粉样纤维聚合物。Rogers 等人发现 β-乳球蛋白形成淀粉样纤维聚合物的最低浓度为 0.5%（质量分数）。含 β-乳球蛋白为 65% 的 WPI 形成淀粉样纤维聚合物的最低浓度为 0.5%（质量分数），即相当于 0.33wt% 的 β-乳球蛋白。简而言之，β-乳球蛋白形成淀粉样纤维聚合物的最低浓度为 0.33~2.5%（质量分数）。

4. 温度

温度也是淀粉样纤维聚合物形成的一个重要因素。在热处理过程中，蛋白质由于高温长时间加热而发生变性，其天然的紧密三级结构遭到破坏变得松散，一部分埋藏于内部的疏水性氨基酸残基暴露于分子表面，使分子间更容易产生疏水相互作用。另外，蛋白质分子内二硫键发生交换作用和半胱氨酸之间相互作用，形成了分子间的二硫键。这些共价或非共价键的相互作用使蛋白质分子相互作用后形成聚集体。在纤维形成过程中，热处理的温度需要在这种球蛋白的变性温度以上，才可以使蛋白质发生纤维化，这种纤维聚集有别于原来蛋白质的结构。

（三）淀粉样纤维聚合物形成机理

蛋白质的纤维化是自组装的方式之一，食品中的蛋白质在加工处理过程中，往往发生不可逆的变性。自然界中的大部分蛋白质都是以球状蛋白的形式存在，球状蛋白的疏水基团埋藏在内部，而亲水基团暴露在外部，所以球状蛋白易溶于水。当球状蛋白在低 pH 值、低离子强度、高温长时间加热后，内部疏水基团暴露在外部，并且发生水解，使得蛋白质发生纤维化，形成纤维聚合物。

对于球状蛋白质形成淀粉样纤维聚合物的过程，不同人提出了不同的模型。Nelson 和 Eisenberg 等人把 1999—2005 年提出的淀粉样纤维聚合物形成模型总结为三类：一是由原始蛋白质通过全部（或部分）伸展，随后形成纤维，纤维化过程伴随着构象的改变；二是开始于不规则的蛋白质（包括部分肽键）；三是开始于空间构象部分改变的蛋白。这一分类的依据是纤维聚合物的成核—聚集模型，如图 3-5 所示。

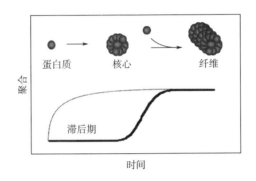

图 3-5 淀粉样聚集的动力学曲线图

成核—聚集模型指出在淀粉样纤维聚合物的形成过程呈 S 形曲线（图 3-5）。这一模型将淀粉样纤维聚合物的形成过程分为成核期、增长期和稳定期 3 个阶段。当在蛋白质溶液中添加晶核或者聚种后，消除了成核期，直接到达增长期，这样可以缩短球蛋白纤维化的时间（如图 3-6 的虚线）。滞后期的长短主要取决于蛋白质的浓度。

Aimee M. Morris 等人提出淀粉样纤维的聚集分为 3 类，一是生物体内不必要的聚集。在体内形成的纤维聚合物与某些疾病，如阿尔茨海默病、帕金森综合征、亨廷顿氏舞蹈症和朊病毒等有关。二是生物体内自然发生的。从原核生物到人类，纤维聚合物的形成使生物体内的蛋白质发挥正常的功能。三是在工业加工和生产中的非必要或者必要的聚集。这一模型是目前较被人们接受的一种模型，并且得到了很多研究证实（图 3-7）。

Kotaro Yanagi 等人通过核磁共振的方法，对 β-乳球蛋白提出了淀粉样纤维聚合物形成的模型，主要分为 2 种情况：一种是在没有晶核存在的情况下，分为 3 个阶段，蛋白质构象的改变，由紧密状态变为分散状态；形成单体聚合物；纤维

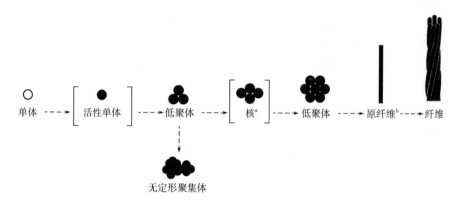

图 3-6 蛋白质形成淀粉样纤维聚集的示意图

（a 表示公认的蛋白质聚集的成核机理，因此在图中显示了成核的步骤；
b 表示目前没有形成统一观点的低聚物或者单体聚集形成特定形状的方式）

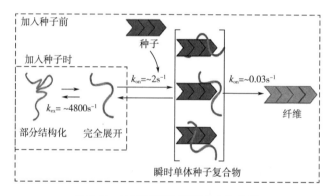

图 3-7 柱形图表示纤维形成的机理

聚合物的形成。另一种情况是有晶核存在，晶核和蛋白质形成单体聚合，然后形成纤维聚合物。

四、淀粉样纤维核

（一）纤维核的概述

纤维聚合物是一种富含 β-折叠结构的聚合物，纤维核的长度在微米级而直径在纳米级（约 10nm），所以长度与直径的比例非常高。与其他纳米结构相比，纤维聚合物的形成过程较为简单。一般而言，球蛋白在低 pH 值、低离子强度、高温、长时间加热的条件下可以形成纤维聚合物，因为在此条件下可以促进蛋白质的展开。例如 Carbonaro 等人在 80℃加热 pH 2.0 的 β-乳球蛋白溶液来制备纤维聚合物。Munialo 等人在 80℃加热 pH 2.0 的豌豆蛋白，制备得到纤维聚合物。Gao 等人研究发现，在 pH 2.0、90℃加热乳清浓缩蛋白 10h 后可以形成状态良好的纤维聚合物。该纤维聚合物在食品行业有着天然蛋白所不具有的独特性质，如纤维化的乳清蛋白质在低浓度下（1%~3%）可以在作为有效的起泡活性剂而提高蛋白质的起泡能力和泡沫稳定性，同时在低浓度可以形成状态较好的凝胶（图 3-8）。但是在医学上，该纤维聚合物与很多疾病有关，称为淀粉样纤维聚合物。因此，在医学上希望抑制该淀粉样纤维聚合物的形成。

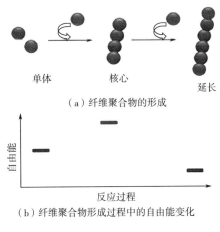

（a）纤维聚合物的形成

（b）纤维聚合物形成过程中的自由能变化

图 3-8　纤维形成的三步模型

　　所以有大量的研究集中在抑制或者促进纤维聚合物形成。如 Ma 等人研究发现，将一定浓度的紫罗酮加入 β-乳球蛋白溶液后，可以抑制 β-乳球蛋白纤维聚合物的形成。Kuo 等人研究发现藻红 B 通过和溶菌酶的色氨酸残基附近的部位结合而抑制了纤维核聚合物的形成。Bharathy 等人研究发现，一定浓度的藻红 B 和胶原蛋白通过非共价键相互结合可抑制骨胶原蛋白纤维聚合物的形成。某些物质在特定的条件下促进了纤维聚合物的形成，但是，某些物质在特定的条件下也可以抑制纤维聚合物的形成，如 Mantovani 等人研究发现，大豆卵磷脂的出现促进了乳清蛋白纤维聚合物的形成。

　　通过代表简单指数到复杂的二级过程的不同的数学公式分析了利用不同生物物理技术手段测定的纤维聚合物的形成动力学过程。一般来讲，纤维的形成可以分为成核期、增长期和稳定期，每个时期会发生很多微小的变化，并且各个时期是相互影响的。而且，试验可以检测到各个时期的动态变化。例如，为了观察增长期的变化，将纤维种子加入蛋白质单体溶液中，在纤维种子表面纤维逐渐延长。Oosawa 等人提出了在关键浓度以上时球蛋白单体形成纤维聚合物的模型。

最初形成的聚合物本质上是纤维形成的最初的纤维核，即成核期的出现表面了纤维核的形成。而且该纤维核形成的过程是纤维形成过程的一个热力学瓶颈期，该时期需要稳定的、可溶的单体去克服高能量的障碍。基于聚合物—核的热力学假设模型，在纤维形成过程中，纤维核是一种稳定的、可鉴定的中间产物，而且纤维核和单体之间处于一种平衡状态。成核速率可以受到核形成的速率常数和核增长的速率常数的控制。

（二）纤维核的性质

纤维核属于低聚物，该低聚物具有高活化能，而且比单体更稳定。纤维核是蛋白质单体末端和单体末端链接形成的核，其也可以作为活性剂激发纤维的形成。纤维核的形成过程也是一个复杂的过程。目前，在溶液环境下纤维核形成的机理有很多种，其中最被人们接受的是两步成核机理：第一步是无序的蛋白质簇的形成，第二步是核内部簇的形成。Dovidchenko 等人利用电子显微镜、X 射线衍射研究 β-淀粉样蛋白 40 和 β-淀粉样蛋白 42 两种蛋白形成纤维过程及单体形成纤维核的过程。研究发现，β-淀粉样蛋白 42 的纤维核是由 3 个单体形成的，而 β-淀粉样蛋白 40 的纤维核是由 2 个单体形成的。

五、自组装颗粒

（一）自组装纳米形成机理

与水溶性蛋白质相比，醇溶蛋白具有较强的自组装特性。玉米醇溶蛋白属于醇溶蛋白的典型代表之一。玉米醇溶蛋白颗粒的制备技术通常采用液—液分散或抗溶剂法。该方法首先将玉米醇溶蛋白溶解在乙醇（55%～90%）水溶液中，然后将溶液迅速倒入水中或在剪切条件下加入水中，从而降低溶液中乙醇浓度而引起分离，最终获得玉米醇溶蛋白微粒。一般来说，当乙醇浓度在适宜范围时，溶解的玉米醇溶蛋白溶液呈透明状态，而溶剂组成变化时玉米醇溶蛋白可能析出使溶液变得浑浊。玉米醇溶蛋白形成纳米颗粒的机理如图 3-9 所示。玉米醇溶蛋白溶解在乙醇—水混合物中，被剪切成更小的液滴（左），乙醇和水的相互扩散（溶剂损耗，中心），降低了玉米醇溶蛋白的溶解度，玉米醇溶蛋白发生沉淀形成纳米颗粒（右）。

在液-液分散过程中，关于玉米醇溶蛋白颗粒形成过程中涉及 3 种相互竞争机理形成的机制。第一种机制是通过剪切力使原液液滴破裂；第二种机制是在溶剂损耗过程中玉米醇溶蛋白的固化；第三种机制是类似乳液系统的液滴的"共聚合"或"局部聚结"。类似的情况是，如果乙醇分散液滴中的浓度足够高并且玉米醇溶蛋白由于剪切和/或布朗运动，在两个液滴相互碰撞时仍然可溶，两个液

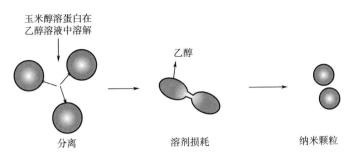

图3-9 液-液分散制备玉米醇溶蛋白纳米颗粒工艺原理

滴可以在玉米醇溶蛋白失去溶解和沉淀之前发生聚结或部分聚结。如果液滴破裂时间比玉米醇溶蛋白凝固时间更短，就形成了离散的玉米醇溶蛋白纳米颗粒。然而，如果玉米醇溶蛋白在液滴或液滴发生部分聚结时沉淀，玉米醇溶蛋白就形成了不规则结构的聚合物。

（二）自组装颗粒制备方法

自组装颗粒制备的方法主要包括反溶剂沉淀法、反溶剂共沉淀法、溶剂蒸发法、pH值循环法。反溶剂沉淀法又名液-液分散法或相分离法，常用于制备玉米醇溶蛋白纳米颗粒。具体过程是边搅拌边将去离子水滴入玉米醇溶蛋白乙醇水溶液（70%～80%）中，该过程使体系中乙醇浓度降低，玉米醇溶蛋白溶解度随之降低，结合分子自组装特性，分子发生聚集形成颗粒。反溶剂共沉淀一般用于制备玉米醇溶蛋白—多糖复合物，该方法不同于反溶剂沉淀法，该方法的前提是要求多糖能溶解在含有玉米醇溶蛋白的乙醇水溶液中，然后按照一定体积比将其滴入去离子水中，形成玉米醇溶蛋白—多糖纳米复合物。溶剂蒸发法是通过旋转蒸发去除玉米醇溶蛋白和多糖复合体系中的乙醇，使体系极性发生变化，进而诱导玉米醇溶蛋白发生自组装，形成稳定的纳米复合物。pH值循环法是基于玉米醇溶蛋白可溶于 pH 11.3～12.7 的碱性水溶液这一溶解特性，将玉米醇溶蛋白溶于pH 7.0 的去离子水中，然后用 NaOH 溶液调 pH 值至 12.5，再用 HCl 溶液调节使 pH 值至 7.0。在 pH 值由碱性变至中性的过程中，玉米醇溶蛋白的溶解度逐渐降低，结合生物大分子自组装行为，形成玉米醇溶蛋白纳米颗粒。

六、自组装聚合物表征方式

1. 自组装纤维化的保证

硫黄素 T（ThT）是一种能和蛋白质淀粉样纤维特异性结合的阳离子苯并噻唑荧光染料。ThT 通过与淀粉样纤维的 β-折叠结构特异性结合，在 440nm 的激发波长条件下产生 480nm 的特征荧光发射峰，且结合后的荧光强度随着 β-折叠结构数量的增多而增强，荧光强度的增强说明蛋白质内部结构发生变化，分子 β-折叠结构数量增加，分子内部交联形成蛋白质的纤维化结构。因此，可以通过 ThT 荧光强度的变化情况，判断淀粉样纤维的成熟情况，这是检测淀粉样纤维形成过程的一种典型方法。通过 ThT 的强度的变化也可以比较不同蛋白原料或者不同蛋白成分形成纤维聚合物能力的强弱。

2. 自组装聚合物形态的表征

原子力显微镜是在分子水平上探测表面形貌最先进的测试工具之一，它能提供蛋白质纤维化聚集的结构变化信息，包括长度、宽度以及螺距等，且能充分说明自组装纤维的形成和结构特征。透射电子显微镜与原子力显微镜相比，更容易得到同一个样品中较好的代表样品高度与特征形貌等信息的图片。扫描电镜原理是基于样品表面与电子束的相互作用，通过探测后向散射电子或二次电子使样品成像，扫描电镜样品成像之前需要干燥，且因背景电导率低，使用之前需要进行喷金处理，样品结构可能会发生改变。总而言之，常利用原子力显微镜、透射电子显微镜、扫描电子显微镜相互结合来研究蛋白质自组装纤维的长度与微观形态。

3. 自组装蛋白质二级结构的变化

圆二色谱法（CD）是研究溶液中蛋白质结构的一种有效技术，它的优势是能够从一系列的光谱区域内获得蛋白质的结构信息。傅利叶变换红外光谱技术（FTIR）属于振动光谱，酰胺 Ⅰ 带和 Ⅱ 带构象中 α-螺旋和 β-折叠分别对应特定的吸收峰，峰值随着构象变化而发生改变，能动态地跟踪蛋白质结构变化的过程。因此，可以将 CD 和 FTIR 光谱结合起来研究蛋白质自组装纤维化过程中二级结构的变化。

4. 自组装聚合物粒径分布变化

对于自组装聚合物粒径及分布常用静态光散射（static light scattering，SLS）、动态光散射（dynamic light scattering，DLS）、X 射线小角散射等手段进行表征。DLS 常用于测定含有相对较小颗粒（粒径≤400nm）的悬浮液粒径分布，SLS 常用于测定含有较大颗粒（粒径>400nm）悬浮液的粒径分布。DLS 是一种可以对蛋白质聚集程度做定性分析的方法，对溶液中的微小聚集颗粒反应非常灵敏，当溶液中存在大于单体分子的颗粒时，扫描波长发生变化，散射的光密度与聚集颗粒的质量和数量成正比例关系，且聚集颗粒比单体颗粒散射更多的光。与透射电子显微镜和原子力显微镜相比，动态光散射法是从整体角度表征溶液中蛋白质粒径尺寸及平均分布等信息。因此，可以根据动态光散射法测量的溶液中平均粒径分布的变化来表征蛋白质自组装纤维化的动态过程。

5. 自组装纤维化过程中蛋白质分子量的变化

十二烷基磺酸钠-聚丙烯酰胺凝胶电泳（SDS-PAGE）和分子排阻色谱法（SEC）是 2 种常规测定分子量的方法，可以分别测定蛋白质亚基的分子量及完整蛋白质分子的分子量，而质谱分析法（MS）是目前测定蛋白质分子量最新的方法之一。因此，可以将 3 种方法结合起来测定自组装纤维化过程中蛋白质分子量的变化。

第四章 不同大豆蛋白自组装纤维聚合物

第一节 大豆蛋白自组装纤维聚合物制备方法

一、样品的制备

(一) 7S 和 11S 的分离制备

本文在 Nagano 提取大豆蛋白中 7S 和 11S 球蛋白的方法基础上加以改善,从自制脱脂豆粉中提取 7S 和 11S。将脱脂大豆粉溶于蒸馏水 (1:15,W/V),并调节溶液 pH 值至 8.0,充分搅拌 2h。经离心 (9000×g,30min),取上清液并加入 Na_2SO_3,使其在溶液中的浓度为 0.98g/L,并调节 pH 值至 6.4,放入 4℃ 冰箱冷藏过夜。离心 (6500×g,20min,4℃),沉淀即为 11S 球蛋白。上清液中加入 NaCl 使其在溶液中的浓度为 0.25mol/L,并调节 pH 值至 5.0,离心 (9000×g,30min,4℃)。弃除沉淀,上清液加入 2 倍体积的蒸馏水 (4℃),调节 pH 值至 4.8,离心 (6500×g,20min,4℃),沉淀即为 7S 球蛋白。将所得的 7S 和 11S 球蛋白沉淀溶于去离子水中,调节 pH 值至 7.0,充分搅拌直至充分溶解后用去离子水透析 48h。冷冻干燥,即制得 7S 和 11S 球蛋白。

(二) 酸性业基和碱性业基的分离

酸性亚基的分离和制备依据 Mo 等人的分离方法并加以改进。具体方法为:用 30mmol/L 的 Tris-Hcl 缓冲溶液 (pH 8.0) 将 11S 大豆球蛋白配成 0.5% 的溶液,并且添加 10mmol/L 的 β-巯基乙醇。将此蛋白质溶液在 90℃ 加热 30min 后冷却,然后在 10000×g、4℃ 下离心 20min。得到的沉淀用 30mmol/L 的 Tris-Hcl 缓冲溶液 (pH 8.0) 洗 2 遍后,再用去离子清洗 2 遍,此沉淀即为碱性亚基。收集上清液用 2mol/L 的 HCl 调节 pH 值至 5.0,然后在 6500r/min 离心力下离心 20min,沉淀用去离子水清洗 2 遍,即为酸性亚基。

(三) 纤维样品的制备

参考 Akkermans 等人的方法并加以改进,确定了大豆蛋白纤维的制备方法如下:将原料溶于去离子水中,将 pH 调至 2.0 (2mol/L HCl 和 0.1mol/L HCl),

15000×g 离心 20min（20℃），取中间清液，利用凯氏定氮法测定蛋白含量，用去离子水稀释，使蛋白质质量浓度为 10mg/mL，将溶液的 pH 值精确调至 2.0（2mol/L HCl 和 0.1mol/L HCl），90℃ 水浴一定时间后立即冷却，4℃ 冰箱保存过夜。

二、理化指标的测定

（一）透射电镜（TEM）

透射电镜（TEM）参考 Mark 等人的方法，利用透射电子显微镜（TEM）测定样品的微观结构。将加热制样后的大豆蛋白样品用去离子水稀释成质量浓度为 3mg/mL，取约为 1mL 的稀释液滴于透射电镜专用铜网上吸附 15min，然后在室温无菌环境下干燥 20min，80kV 电压下用透射电镜进行分析。

（二）ThT 荧光分析

将 8mg ThT 溶于 10mL 磷酸缓冲溶液（0.01mol/L，pH 7.0，0.15mol/L NaCl）中制得 ThT 储藏液。充分溶解后用 0.2μm 的针头过滤器滤除不溶 ThT。ThT 储藏液用金属箔避光后于 4℃ 的冰箱中密封避光保存，保存期不超过 1 周。实验前将储藏液用相同的磷酸缓冲液稀释 50 倍后制得工作液。将 120μL 待测样品于 10mL ThT 工作液混合，震荡混匀后反应 1min 后进行测量。将仪器的激发波长设定在 460nm，发射波长在 490nm，激发波长狭缝为 10nm，发射波长的狭缝间隙为 5nm，测定其荧光强度。

（三）浊度

浊度值的测定参考 Kurganov 等人的方法，并加以改善，将样品的蛋白浓度为 10mg/mL 的样品溶液用去离子水稀释至 3mg/mL 混匀，在室温条件下利用紫外分光光度计在波长 400nm 下测定 OD 值，用去离子水调零。OD 值即为浊度值。

（四）游离巯基

取 1mL 的不同条件处理后的大豆蛋白样品（10mg/mL）加入 5mL 的 Tris-Gly 缓冲溶液（0.086mol/L Tris，0.09mol/L 甘氨酸，0.004mol/L 乙二胺四乙酸，pH 8.0 和 8mol/L 尿素）中，再向其中加入 20μL 的 2,2'-dinitro-5,5'-dithiodibenzoate（DTNB）试剂，震荡混匀，在室温下静止 15min，利用紫外分光光度计在 412nm 波长下测定吸光值，以不加 DTNB 的溶液做空白调零，如公式（4-1）所示。

$$SH（\mu mol/L）=（73.53×A_{412}×D）/C \qquad (4-1)$$

式中：A_{412}——在412nm下的吸光值，计算时可用平均值；

　　　　C——固形物含量，mg/mL；

　　　　D——稀释系数。

（五）表面疏水性测定

参照相关 ANS 荧光探针法测定大豆蛋白表面疏水性的方法，并加以改进。用0.01mol/L的磷酸缓冲液（pH 7.0）将大豆样品溶液稀释成蛋白浓度分别为0.1、0.05、0.0025、0.00125（mg/mL）的一系列样品，然后加入20μL的 ANS（8mmol/L，溶于0.01mol/L的磷酸缓冲液，pH 7.0）荧光探针，混匀后在室温下避光15min，激发波长390nm，发射波长470nm以及狭缝5nm的条件下，于荧光分光光度计下比色，测定样品的荧光强度，测得的荧光强度对蛋白溶液浓度作图，选择线性关系良好的回归线的斜率作为蛋白质表面的疏水性指数。

（六）蛋白聚合量

取20mL不同加热时间的蛋白浓度为1.0%（质量分数）的样品溶液移入45mL的离心管中，然后在15000×g离心30min（20℃），弃去上清液，取离心管底部沉淀，利用凯氏定氮法（N×6.25）测定不同热处理时间的蛋白质含量。计算公式如公式（4-2）所示：

$$蛋白聚合率 = C_t/C_0 \tag{4-2}$$

式中：C_0——0h 时样品蛋白质含量，mg/mL；

　　　　C_t——th 时样品蛋白质含量，mg/mL。

（七）圆二色光谱（CD）

参考 Dmitry 等人的方法并加以改进，取100μL 待测大豆样品，加入到冷藏于4℃的0.005mol/L的 Tris-HCl 缓冲液（pH 7.0）5.0mL，混匀后置于光路为0.2cm的石英比色皿中，扫描范围190~250nm，扫描速率100nm/min，于 J-815 分光偏振计下进行扫描，用缓冲溶液进行调零。其中 Tris-HCl 缓冲液置于4℃冰箱保存，第二天测定时取出并稀释样品，通过公式计算 α-螺旋所含的氨基酸的含量与整个蛋白质氨基酸残基数的百分比，即 α-螺旋含量计算公式如公式（4-3）所示：

$$α\text{-螺旋含量（\%）} = -\left([\theta]_{222}+3000\right)/33000 \tag{4-3}$$

$$[\theta]_{222} = Y_{222}×1000$$

式中：$[\theta]_{222}$——222nm 特征峰的 CD 椭圆度值；

　　　　Y_{222}——波长222nm 处扫描的能量变化值。

（八）DSC 测定

DSC 的测定是通过差量扫描仪进行测定，条件如下：起始温度：20℃，保持 1min；终止温度：180℃，保持 1min；升温速度：10℃/min；冷却物质：液氮；降温速度：30℃/min；取待测的大豆蛋白样品 5mg 于专用的液体铝盒内，用空铝盒作为空白样品，进行试验。

（九）SDS-PAGE 凝胶电泳

将不同大豆蛋白质样品进行 SDS-PAGE 凝胶电泳，分析不同大豆样品的组分差异。根据 Laemmli 等人方法加以改进，试验中分离胶浓度为 12wt%、浓缩胶浓度为 5%（质量分数）。将不同大豆蛋白样品溶液（蛋白含量为 10mg/mL）用缓冲液（10mmol/L Tris/HCl，1mmol/L EDTA，pH 8.0）稀释 5 倍之后，取 20μL 该稀释液与 40μL 的 20%（质量分数）的 SDS、20μL 的 β-巯基乙醇和 20μL 的 0.1%（质量分数）的溴酚蓝充分混合，取 5μL 该混合液上样，浓缩胶采用的电压为 60V，分离胶采用的电压为 90V，最后用 0.1%（质量分数）的考马斯亮蓝染色。最后脱色，分析组分的差异。

三、功能性质测定

（一）起泡性

测定参考 Motoi 等人测定蛋白质溶液的起泡能力（FC）和起泡稳定性（FS）的方法并加以改进。大豆蛋白样品用 0.01mol/L、pH 7.0 的磷酸缓冲液稀释至 1mg/mL，室温下用组织捣碎机 10000r/min 均质 1min，立即转移至 500mL 的量筒中测定搅打后大豆蛋白质样品泡沫的体积，再测定放置 30min 后泡沫的体积，通过泡沫体积和静止后稳定的泡沫体积比评价样品的起泡能力和泡沫稳定性，具体计算方法如公式（4-4）所示：

$$相对溢出量 = V_0/V_i \times 100\%$$
$$泡沫稳定性 = V_t/V_0 \times 100\%$$

（4-4）

式中：V_0——起泡 0h 时的泡沫体积；
　　　V_t——起泡 th 后的泡沫体积；
　　　V_i——起泡前最初液体的体积。

（二）乳化性

蛋白质溶液乳化性能的测量采用 Pearc 等人的方法，并加以改进。取 3mL、1.0%（质量分数）的大豆蛋白质样品加入 1mL 的大豆油中，室温下用高速组织捣碎机 20000r/min 下均质 2min，均质化后，静止 10min，然后立即取乳状液 10μL 加入 5mL 的 0.1%（质量分数）的 SDS 中（0.01mol/L 磷酸缓冲液，pH 7.0），混匀，在 500nm 处测定吸光度值，以 0.1%（质量分数）的 SDS 为空白调零。乳化活性（EAI）和乳化稳定（ESI）计算公式如公式（4-5）所示：

$$EAI（m^2/g）= \{（2×2.303）/[C×（1-\varphi）×104]\} ×A_{500}×d$$

$$ESI（\%）= 100×A_t/A_0 \tag{4-5}$$

式中：A_{500}——溶液在 500nm 下的吸光值，可用平均值计算；

　　　C——蛋白质浓度，g/mL；

　　　φ——大豆油占乳化液的体积分数（$\varphi = 0.25$）；

　　　A_t——乳化液静止时间为 t 时的吸光值；

　　　A_0——乳化液静止时间为 0min 时的吸光值；

　　　d——稀释度。

四、数据分析

试验数据采用 Excel 和 SPSS 8.1 软件对试验数据进行统计分析，其中每组试验有 3 个重复。数据均以平均值±标准差表示（$n=3$）。

第二节　纤维聚合物形态的比较

一、大豆蛋白纤维聚合物研究概况

目前研究发现球蛋白（如 β-乳球蛋白、α-乳白蛋白、乳清分离蛋白、牛血清蛋白等）自组装形成了淀粉样纤维聚合物。Akkermans 等人报道低 pH 值和低离子强度、高温长时间加热 β-乳球蛋白可以形成长度为 1~10μm、直径在 2~3nm 的淀粉样纤维聚合物；目前主要的研究结果表明，乳清蛋白中的 β-乳球蛋白形成淀粉样纤维聚合物的条件为 pH 2.0、低离子强度、80℃ 加热 10~24h。Bolder 等人发现乳清蛋白和乳清分离蛋白在低 pH 值、低离子强度下、高温长时间加热可以形成淀粉样纤维聚合物。但是研究的结果发现乳清浓缩蛋白（WPC）、乳清分离蛋白（WPI）形成淀粉样纤维聚合物时，起主要作用的成分是 β-乳球蛋白。而 β-乳球蛋白淀粉样纤维是蛋白质分子自组装成的一种蛋白质聚合体，依靠蛋白质分子间形成 β-折叠延长纤维长度，并用 X 射线测定出在 β-折叠原子之间通过氢键链接，且随着热处理时间的增加键能会增强。

关于植物球蛋白制备淀粉样纤维聚合物的文献也有报道。Zhang 等人研究发现在 pH 2.0、20mmol/L 离子强度条件下 85℃ 长时间加热 1%（质量分数）浓度的芸豆，可以使芸豆纤维化，并且形成"蠕虫状"淀粉样纤维聚合物。Liu 等人研究了燕麦分离蛋白发生聚集的规律及燕麦分离蛋白形成淀粉样纤维的最佳条件，并且可以形成与 β-乳球蛋白相媲美的淀粉样纤维聚合物。Tang 等人发现在 85℃条件下长时间加热 pH 2.0 的不同离子强度的 7S 蛋白质溶液可以形成淀粉样纤维聚合物，且利用原子力纤维镜（AFM）观察到淀粉样纤维聚合物呈现"蠕虫状"，并发现 7S 较 11S 具有更强的纤维化能力。Kkermans 等人发现在 pH 2.0条件下 85℃加热大豆分离蛋白可以形成淀粉样纤维，且利用透射电镜（TEM）观察到其淀粉样纤维的直径为 1μm、长度在 2~3μm。

二、大豆蛋白纤维聚合物形成能力比较

采用不同加工工艺获得了 4 种大豆蛋白原料，分别命名为大豆分离蛋白 A（SPIA）、大豆分离蛋白 G（SPIG）、脱脂豆粉（TZ）和自制大豆蛋白粉（ZZ）。采用高温、低 pH 值长时间加热驱动其自组装形成纤维聚合物。研究发现，将 SPIA、SPIG、TZ 和 ZZ 4 种大豆蛋白原料分别配置成浓度为 1.0%（ W/V ），调节 pH 值至 2.0，在 90℃加热 10h。利用透射电镜观察了 4 种大豆蛋白原料形成的蛋白质聚合物的形态，具体结果如图 4-1 所示。SPIA 可以形成细而长的淀粉样纤

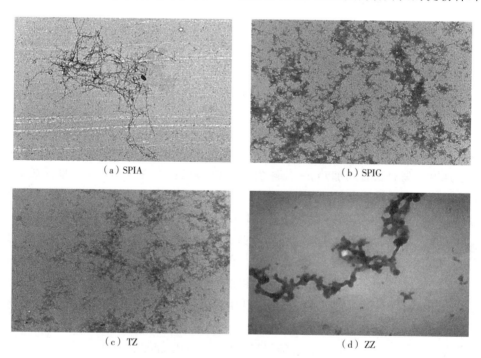

（a）SPIA   （b）SPIG

（c）TZ   （d）ZZ

图 4-1   不同原料形成聚合物差异

维样聚合物［图 4-1（a）］，SPIG 的聚合物形态为带有枝杈的团簇状聚合物
［图 4-1（b）］，TZ 形成了棉絮状聚合物［图 4 1（c）］，ZZ 原料形成聚合物
的形态为粗而长的无规则聚合物［图 4-1（d）］。结果表明，通过不同加工工
艺处理的大豆蛋白原料，在相同条件下加热，形成聚合物的形态存在很大差
异。聚合物形态的差异可能与原料前期处理的条件有关。而前期处理对大豆蛋
白产生影响的主要因素包括蛋白质自身结构的改变、盐离子强度、蛋白质组分
差异等。

三、大豆蛋白纤维聚合物形成过程

SPIA 在 pH 2.0 条件下 90℃加热 10h 可以形成淀粉样纤维聚合物［图 4-1
（a）］。为了分析大豆分离蛋白形成纤维聚合物的过程，研究采用了透射电镜观
察热处理不同时间时聚合物形态的差异。图 4-2 的结果显示了 SPIA 在加热不同
时间（0h、5h、7h、10h）时蛋白质的聚集状态。随着加热时间的延长，聚合物
的状态发生了明显的变化，聚集体的长度不断增加。在加热时间为 0h 时，蛋白
质主要以单个的球蛋白或小聚合体形式存在［图 4-2（a）］；在加热 5h 时，有
少量的蛋白质发生了进一步聚集［图 4-2（b）］；在加热 7h 时，大量的蛋白质
发生了聚集，且有纤维样聚合物形成的趋势［图 4-2（c）］；在加热 10h 时，大
豆球蛋白形成了细而长的淀粉样纤维聚合物［图 4-2（d）］。说明淀粉样纤维
聚合物的形成过程是一个缓慢的过程。

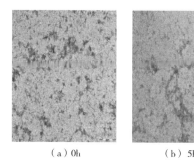  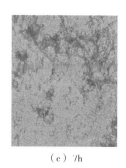 

（a）0h　　　　　　（b）5h　　　　　　（c）7h　　　　　　（d）10h

图 4-2　SPIA 形成淀粉样纤维聚合物的过程

第三节　大豆蛋白聚合物作用力的比较

一、纤维聚合物形成动力学

ThT 是一种阳离子的苯并噻唑，与淀粉样纤维结合后其荧光强度会显著增强，因此是一种被广泛应用于鉴定淀粉样纤维生成和纤维聚合物动力学的特定染料。ThT 可以与淀粉样纤维聚合物结合，且有着特殊的结合位点，因此，ThT 较其他方法能更准确检验出淀粉样纤维的生成。淀粉样纤维的形成一般主要包括 3 个时期：成核期、增长期和稳定期，可以通过 ThT 荧光强度的变化反映热处理过程中纤维聚合物的聚合状态。Morris 等人建立了 ThT 荧光强度数据拟合公式（4-6）：

$$f_t = \alpha - \frac{\dfrac{\beta}{\gamma} + \alpha}{1 + \dfrac{\beta}{\alpha\gamma}\exp[t(\beta + \alpha\gamma)]} \tag{4-6}$$

f_t 是在加热 t 时间时的荧光强度值，α，β 和 γ 是常数。

$$t_{1/2\max} = \frac{\ln\left(2 + \dfrac{\alpha\gamma}{\beta}\right)}{(\beta + \alpha\gamma)} \tag{4-7}$$

$$\left(\frac{\mathrm{d}f}{\mathrm{d}t}\right)_{\max} = -\frac{\left(\dfrac{\beta}{\gamma} + \alpha\right)(\beta + \alpha\gamma)}{4} \tag{4-8}$$

$$t_{\mathrm{lag}} = \frac{1}{\beta + \alpha\gamma}\left(\ln\left(\frac{\alpha\gamma}{\beta}\right) - 4\frac{\alpha\gamma}{\beta + \alpha\gamma} + 2\right) \tag{4-9}$$

t_{lag} 是滞后期，$t_{1/2\max}$ 是荧光强度值增大到最大值一半的时间；$\left(\dfrac{\mathrm{d}f}{\mathrm{d}t}\right)_{\max}$ 是荧光强度增大的最大速率。这些参数通过解析公式（4-7）~（4-9）计算得到，解析公式源于经验公式（4-6）。

二、大豆蛋白形成纤维聚合物动力学比较

基于 ThT 可以与大豆蛋白纤维聚合物特定结构相结合，本试验通过荧光分光光度计，测定 SPIA、SPIG、TZ 和 ZZ 4 种大豆蛋白原料形成聚合物过程中 ThT 的荧光强度值，分析了 4 种大豆蛋白原料形成纤维聚合物能力的差异。将 pH 2.0、蛋白浓度为 1.0%（W/V）的 4 种大豆蛋白溶液，分别在 90℃下进行不同时间热

处理（0h、1h、2h、3h、4h、5h、6h、7h、8h、9h、10h），ThT 荧光强度的变化差异结果如图 4-3 所示。根据公式拟合出相应的动力学参数，如表 4-1 所示。

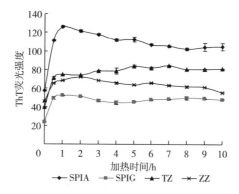

图 4-3　不同大豆原料热处理过程中 ThT 荧光强度的变化

表 4-1　不同大豆原料的蛋白质聚合动力学参数

原料	$t_{lag}/$ min	$(df/dt)_{max}/$ (FU·min^{-1})	$t_{1/2 \, max}/$ min	$f_{max}/$ FU	r^2
SPIA	0.484	957.34	0.07572	126.05±3.95[a]	0.971
SPIG	0.143	23.43	1.65834	53.16±4.02[c]	0.969
TZ	1.658	15.45	0.14256	84.30±5.80[b]	0.957
ZZ	0.076	22.91	0.48408	72.23±6.69[b]	0.965

注　t_{lag}，滞后期；$(df/dt)_{max}$，荧光强度增加的最大速率；$t_{1/2 \, max}$，荧光强度增大到最大值一半所用的时间，f_{max} 为最大荧光强度。数据分析通过 SPSS 8.1 分析，同列标字母不同者差异显著（$P < 0.05$）。

从上述结果可以看出，4 种原料的 ThT 结果存在很大差异。和其他 3 种原料相比，SPIA 原料的 ThT 的值最高，f_{max} 高出 SPIG 原料 ThT 的 137.11% 和 TZ 原料 ThT 的 49.53%，并且加热过程中 SPIA 的 $(df/dt)_{max}$ 值也远远高于其他 3 种原料。说明 SPIA 的纤维聚合量和聚合速率都比其他 3 种原料的高，而未经过任何热处理的自制原料并未表现出优于纤维形成的趋势。因此，不同原料的聚合方式与前期不同的加工处理过程可能存在一定的关系，大豆蛋白的组成和变性程度可能与淀粉样纤维的形成存在一定联系。

三、二硫键的比较

在相同大豆蛋白质中的巯基（—SH）和二硫键（—S—S—）具有很高的化学活性。二硫键对蛋白质的聚合起到一定的作用，通过测定游离巯基的含量，可以检测共价键——二硫键对大豆蛋白形成不同聚合物的重要性。为了比较 SPIA、SPIG、TZ 和 ZZ 4 种通过不同加工处理得到的大豆蛋白在相同条件下热处理形成不同形态聚合物过程中游离巯基变化的差异，将试验条件确定为：pH 2.0，SPIA、SPIG、TZ 和 ZZ 浓度为 1.0%（W/V），分别在 90℃下进行不同时间加热处理（0h、1h、2h、3h、4h、5h、6h、7h、8h、9h、10h），测定游离巯基含量的变化，结果如图 4-4 所示。

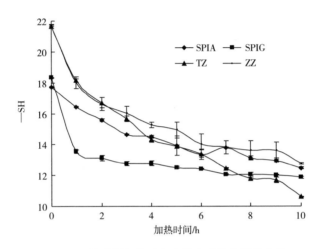

图 4-4　4 种原料加热过程中游离巯基含量的变化

图 4-4 的结果显示，在加热过程中，SPIA、SPIG、TZ 和 ZZ 4 种原料游离巯基的含量均呈现下降的趋势，引起这种现象的原因可能是在加热处理时，蛋白质的结构被打开，埋在内部的游离巯基暴露，从而促进了游离巯基向二硫键的转换。在加热 0h 时，SPIA、SPIG、TZ 和 ZZ 4 种原料的游离巯基的含量有一定的差异，TZ 和 ZZ 2 种原料的游离巯基的含量较 SPIA 和 SPIG 2 种原料的游离巯基含量要高，这可能是因为通过不同的加工处理后，游离巯基含量暴露的程度不同。加热 10h 较加热 0h 时，SPIA、SPIG、TZ 和 ZZ 的游离巯基含量降低的幅度分别为 29.73%、35.31%、51.02% 和 41.26%，说明 SPIA 加热过程中二硫键形成量比 SPIG、TZ 和 ZZ 二硫键的形成量分别低 5.58%、21.29% 和 11.53%。电镜结果得出 SPIA 可以形成淀粉样纤维聚合物，而 SPIA 加热过程中二硫键形成的量最少，这说明二硫键在淀粉样纤维聚合物形成过程中起到辅助作用，但是二硫键形成的量太多不利于淀粉样纤维聚合物的形成。

四、表面疏水性的比较

表面疏水性是维持蛋白质结构的主要作用力，它对蛋白质结构的稳定性和蛋白质的功能特性具有重要的作用。ANS 荧光探针法是一种常用的评价蛋白质表面疏水性的方法，ANS 与蛋白质结合的荧光强度与蛋白质的表面疏水性呈正相关性。

　　蛋白质表面疏水性的变化与蛋白质分子发生折叠或伸展有关，当蛋白质折叠时，其表面疏水性降低；当蛋白质伸展时，其表面疏水性增加。相同的大豆原料通过不同加工工艺的处理，引起大豆蛋白变性的程度不同，其分子结构也会存在很大差异。为了比较 SPIA、SPIG、TZ 和 ZZ 4 种通过不同加工处理得到的大豆蛋白在形成不同形态的聚合物时表面疏水性的变化，将试验条件确定为：pH 2.0、浓度为 1.0%（W/V）的 4 种大豆蛋白溶液，分别在 90℃下加热不同时间（0h、1h、2h、3h、4h、5h、6h、7h、8h、9h、10h），测定表面疏水性的变化，其结果如图 4-5 所示。

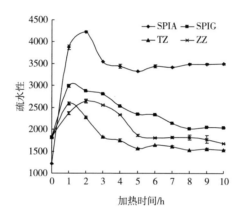

图 4-5　4 种原料表面疏水性的变化

　　从图 4-5 的结果可以得出，4 种通过不同加工处理的大豆蛋白在相同条件下处理后与 ANS 的结合能力存在很大差异。当加热 0h 时，4 种原料的表面疏水性有一定的差异，SPIA 的表面疏水性比其他 3 种的表面疏水性的值要低，这可能是因为在不同前期加工处理过程中蛋白质发生的折叠或伸展的程度不同。随着加热时间的变化，4 种原料均呈现先增加后降低的趋势，但是 4 种原料增加和降低的幅度存在一定的差异。SPIA、SPIG、TZ、ZZ 加热至 2h 时增加的幅度分别为247.70%、64.63%、42.74%、45.94%，之后呈现下降的趋势，下降幅度分别为17.29%、31.97%、40.77%、36.80%。说明 SPIA 在加热过程中分子伸展的程度较其他 3 种蛋白质的分子伸展程度更高，且在整个加热过程中，SPIA 的表面疏水性较其他 3 种原料的表面疏水性的值更高，这可能是因为形成的聚合物不同使得蛋白质伸展或折叠的速率和程度存在一定的差异。从电镜的结果可以看出，

SPIA 可以形成淀粉样纤维，而其他 3 种原料不能形成纤维，纤维聚合物形成的过程是一个缓慢的过程，蛋白质的伸展程度高有利于纤维聚合物的形成。

五、不同大豆蛋白灰分含量比较

离子强度是淀粉样纤维聚合物形成的一个重要影响因素，相同的原料，离子强度不同会形成不同形态的聚合物。为了比较 SPIA、SPIG、TZ、ZZ 4 种通过不同加工处理得到的大豆蛋白的离子强度的差异，我们测定了其灰分的含量，如表 4-2 所示。

表 4-2 不同原料的灰分的差异

名称	SPIA	SPIG	TZ	ZZ
离子含量/%	$0.185\pm0.02_a$	$0.1196\pm0.02_b$	$0.1144\pm0.031_b$	$0.1091\pm0.027_b$

表 4-2 的结果显示，4 种原料的灰分含量存在很大的差异，其中 SPIA 的灰分含量最多，ZZ 的灰分含量最少。SPIA 的灰分含量较 SPIG、TZ 和 ZZ 分别高 54.68%、61.71% 和 69.57%。电镜的结果显示，SPIA 可以形成纤维，说明盐离子强度是纤维形成的一个重要因素，当离子强度太低时，不利于淀粉样纤维聚合物的形成，只有蛋白质溶液中的离子强度达到一定的值时才可以形成淀粉样纤维聚合物。

六、不同大豆蛋白热力学差异比较

为了比较不同大豆原料中蛋白质的变性程度，我们研究了 4 种原料的变性温度和焓变值。从表 4-3 的结果可以看出，SPIA、SPIG、TZ、ZZ 4 种原料之间的变性温度和焓变值存在差异。相关文献报道，7S 和 11S 的变性温度分别在 70℃ 和 90℃ 左右。SPIA 和 SPIG 的变性温度主要集中在 7S 的变性温度，而 TZ 和 ZZ 原料则存在 7S 和 11S 两个变性温度，这可能是因为 SPIA、SPIG 经过了碱溶酸沉等工艺处理，使得 11S 的含量降低，而 TZ 和 ZZ 经过的加工处理较为简单，11S 的含量损失较少。电镜的结果显示 SPIA 可以形成纤维，这与文献中报道的 7S 比 11S 更具有纤维化的潜力相一致。从焓变值的结果可以看出，经过的工艺处理越复杂 7S 焓值越小，蛋白质的适度变性可能有利于纤维聚合物的形成。

表 4-3 热处理前后不同大豆原料的 DSC 结果

名称	变性温度（0h）/℃	变性温度（10h）/℃	焓变（0h）/J	焓变（10h）/J
SPIA	$72.33\pm2.01_a$	$71.87\pm1.01_d$	$34.92\pm6.01_c$	$30.22\pm2.01_{bc}$

续表

名称	变性温度（0h）/℃	变性温度（10h）/℃	焓变（0h）/J	焓变（10h）/J
SPIG	70.94±1.23a	77.04±2.98cd	44.25±4.11b	35.70±5.01abc
TZ	74.16±1.98a	82.66±1.98c	74.58±3.10a	45.79±4.99ab
	96.58±2.01b	122.84±2.08a	5.44±2.98a	5.44±2.99a
ZZ	72.82±3.01a	89.50±2.30b	79.101±1.98d	50.33±2.01cd
	94.84±2.98b	120.49±2.98a	4.33±2.33d	5.40±3.01d

注　数据分析通过 SPSS 8.1 分析，同列标字母不同者差异显著（$P<0.05$）；数值以平均值±标准差表示。

第四节　不同大豆蛋白组分差异

一、不同大豆蛋白组分差异比较

大豆蛋白在加工过程中要经过碱溶酸沉、高温处理等过程，这些过程可能对蛋白质的组分有一定的影响。采用 SDS-PAGE 表征和比较 SPIA、SPIG、TZ、ZZ 4 种通过不同加工处理得到的大豆蛋白组分的差异，如图 4-6 所示。

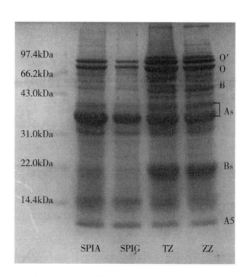

图 4-6　不同大豆原料蛋白质组成差异

图 4-6 的结果显示，SPIA、SPIG、TZ、ZZ 4 种原料的组分存在较大的差异，

SPIA 和 SPIG 与 TZ 和 ZZ 相比缺少了 11S 的碱性亚基和 7S 的 β-亚基。这可能是由于 SPIA 和 SPIG 两种原料经历了碱溶酸沉的过程，使得 11S 的碱性亚基减少甚至消失，在热处理过程中 7S 的 β-亚基也有部分损失。电镜和 ThT 荧光强度的结果都显示 SPIA 可以形成纤维，而 TZ、ZZ 不能形成纤维，说明 11S 的组分碱性亚基的存在可能不利于纤维的形成。从电泳图可以看出，SPIG 和 SPIA 的成分基本相同，SPIG 却没有形成纤维聚合物，二者的差异主要是溶液中的离子强度不同，SPIA 和 SPIG 两种原料 pH 2.0 溶液的灰分分别为 0.185% 和 0.119%，从结果可以看出，SPIA 的盐离子强度要大于 SPIG 的盐离子强度。Wang 等人研究发现，增大离子强度可以加速纤维"构筑单位"的形成；Luben 等人研究发现，当离子强度大于 13mmol/L 时，β-乳球蛋白才可以形成纤维。这些研究结果与本研究的结果都充分说明盐离子强度也是大豆蛋白纤维形成的一个必要条件。

综上所述，SPIA、SPIG、TZ、ZZ 4 种通过不同加工工艺处理得到的大豆蛋白，在 pH 2.0、90℃加热 10h 时可以形成不同形态的聚合物，其中 SPIA 可以形成纤维聚合物。并且通过透射电镜（TEM）观察不同加热时间 SPIA 的形态，结果发现在 90℃加热 10h 时适宜形成纤维聚合物，说明纤维聚合物的形成是一个缓慢的过程。4 种大豆蛋白的硫磺素（ThT）荧光强度反映出 SPIA 与另外 3 种原料比较具有更强的纤维化能力。

二、差异性比较分析

通过测定游离巯基和疏水作用力，发现纤维聚合物形成过程中二硫键起到辅助作用，而太多二硫键的形成并不利于纤维聚合物的形成；蛋白质分子的充分展开有利于纤维聚合物的形成。灰分含量的结果发现，SPIA 比其他 3 种原料的灰分含量高，说明蛋白质中盐离子强度太低并不利于纤维聚合物的形成。测定热力学差异比较发现，SPIA 和 SPIG 只有一个 7S 范围内的变性温度，而 TZ 和 ZZ 有 7S 和 11S 两个范围内的变性温度，进而利用 SDS-PAGE 凝胶电泳测定组分的差异，结果发现 SPIA 和 SPIG 比 TZ 和 ZZ 少了碱性亚基和 7S 的 β-亚基。但是由于相关文献报道 7S 的 3 种亚基均参与 7S 纤维聚合物的形成，因此我们猜测碱性亚基具有抑制纤维聚合物形成的作用。因此，我们进一步研究了大豆蛋白不同组分形成纤维聚合物的能力。

第五章　大豆蛋白组分自组装纤维能力比较

大豆蛋白的组分主要由 15S、11S、7S 和 2S 组成，其中 11S、7S 是大豆蛋白的主要成分，而 11S 的分子量较大，由二硫键连接酸性亚基和碱性亚基组成。关于 7S 形成淀粉样纤维聚合物的研究已有大量报道，但关于 11S、酸性亚基和碱性亚基形成纤维的相关研究较少。本试验比较了大豆蛋白中的 7S、11S、酸性亚基和碱性亚基 4 种组分在低 pH 值、低离子强度的条件下高温长时间加热形成纤维聚合物的能力。

第一节　大豆蛋白组分形成纤维聚合物能力比较

一、大豆蛋白组分分离效果

大豆蛋白的主要成分为 7S 和 11S，而大豆 11S 蛋白是一种不含糖基的单纯蛋白质，每个 11S 蛋白由两条多肽链构成，一条具有酸性等电点，另一条具有碱性等电点，即通常所说的酸性亚基和碱性亚基，两条链通过二硫键相连。在 β-巯基乙醇存在的条件下高温（90℃）加热可以断开酸性亚基和碱性亚基之间的二硫键，引起碱性亚基选择性聚集和沉淀，从而达到分离的目的。本研究利用 Laemmli 等人的方法分离得到酸性亚基和碱性亚基，并且比较了 Laemmli 和 Nganao 法分离 7S 和 11S 的效果。通过电泳图分析比较分离效果，结果如图 5-1 所示。

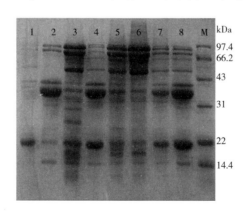

图 5-1　4 种组分的分离电泳图

1—碱性亚基　2—正常酸性亚基　3—正常 7S　4—碱溶酸沉 11S
5—碱溶酸沉 7S 5.0　6—碱溶酸沉 7S 4.8　7—Tris-Hcl 7S　8—Tris-Hcl 11S　M 标记

从图 5-1 的电泳图可以看出，根据不同的方法分离 7S 和 11S 的效果存在很大的差异。其中条带 1 和 2 分别是根据 Mo 等人的分离方法得到的碱性亚基和酸性亚基；条带 3 是将大豆脱脂豆粉 pH 值直接调节到 8.0 溶解后离心，通过冷沉去除 11S 后，再调节 pH 值到 4.8 后溶液的主要成分；条带 4、5、6 分别是利用 Nganao 等人的方法分离得到的 11S 和之后 pH 值调节到 4.8 后溶液的成分和 pH 值调节到 5.0 时溶液的成分；条带 7 和 8 是利用 Thnah 等人的 Tris-Hcl 分离方法得到的 7S 和 11S。通过上图的试验结果分析比较，得出利用 Laemmli 法分离的酸性亚基和碱性亚基可以达到很好的分离效果；利用 Nganao 法分离 11S 和 7S 比 Thnah 法更适合应用于本试验中，因此本试验应用 Nganao 法分离 11S 和 7S。

二、不同组分聚合物形态比较

7S 和 11S 分别是大豆蛋白的 2 种重要组分，酸性亚基和碱性亚基是 11S 的主要组分。因为 7S、11S、酸性亚基和碱性亚基的变性温度存在很大的差异，所以采取的纤维制备条件不同。在 95℃加热 pH 2.0、1.0%（W/V）浓度的 11S、酸性亚基、碱性亚基 20h 和在 80℃加热 pH 2.0、1%（质量分数）浓度的 7S 后所形成聚合物的形态如图 5-2 所示。结果表明，大豆蛋白的不同组分在相同条件下进行加热处理，形成聚合物的形态存在很大差异。7S 可以形成带有枝杈的纤维状聚合物［图 5-2（a）］；11S 不能形成线状聚合物，主要形成不规则的聚合物［图 5-2（b）］；酸性亚基形成了线状、细而长的纤维聚合物［图 5-2（c）］，较 7S 形成的聚合物更细；碱性亚基形成了杂乱无规则的团簇状聚合物［图 5-2（d）］。聚合物形态的差异可能与不同组分的蛋白质自身氨基酸组成和结构不同有关。有些蛋白质的结构有利于淀粉样纤维的形成，而有些结构不利于甚至抑制淀粉样纤维聚合物的形成。结果表明，7S 和酸性亚基的自身结构可以形成淀粉样纤维聚合物，但是两者有一定的形态差异，而 11S 和碱性亚基的结构不能形成淀粉样纤维聚合物。

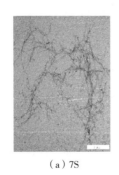

（a）7S　　　　　（b）11S　　　　　（c）Aci　　　　　（d）Bas

图 5-2　不同组分形成聚合物的差异

三、不同组分形成聚合物能力比较

通过荧光分光光度计，测量 7S、11S、酸性亚基（Aci）和碱性亚基（Bas）在形成聚合物过程中 ThT 荧光强度值的变化差异，分析 4 种组分在形成聚合物过程中蛋白质结构变化。将试验条件确定如下：在 95℃ 加热 pH 2.0、蛋白质含量为 1.0%（W/V）的 11S、酸性亚基和碱性亚基溶液以及在 80℃ 加热 pH 2.0、蛋白质含量为 1.0%（质量分数）的 7S 不同时间（0h、2h、4h、6h、8h、10h、12h、14h、16h、18h、20h），测定 ThT 荧光强度的变化差异，结果如图 5-3 所示。

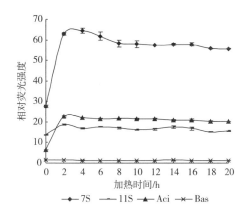

图 5-3　4 种组分 ThT 荧光强度变化

结果显示，7S、11S、酸性亚基和碱性亚基 4 种组分在加热形成不同聚合物的过程中，ThT 荧光强度值的大小存在很大的差异。随着热处理时间的延长，7S 的 ThT 荧光强度值明显高于其他 3 种组分的 ThT 荧光强度值，4 种组分的 ThT 荧光强度值由高到低依次为 7S、酸性亚基、11S、碱性亚基。7S 在加热 0~1h 之间荧光强度显著增加，由（28±2.1）增加至（62.89±2.0），增加的幅度为124.6%，随后呈平稳略有降低的趋势；11S 在加热 0~2h 之间，ThT 荧光强度值由（13.7025±0.11）增加至（15.543±0.054），增加的幅度为 13.43%，之后加热时间延长，基本保持平稳状态；酸性亚基在加热 0~2h 之间，ThT 荧光强度值由（6.597±0.06）增加至（20.14±0.015），增加的幅度为 205.29%，之后加热时间延长，基本保持平稳状态；而碱性亚基在加热过程中，ThT 荧光强度值很小且基本保持不变。

四、动力学参数比较

7S、11S、酸性亚基和碱性亚基 4 种组分的聚合动力学参数如表 5-1 所示。

由于碱性亚基硫磺素的 ThT 结果无变化，因此不能参与计算。其他 3 种组分相比
较，在加热过程中可以形成淀粉样纤维聚合物的 7S 和酸性亚基，其聚合动力学
的各参数变化不同于 11S，纤维聚合量 f_{max} 和聚合速率（df/dt）$_{max}$ 都显著高于
11S 的变化量。7S 和酸性亚基的（df/dt）$_{max}$ 分别是 11S 的 21 倍和 12.7 倍。而
f_{max} 分别是 11S 的 3.5 和 1.2 倍。因此，大豆蛋白质的不同组分在加热聚合过程
中，由于形成的聚合物不同，其聚合的方式也存在不同。通过上述的结果结合电
镜的结果说明，纤维 ThT 荧光强度值的增加是淀粉样纤维聚合物形成的一个标
志，因为 ThT 荧光剂可以选择性地结合淀粉样纤维中 β-折叠结构，从而可以大
幅度地提高 ThT 荧光强度。在纤维形成过程中，ThT 荧光强度的变化是有规律
的，成核期荧光强度快速增加，达到最大荧光强度 f_{max}，随后基本平稳无明显变
化。说明 7S 和酸性亚基的结构，尤其是 β-折叠结构在成核期有明显增加，继而
可以形成纤维，而 11S 和碱性亚基的结构不利于纤维的形成。

表 5-1   不同大豆组分的蛋白质聚合动力学参数

原料	t_{lag}/min	（df/dt）$_{max}$/（FU·min^{-1}）	$t_{1/2\ max}$/min	f_{max}/FU	r^2
7S	0.0082	876.43	0.037943	64.366±3.95[a]	0.971
11S	0.147	41.69	0.062931	18.615±4.02[b]	0.969
Aci	0.0293	527.99	0.081451	22.585±5.80[b]	0.957

注 t_{lag}，成核期；（df/dt）$_{max}$，荧光强度增加的最大速率；$t_{1/2\ max}$，荧光强度增大到最大值一半所用的
时间。数据分析通过 SPSS 8.1 分析，同列标字母不同者差异显著（$P<0.05$）。

五、浊度变化比较

不同原料在相同条件下进行热处理，蛋白质分子之间所形成聚合物的形状和
颗粒大小不同。下面比较 7S 的淀粉样纤维聚合物、11S 的不规则聚合物、酸性
亚基的细长淀粉样纤维聚合物和碱性亚基的团簇状聚合物形成过程中的浊度
变化。

利用分光光度计在波长 400nm 测量吸光值来表示浊度，可反映出样品的聚合
速率以及聚合物颗粒的大小，因此比较大豆蛋白中 7S、11S、酸性亚基和碱性亚
基在加热过程中形成的聚合物之间浊度的变化。以相同大豆原料制得的 7S、
11S、酸性亚基、碱性亚基为原料，在 95℃加热 pH 2.0、蛋白质含量为 1.0%
（质量分数）的 11S、酸性亚基和碱性亚基溶液以及在 80℃加热 pH 2.0、蛋白质
含量为 1.0%（质量分数）的 7S 不同时间（0、2h、4h、6h、8h、10h、12h、

14h、16h、18h、20h），测定浊度的变化，结果如图 5-4 所示。

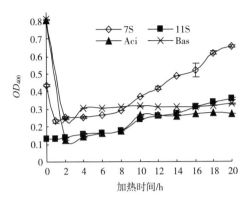

图 5-4　4 种组分浊度变化

浊度值的变化（图 5-4）结果显示，随着热处理时间的延长，4 种组分样品浊度值的变化明显不同。7S 和酸性亚基的浊度值随着加热时间的延长呈现先下降后上升的趋势，说明 7S 和酸性亚基在加热过程中先形成小颗粒物质，然后又发生了聚合，随着加热时间的延长最后形成了淀粉样纤维聚合物，这是因为 7S 和酸性亚基两种蛋白质在酸性条件下发生了水解，形成小分子物质，然后又重新聚集。碱性亚基的浊度值先下降然后呈现平稳状态，说明碱性亚基先解离后在 3~4h 短时间快速完成聚合，聚合速率快，而纤维的形成是一个缓慢聚合的过程，所以不能形成淀粉样纤维聚合物。11S 溶液的浊度值随着加热时间的延长呈现上升的趋势，说明没有发生水解，而水解在纤维的形成过程中起着决定性作用，所以 11S 不能形成纤维。Tang 等人在 7S 研究中确定了多肽的水解在 7S 形成纤维过程中起到决定性的作用，Wang 等人发现 7S 较 11S 更容易发生水解；Govindaraju 等人发现在相同酶作用下酸性亚基比碱性亚基更容易发生水解。

六、浊度颜色变化比较

结果显示（图 5-5），4 种组分形成不同聚合物过程中颜色的变化存在很大的差异。在加热 0h 时，7S 呈黄色、11S 呈浅黄、酸性亚基呈透明、碱性亚基呈乳浊液的白色。随着加热时间的延长，7S 的颜色越来越深，最后呈现深黄色；11S 颜色较 0h 时加重，但仍呈浅黄色；酸性亚基随着加热时间的延长越来越透明，最后呈现无色透明状态；碱性亚基由原来的乳浊液的白色逐渐变成透明的浅黄色。这种颜色的变化差异表明，7S、11S、酸性亚基和碱性亚基溶液在加热过程中发生的美拉德反应程度不同。美拉德反应在酸、碱性条件下均可以发生，在高温下长时间加热 7S 时，7S 溶液发生了剧烈的美拉德反应，使得颜色变深；而

11S 中不是糖蛋白, 溶液中含糖量很低, 发生美拉德反应的概率很低, 使得颜色变化较小; 对于酸性亚基和碱性亚基, 本身不含糖, 由于溶液中的 β-巯基乙醇的存在, 抑制了美拉德反应的进行, 溶液颜色为透明或白色。

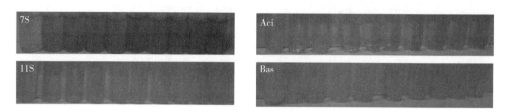

图 5-5　4 种组分加热颜色差异

第二节　不同组分形成聚合物作用力比较

一、二硫键变化比较

二硫键对蛋白质的聚合起到一定的作用, 通过测定游离巯基的含量, 可以检测共价键——二硫键对大豆蛋白形成不同聚合物的重要性。为了比较 7S、11S、酸性亚基和碱性亚基形成不同聚合物过程中游离巯基变化, 将试验条件确定为: 在 95℃加热 pH 2.0、蛋白含量为 1.0% (质量分数) 的 11S、酸性亚基和碱性亚基溶液以及在 80℃加热 pH 2.0、蛋白含量为 1.0% (质量分数) 的 7S 不同时间 (0、1h、2h、4h、6h、8h、10h、12h、14h、16h、18h、20h), 测定游离巯基含量的变化, 结果如图 5-6 所示。

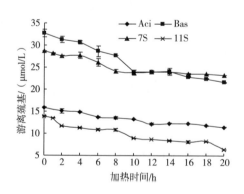

图 5-6　不同组分游离巯基的变化

结果显示, 在加热过程中, 4 种组分在形成聚合物过程中游离巯基的含量均呈现下降的趋势，引起这种现象的原因可能是在加热处理时，蛋白质的结构被打开，埋在内部的游离巯基暴露，从而促进了游离巯基向二硫键的转换。从分子结构上说，碱性亚基含有较多的游离巯基，酸性亚基含有的游离巯基含量较少，因此在加热过程中碱性亚基有更多的二硫键形成。7S 含有较多的半胱氨酸，在热处理过程中使得游离巯基形成二硫键。在加热 0h 时，碱性亚基的游离巯基的含量最大，其次为 7S，之后依次为酸性亚基和 11S，这一结果与 De-Bao Yuan 等人测定的碱性亚基的巯基含量大于酸性亚基的巯基含量的结果相一致。游离巯基含量不同可以解释为：在分离 7S、11S、酸性亚基和碱性亚基过程中，4 种组分的变性和伸展程度不同，从而使得游离巯基含量不同。当加热至 20h 时，7S、11S、酸性亚基、碱性亚基较各自加热 0h 时游离巯基含量下降的幅度分别为 18.96%、54.19%、27.89% 和 33.83%。

二、表面疏水性变化比较

7S、11S、酸性亚基和碱性亚基在低 pH 值下经过一定时间的热处理之后，会发生不同程度的变性，从而分子结构发生改变。因为不同蛋白质的变性温度不同，所以对于不同的组分采用不同的温度进行纤维聚合物的比较。因为 7S、11S、酸性亚基和碱性亚基在各自加热时发生聚合反应会引起蛋白质表面疏水性的改变，我们研究在一定温度下，7S、11S、酸性亚基和碱性亚基在热处理过程中的表面疏水性变化。试验条件确定为：在 95℃加热 pH 2.0、蛋白含量为 1.0%（质量分数）的 11S、酸性亚基和碱性亚基溶液以及在 80℃加热 pH 2.0、蛋白含量为 1.0%（质量分数）的 7S 不同时间（0、1h、2h、4h、6h、8h、10h、12h、14h、16h、18h、20h），测定 7S、11S、酸性亚基和碱性亚基蛋白质表面疏水性的变化，结果如图 5-7 所示。

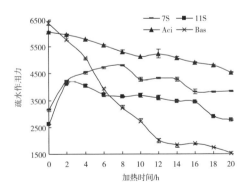

图 5-7 4 种组分形成聚合物过程中的表面疏水性的变化

在 pH 2.0、加热条件下热处理 20h 过程中，4 种组分的蛋白质与 ANS 键合能力有很大不同。4 种组分在加热过程中表面疏水性的变化趋势和值相比较，酸性亚基在加热过程中表面疏水性值呈现降低的趋势，降低的幅度为 24.98%，但是表面疏水性值在加热过程整体呈现最大值；7S 表面疏水性的值呈现先上升后降低的趋势，加热至 8h 时，蛋白质的表面疏水性值达到最大，增大的幅度为53.41%，之后呈现下降的趋势，加热 20h 时较 8h 时降低的幅度为 20.36%，但是表面疏水性的值仅小于酸性亚基；11S 的表面疏水性也呈现先上升后降低的趋势，加热至 2h 时，表面疏水性值达到最大，增大的幅度为 54.37%，之后呈现降低的趋势，加热 20h 较 2h 降低的幅度为 32.74%；碱性亚基表面疏水性的值变化比较特殊，碱性亚基自身的表面疏水性的值在 4 种样品中最高，在加热过程中呈现下降的趋势，下降的幅度为 76.26%，是 4 种样品中下降幅度最大的，说明其聚合速率快。在表面疏水性下降的趋势上酸性亚基比碱性亚基慢，说明酸性亚基聚合的速率慢。7S 的表面疏水性上升至 8h 才达到最大值，然后缓慢下降，说明聚合速率慢，而 11S 加热至 2h 时表面疏水性上升的趋势最大，之后急剧下降，说明聚合速率快。因为纤维聚合物形成的过程是一个缓慢的过程，所以 7S 和酸性亚基聚合的速率慢，可以形成纤维聚合物，而 11S 和碱性亚基聚合速率太快，不能形成纤维聚合物。

第三节 不同组分聚合物的功能性质比较

一、起泡能力

起泡能力强或泡沫稳定性好的蛋白质被广泛地应用于食品行业中。7S、11S、酸性亚基和碱性亚基在酸性条件下进行热处理，可以形成不同形态的聚合物，因此其功能性质也存在差异。本试验在 95℃ 分别加热 pH 2.0、1%（质量分数）浓度的 11S、酸性亚基、碱性亚基溶液 0h 和 20h，相同条件下加热 pH 7.0 的酸性亚基 20h 以及在 80℃ 分别加热 pH 2.0 和 pH 7.0、1%（质量分数）浓度的 7S 溶液 0h 和 20h，测定其起泡能力和泡沫稳定性，起泡能力的结果如图 5-8 所示。

由图 5-8 的结果可以看出，7S、11S、酸性亚基和碱性亚基加热后起泡能力明显提高。7S、11S、酸性亚基和碱性亚基在 pH 2.0 条件下未进行热处理时，蛋白质的起泡能力较低，其中酸性亚基的起泡能力较其他 3 种原料的起泡能力更高。在 pH 2.0 条件下长时间加热形成不同聚合物后，蛋白质的起泡能力得到大幅提高，其中酸性亚基形成的淀粉样纤维聚合物的起泡能力最高，其次为 7S 形成的淀粉样纤维聚合物，之后为 11S 形成的聚合物，碱性亚基形成的聚合物的起

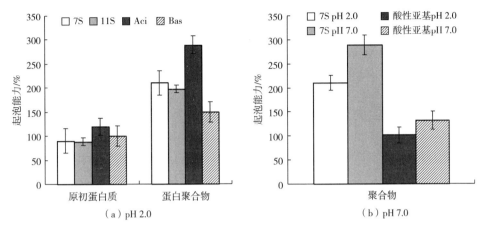

（a）pH 2.0　　　　　　　　　　　　（b）pH 7.0

图5-8　4种组分起泡能力比较

泡能力最差。其中7S、11S、酸性亚基和碱性亚基加热20h后起泡能力较未加热时起泡能力分别提高了132.32%、122.5%、140.83%、48.75%。为了进一步确定淀粉样纤维聚合物可以明显改善蛋白质的起泡能力，将pH 7.0的7S和酸性亚基分别在80℃和95℃加热20h，测定形成聚合物的起泡能力。结果发现，7S在pH 2.0条件下与在pH 7.0条件下形成的聚合物相比，起泡能力高出了51.84%；酸性亚基在pH 2.0条件下与在pH 7.0条件下形成的纤维聚合物相比，起泡能力高出了54.58%。以上说明纤维聚合物较常规聚合，可以明显改善蛋白质的起泡能力。

二、泡沫稳定性

（一）乳化稳定性指数

由图5-9的结果可以看出，不同组分的蛋白质通过热处理后可以明显提高蛋白质的泡沫稳定性。pH 2.0条件下的7S、11S、酸性亚基和碱性亚基在未进行热处理时，蛋白质的泡沫稳定性较差，其中酸性亚基的起泡稳定性较其他三种原料的泡沫稳定性稍好。7S、11S、酸性亚基和碱性亚基在pH 2.0条件下通过长时间加热，4种大豆蛋白组分形成聚合物的泡沫稳定性仍然有一定的差异，但是较初始蛋白质泡沫稳定性有所提高。7S、11S、酸性亚基、碱性亚基提高的幅度分别为61.68%、50.35%、35.55%、29.01%。说明热处理后蛋白质形成的聚合物泡沫稳定性有所提高。

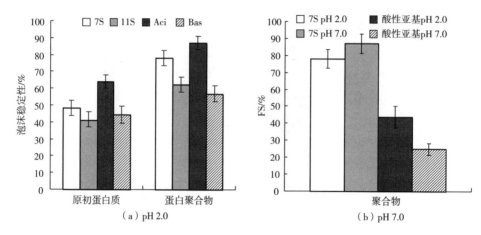

图5-9　不同大豆蛋白组分热处理前后泡沫稳定性的比较

（二）泡沫稳定性直观图

为了进一步比较纤维聚合物和常规聚合物对泡沫稳定性改善程度的差异，进行了如下试验。pH 7.0 的 7S 和酸性亚基溶液通过长时间加热可以形成常规聚合物，所以将 pH 7.0 和 pH 2.0 的 7S 和酸性亚基分别在 80℃ 和 95℃ 加热 20h，测定形成聚合物的泡沫稳定性。结果发现，7S 在 pH 2.0 条件下形成的聚合物与在 pH 7.0 条件下形成的聚合物相比，泡沫稳定性高出了 44.12%；酸性亚基在 pH 2.0 条件下形成的聚合物与在 pH 7.0 条件下形成的聚合物相比，泡沫稳定性提高了 71.37%。说明纤维聚合物较常规聚合，可以明显改善蛋白质的泡沫稳定性，有助于泡沫稳定性的提高。通过微观的泡沫图片也可以说明相同的结果，如图 5-10 所示。在分散的两相之间存在界面张力，蛋白质在泡沫中的作用就是吸附在气—液界面，降低界面张力，同时对所形成的吸附膜产生必要的流变学特性和稳定作用。当膜的表面疏水颗粒越多，即连续相的黏度较大，气体的溶解度小及扩散速度慢时，就相应地提高了泡沫的稳定性，其中薄膜的厚度是影响泡沫稳定性的一个重要因素。

三、乳化活性指数

将一定浓度的蛋白质溶液和油按照一定的比例混合，然后搅打，蛋白质即吸附于水和油的界面，形成乳化体系。可通过水油混合能力和水油混合的稳定性来反映蛋白质乳化性的好坏。本试验的条件为：在 95℃ 分别加热 pH 2.0、1%（质量分数）浓度的 7S、11S、酸性亚基和碱性亚基 4 种蛋白质溶液 0h 和 20h。然后

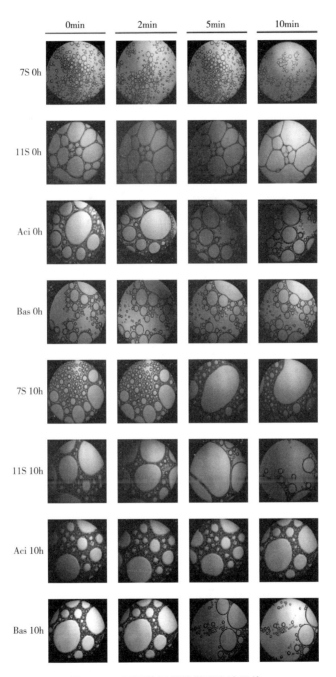

图 5-10　不同的原料的微观泡沫图片

将处理后的 4 种蛋白质溶液稀释到 0.1%（质量分数），以蛋白质溶液和油比例为 3∶1 混合，在 12000r/min 转速下搅打 1min，测定吸光值，求得乳化活性和乳化稳定性。乳化活性的结果如图 5-11 所示。

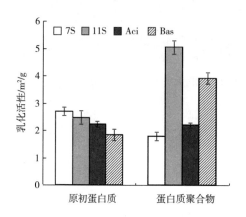

图 5-11　4 种组分的乳化活性

结果显示，未进行热处理的 4 种蛋白质组分，其乳化能力的大小依次为 7S、11S、酸性亚基和碱性亚基；而经过热处理后乳化能力的大小有很大的变化，其中 11S 和碱性亚基形成的聚合物的乳化活力较 7S 和酸性亚基形成的纤维聚合物更大。说明纤维聚合物在改善大豆蛋白乳化活性方面没有优势。

四、乳化稳定性

未进行热处理的 4 种蛋白质组分，其乳化稳定性的大小依次为 7S、酸性亚基、11S 和碱性亚基（图 5-12）；而经过热处理后乳化稳定性的大小有很大的变化，其中 7S 和酸性亚基形成的纤维聚合物的乳化稳定性较 11S 和碱性亚基形成的乳化稳定性更高。说明淀粉样纤维聚合物虽然不具备良好的乳化活性，但是这种聚合结构可以产生良好的乳化稳定性。

大豆蛋白的不同组分在酸性条件下加热处理后，会形成不同的聚合物。其中 pH 2.0 的 7S 和酸性亚基 95℃加热 20h 后形成了纤维聚合物，其起泡能力和泡沫稳定性较原始大豆蛋白质和其他聚合物有很大程度的提高，说明纤维聚合物可以降低界面性质和增大界面的黏度。

五、功能性指标综合分析

综上所述，在 95℃加热 pH 2.0、蛋白质浓度为 1%（质量分数）的 11S、酸性亚基和碱性亚基 20h 和在 80℃加热 pH 2.0、蛋白质浓度为 1%（质量分数）的 7S 20h，形成不同形态的聚合物，其中 7S 和酸性亚基可以形成纤维状聚合物。

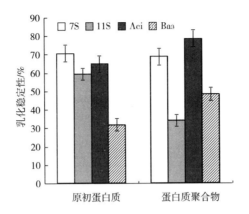

图 5-12　不同大豆蛋白组分热处理前后乳化稳定性的比较

通过硫磺素 ThT 荧光强度发现 7S 和酸性亚基的纤维化能力比 11S 和碱性亚基的纤维化能力强。通过浊度值的结果发现纤维聚合物的形成过程是一个缓慢的过程。通过测定作用的结果表明，纤维聚合物形成过程中二硫键起到了辅助作用，但太多二硫键的形成不利于纤维聚合物的形成。同时表明疏水性的结果发现蛋白质的充分展开有利于纤维聚合物的形成。

通过功能性质的测定发现，纤维聚合物较常规聚合物可以明显改善起泡能力和泡沫稳定性，但是对乳化稳定性的改善作用不明显。

第六章　酸性亚基自组装聚合物的形成

前人对大豆蛋白形成淀粉样纤维聚合物的研究主要集中于大豆分离蛋白、7S 和 11S 方面，且有相关研究发现大豆蛋白中的 7S 比 11S 有更高的纤维化能力。如何提高 11S 的纤维化能力，从而提高 11S 的应用价值，成为部分研究的主要目的。我们利用特殊的分离方法将 11S 分离成酸性亚基和碱性亚基，通过在特殊条件下热处理，研究发现酸性亚基可以形成淀粉样纤维聚合。而影响淀粉样纤维聚合物形成的因素主要有温度、pH、蛋白质浓度、离子强度，我们主要研究了温度、pH 值、离子种类对酸性亚基形成淀粉样纤维聚合物的影响。

第一节　酸性亚基纤维聚合物的形成

一、酸性亚基形成纤维聚合物的影响因素

（一）温度对酸性亚基纤维聚合物形成的影响

利用透射电镜分析温度对酸性亚基纤维形成的影响。以酸性亚基为原料，在固定酸性亚基蛋白浓度和 pH 的条件下，研究温度对酸性亚基形成纤维的影响。试验条件确定为：将 pH 2.0、蛋白浓度 1%（质量分数）的酸性亚基溶液，分别在 85℃和 95℃条件下热处理 20h，利用透射电镜（TEM）观察酸性亚基形成聚合物的形态差异，如图 6-1 所示。

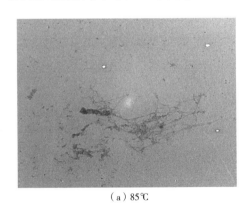

（a）85℃　　　　　　　　　（b）95℃

图 6-1　1.0%（W/V），pH 2.0 酸性亚基在不同温度热处理 20h 电镜图

图 6-1 的结果显示，在 85℃ 和 95℃ 加热 pH 2.0、1%（质量分数）浓度的酸性亚基可以形成不同形态的聚合物。当在 85℃ 加热时，酸性亚基有较多的颗粒状聚合物，说明有较多的蛋白质没有参与形成纤维聚合物 ［图 6-1（a）］；当在 95℃ 加热时，酸性亚基可以形成状态良好的淀粉样纤维聚合物 ［图 6-1（b）］。这可能是因为酸性亚基的变性温度在 90℃ 以上，85℃ 没有达到酸性亚基的变性温度，有些酸性亚基没有完全变性从而不能参与形成淀粉样纤维聚合物，因此存在颗粒状的蛋白质聚合物；95℃ 在酸性亚基的变性温度以上，使得所有酸性亚基变性，从而都参与了形成淀粉样纤维聚合物，所有没有颗粒状聚合物。这些结果说明酸性亚基形成淀粉样纤维聚合物的温度需要高于酸性亚基的变性温度。

（二）pH 对酸性亚基纤维聚合物的影响

一般来说，pH 对蛋白聚合有一定的影响，相同的蛋白质在不同的 pH 值条件下可以形成不同形态的聚合物。因为 pH 不同的蛋白质之间的静电力存在很大的差异。为了研究 pH 值对酸性亚基之间聚合的影响，试验条件确定为：将不同 pH（1.5、2.0、2.2、2.5、3.0）、蛋白含量为 1.0%（质量分数）的酸性亚基溶液在 95℃ 条件下加热 20h，利用透射电镜（TEM）观察聚合物的形态，结果如图 6-2 所示。

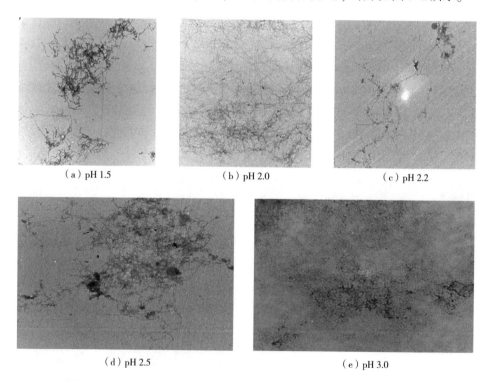

（a）pH 1.5 　　　　　　　　（b）pH 2.0 　　　　　　　　（c）pH 2.2

（d）pH 2.5 　　　　　　　　　　　（e）pH 3.0

图 6-2　蛋白含量为 1.0%（质量分数）的不同 pH 值的酸性亚基溶液在 95℃ 下热处理 20h 的透射电镜图片

结果显示，不同 pH 值条件下，酸性亚基可以形成不同形态的聚合物，且聚合物的形态之间存在很大差异。pH 1.5 时，酸性亚基可以形成淀粉样纤维状聚合物，但是淀粉样纤维聚合物的长度很短，且相互交叉处有蛋白质颗粒聚合物［图6-2（a）］；pH 2.0 时，酸性亚基可以形成细而长、状态良好的淀粉样纤维状聚合物［图6-2（b）］；pH 2.2 时，酸性亚基仍然可以形成淀粉样纤维状聚合物，但是形成的量较少且有颗粒状蛋白聚合物［图6-2（c）］；pH 2.5 时，酸性亚基形成团簇状聚合物［图6-2（d）］；pH 3.0 时，酸性亚基主要形成颗粒状的蛋白质聚合物［图6-2（e）］。这些结果说明，pH 影响着酸性亚基形成淀粉样纤维聚合物，pH 值太低或太高均不利于酸性亚基形成淀粉样纤维聚合物。可能是因为 pH 值太低时静电斥力太强或 pH 值太高时静电作用力太弱从而不利于淀粉样纤维聚合物形成。

（三）离子形式对酸性亚基纤维聚合物形成的影响

离子强度直接影响着蛋白质之间的静电作用力，不同的离子强度条件下，相同的蛋白质通过加热会形成不同的聚合物。Loveday 等人研究发现，当 NaCl 浓度高于 50mmol/L 时对 β-乳球蛋白形成纤维产生影响。而不同形式的盐对蛋白质聚合也会产生重要的影响。为了研究 Na^+ 和 Ca^{2+} 两种价位不同的离子对酸性亚基形成淀粉样纤维聚合物的影响，将试验条件确定为：pH 2.0、浓度 1.0%（质量分数）的酸性亚基，分别添加 50mmol/L NaCl 和 50mmol/L $CaCl_2$ 两种盐，在 95℃加热 20h，利用透射电镜（TEM）观察聚合物的形态，结果如图 6-3 所示。

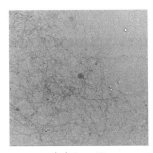

（a）0mmol/L　　　（b）50mmol/L NaCl　　　（c）50mmol/L $CaCl_2$

图 6-3　离子对酸性亚基纤维聚合物形成影响

结果显示，当 50mmol/L 的 NaCl 和 50mmol/L 的 $CaCl_2$ 加入 pH 2.0、1%（质量分数）浓度的酸性亚基溶液后，在95℃加热20h，酸性亚基仍然可以形成纤维状聚合物。酸性亚基形成的纤维聚合物形态如图 6-3（a）所示。当加入 50mmol/L 的 NaCl 时，酸性亚基仍然可以形成纤维聚合物，只是含有少量的未形成纤维聚合物的蛋白质［图 6-3（b）］；当加入 50mmol/L 的 CaCl₂ 时，酸性亚基仍然可以形成状态良好的聚合物［图 6-3（c）］。说明在 NaCl 和 CaCl₂ 浓度达到 50mmol/L 时，对酸性亚基形成纤维聚合物的形态没有显著影响。

二、酸性亚基形成纤维聚合物过程

从上面的结果得出，酸性亚基在 pH 2.0、95℃加热 20h 可以形成纤维聚合物。酸性亚基形成纤维聚合物的过程非常缓慢。为了观察酸性亚基在加热过程中形态的变化，将试验条件确定为：在 95℃加热 pH 2.0 的 1.0%（质量分数）浓度的酸性亚基不同时间（0h、10h、15h 和 20h），利用透射电镜（TEM）观察酸性亚基聚合的具体形态变化，结果如图 6-4 所示。

上述的试验结果显示，加热不同时间时酸性亚基的形态存在很大的差异。在加热 0h 时，酸性亚基主要以单体蛋白质和小的聚合物的形式存在［图 6-4（a）］；在加热至 10h 时，酸性亚基已经明显有形成纤维聚合物的趋势，但是仍然存在很多蛋白质聚合物［图 6-4（b）］；在加热至 15h 时，已经有大量淀粉样纤维聚合物形成，但是仍然存在少量的未纤维化的蛋白质［图 6-4（c）］；当加热至 20h 时，几乎没有未纤维化的蛋白质存在，酸性亚基形成状态良好的淀粉样纤维聚合物［图 6-4（d）］。这些结果说明，酸性亚基形成淀粉样纤维聚合物的过程是一个缓慢的过程，只有加热时间足够长，才可以形成状态良好的淀粉样纤维聚合物。

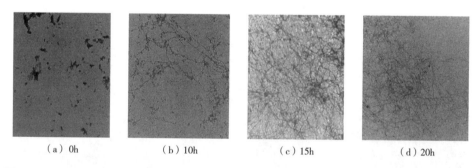

（a）0h   （b）10h   （c）15h   （d）20h

图 6-4　1.0%（质量分数）酸性亚基在 pH 2.0、95℃条件下热处理不同时间的透射电镜图片

三、酸性亚基形成纤维聚合物过程

综上所述，酸性亚基形成纤维聚合物需要在高于酸性亚基变性温度条件下加热，pH 值太高或者太低均不利于纤维聚合物的最佳状态形成。将 50mmol/L 的 NaCl 和 50mmol/L 的 CaCl₂ 加入酸性亚基溶液中，对酸性亚基纤维聚合物的形成影响不大。同时 pH 2.0 的酸性亚基在 95℃加热 20h 时适宜形成纤维聚合物。

第二节 蛋白组分与酸性亚基相互作用

一、聚合物形态的变化

不同蛋白质的氨基酸组成、结构和性质不同，所以它们之间的聚合方式存在一定的差异。从上述的试验结果得出，7S 和酸性亚基在 pH 2.0、95℃加热 20h 的条件下可以形成淀粉样纤维聚合物，而碱性亚基和 11S 不能形成淀粉样纤维聚合物。为了比较 7S、11S 和碱性亚基对酸性亚基形成淀粉样纤维聚合物的影响，将试验条件确定为：将 pH 2.0、2%（W/V）浓度的 7S、11S 和碱性亚基 3 种蛋白质溶液分别和 pH 2.0、2%（W/V）浓度的酸性亚基溶液以体积比为 1∶1 的比例混合，以 2%（W/V）浓度的酸性亚基溶液为对照，然后在 95℃加热 20h，利用透射电镜（TEM）观察聚合物的形态，结果如图 6-5 所示。

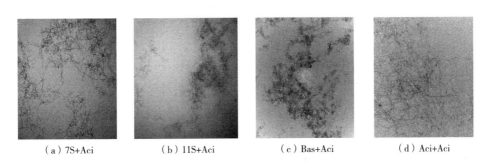

（a）7S+Aci （b）11S+Aci （c）Bas+Aci （d）Aci+Aci

图 6-5　7S、11S、碱性亚基对酸性亚基形成纤维的影响

图 6-5 的结果显示，7S、11S 和碱性亚基对酸性亚基形成纤维聚合物有不同的影响。添加 7S 的酸性亚基的溶液形成的纤维聚合物较单独酸性亚基形成的纤维状聚合物要短、枝杈要多；添加 11S 的酸性亚基的溶液不能形成纤维状聚合物，形成了杂乱无章的聚合物；添加碱性亚基的酸性亚基溶液形成了多枝杈的无规则的聚合物。结果表明，7S 在某种程度上促进了酸性亚基纤维聚合物的形成，而 11S 在一定程度上抑制了酸性亚基纤维聚合物的形成，碱性亚基破坏了纤维聚合物的形成。这可能是 7S、11S 和碱性亚基的氨基酸组成和结构不同所致。

二、浊度变化

不同原料在相同条件下热处理，蛋白质分子之间所形成聚合物的形状和颗粒大小不同。利用分光光度计在波长 400nm 测量吸光值来表示浊度，可反映样品的聚合速率以及聚合物颗粒的大小，为了比较 7S、11S 和碱性亚基对酸性亚基形成的不同聚合物的浊度变化的影响，将试验条件确定为：将 pH 2.0、2%（*W/V*）浓度的 7S、11S 和碱性亚基 3 种蛋白质溶液分别和 pH 2.0、1%（*W/V*）浓度的酸性亚基溶液以体积比为 1∶1 的比例混合，以 2%浓度的酸性亚基溶液为对照组，然后在 95℃条件下进行不同时间热处理（0、1h、2h、4h、6h、8h、10h、12h、14h、16h、18h、20h），测定浊度值变化，结果如图 6-6 所示。

浊度值的大小反映了蛋白质形成聚合物的颗粒大小。结果显示，随着热处理时间的延长，4 种样品的浊度值均呈现先下降后上升的趋势，加热后形成聚合物的浊度值都小于最初原料的浊度值。4 种样品在加热过程中，7S 和酸性亚基、11S 和酸性亚基、碱性亚基和酸性亚基混合液及酸性亚基 4 种样品的浊度值，在加热至 2h 时下降的幅度分别为 88.83%、26.72%、51.82%和 85.25%，而在加热至 20h 时浊度值较 2h 增加的幅度分别为 131.46%、6.25%、4.30%和 125.51%。这种浊度值的变化说明 4 种样品在加热过程中都是先进行水解然后聚合。7S 和酸性亚基混合液、酸性亚基可以形成纤维聚合物，而 11S 和酸性亚基混合液、碱性亚基和酸性亚基混合液不能形成纤维聚合物。浊度的结果表明，淀粉样纤维聚合物的颗粒较其他形式的聚合物的颗粒更小；结果表明，形成纤维聚合物的蛋白质水解程度要高，且水解是纤维聚合物形成的一个必要过程。同时也说明纤维聚合物的形成是一个缓慢的过程。

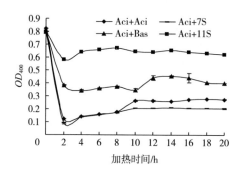

图 6-6　7S、11S、碱性亚基对酸性亚基的影响

三、ThT 荧光强度

不同蛋白质由于氨基酸和结构不同，与相同蛋白质作用后发生聚合，形成的聚合物的形态不同，二级结构变化也存在一定的差异。硫磺素（ThT）荧光强度的大小一定程度上反映了蛋白质及蛋白质聚合物中 β-折叠含量的多少。而 β-折叠又是纤维聚合物形成的一个重要标志。从电镜的试验结果可以得出，7S 和酸性亚基混合液、酸性亚基在 pH 2.0、95℃加热 20h 时可以形成纤维聚合物，而

11S 和酸性亚基混合液、碱性亚基不能形成纤维聚合物。为了比较 7S、11S 和碱性亚基对酸性亚基形成纤维状聚合物过程中二级结构、纤维化能力的影响，将试验条件确定为：将 pH 2.0 的 2%（W/V）浓度的 7S、11S 和碱性亚基 3 种蛋白质溶液分别和 pH 2.0、2%（W/V）的酸性亚基溶液以体积比为 1：1 进行混合，以pH 2.0、2%（W/V）浓度的酸性亚基溶液为对照，然后在 95℃ 条件下进行不同时间热处理（0、1h、2h、4h、6h、8h、10h、12h、14h、16h、18h、20h），ThT的变化结果如图 6-7 所示。

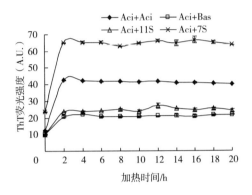

图 6-7　不同组分对酸性亚基纤维化的影响

四、动力学参数变化

　　它们之间相互作用后聚合动力学参数的结果如表 6-1 所示，7S、11S、碱性亚基对酸性亚基形成纤维聚合物有不同的影响。随着加热时间的延长，7S、11S、碱性亚基和酸性亚基的混合液中 ThT 荧光强度呈现先上升后趋于平稳的趋势。7S和酸性亚基的混合液加热过程中 ThT 荧光强度值最大，且纤维聚合量 f_{max} 和聚合速率 $(df/dt)_{max}$ 都显著高于 11S 和酸性亚基混合液、碱性亚基和酸性亚基混合液作用后的硫磺素（ThT）荧光强度值。7S 和酸性亚基的混合液 f_{max} 分别是 11S 和酸性亚基混合液、碱性亚基和酸性亚基混合液的 2.46 和 3.05 倍；7S 和酸性亚基的混合液 $(df/dt)_{max}$ 分别是 11S 和酸性亚基混合液、碱性亚基和酸性亚基混合液的 11.18 和 36.18 倍。说明大豆蛋白质的不同组分和酸性亚基相互作用后，在加热聚合过程中由于形成的聚合物不同，其聚合的方式也存在很大不同。纤维聚合物的形成过程主要包括成核期、增长期和稳定期 3 个阶段。上述结果及电镜结果显示，在纤维形成过程中，ThT 荧光强度的变化是有规律的：增长期阶段荧光强度快速增加，达到最大荧光强度 f_{max}，随后基本平稳无明显变化。同时试验结果也说明，7S 对酸性亚基形成纤维聚合物有促进作用，2 种相互作用后它们的结构，尤其是 β-折叠结构在增长期明显增加，从而促进了纤维聚合物的进一步形成；而11S和碱性亚基对酸性亚基影响后，其结构变化不利于纤维的形成。

表6-1　不同大豆组分的蛋白质聚合动力学参数

原料	t_{lag}/min	$(\mathrm{d}f/\mathrm{d}t)_{max}$/ (FU·min^{-1})	$t_{1/2\,max}$/min	f_{max}/FU	r^2
Aci+Aci	0.0057	570.0445	0.049769	43.585±3.95[a]	0.971
Aci+7S	0.0047	673.3522	0.0495	66.64±3.02[ab]	0.969
Aci+11S	0.0055	60.205	0.0506	27.1±2.80[b]	0.957
Aci+Bas	0.0059	18.61	0.0491	21.82±3.21[b]	0.981

注　t_{lag}，成核期；$(\mathrm{d}f/\mathrm{d}t)_{max}$，荧光强度增加的最大速率；$t_{1/2\,max}$，荧光强度增大到最大值一半所用的时间。数据分析通过 SPSS 8.1 分析，同列标字母不同者差异显著（$P<0.05$）。

第三节　酸性亚基纤维聚合物作用力变化

一、游离巯基

蛋白质之间相互作用后可以形成不同聚合物，作用力主要有非共价键作用力和共价键作用力。二硫键是蛋白质之间的一种主要共价作用力。从电镜的试验结果得出，7S和酸性亚基混合液、酸性亚基在 pH 2.0、95℃加热 20h 的条件下可以形成纤维聚合物，而碱性亚基和碱性亚基混合液、11S和酸性亚基混合液不能形成纤维状聚合物。为了比较7S、11S和碱性亚基对酸性亚基形成纤维聚合物过程中游离巯基变化的影响，将试验条件确定为：将 pH 2.0 的 2%（W/V）浓度的7S、11S和碱性亚基三种蛋白质溶液分别和 pH 2.0、2%（W/V）的酸性亚基溶液以体积比为 1:1 的比例进行混合，以 pH 2.0、2%（W/V）浓度的酸性亚基溶液作为对照，然后在95℃条件下进行不同时间热处理（0、1h、2h、4h、6h、8h、10h、12h、14h、16h、18h、20h），游离巯基的变化结果如图6-8所示。

结果显示，7S、11S、碱性亚基对酸性亚基形成纤维聚合物过程中游离巯基的含量变化有不同的影响。随着加热时间的延长，7S、11S、碱性亚基和酸性亚基的混合液的加热过程中，游离巯基的含量均呈现下降的趋势，但是下降的程度不同。加热20h相对加热0h时，7S和酸性亚基混合液、酸性亚基、碱性亚基和酸性亚基混合液、11S和酸性亚基混合液的游离巯基含量下降的幅度分别为22.90%、27.89%、41.37%、67.59%。说明7S的加入降低了4.99%的游离巯基的减少量，而11S和碱性亚基的加入分别增加了39.7%和13.48%的游离巯基的

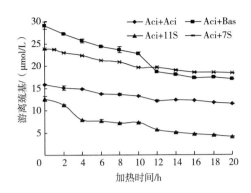

图 6-8　7S、11S、碱性亚基对酸性亚基游离巯基变化

减少量。从电镜的结果显示，7S 和酸性亚基混合液、酸性亚基在 95℃加热 20h 时可以形成纤维聚合物，而碱性亚基和酸性亚基混合液、11S 和酸性亚基混合液不能形成纤维聚合物。结果说明，**纤维聚合物形成过程中游离巯基含量有一定程度的降低，但是二硫键的过多产生反而不利于纤维聚合物的形成。**

二、表面疏水性

表面疏水性是维持蛋白质空间结构的主要作用力，对蛋白质结构、构象的稳定性具有重要的作用。蛋白质之间的相互作用形成聚合物，作用力主要有非共价键和共价键两种。而表面疏水性是蛋白质相互作用的一种重要的非共价键作用力。从电镜的试验结果可以得出，7S 和酸性亚基混合液、酸性亚基在 pH 2.0、95℃加热 20h 的条件下可以形成纤维聚合物，而碱性亚基和酸性亚基混合液、11S 和酸性亚基混合液不能形成纤维聚合物。为了比较 7S、11S 和碱性亚基对酸性亚基形成纤维聚合物过程中疏水作用力变化的影响，将试验条件确定为：将 pH 2.0 的 2%浓度的 7S、11S 和碱性亚基 3 种蛋白质溶液分别和 pH 2.0、2%的酸性亚基溶液以体积比为 1：1 的比例进行混合，以 pH 2.0、2%浓度的酸性亚基为对照，然后在 95℃条件下进行不同时间热处理（0、1h、2h、4h、6h、8h、10h、12h、14h、16h、18h、20h），疏水作用力的变化结果如图 6-9 所示。

结果显示，7S、11S、碱性亚基对酸性亚基形成纤维聚合物过程中的表面疏水性产生不同的影响。4 种样品在加热过程中表面疏水性的变化趋势如图 6-9 所示，随着加热时间的延长，酸性亚基、11S 和酸性亚基混合液、碱性亚基和酸性亚基混合液的表面疏水性均呈现下降的趋势，下降的幅度分别为 24.98%、62.64%和 79.32%；而 7S 和酸性亚基混合液在加热过程中表面疏水性呈现先上升后降低的趋势，加热至 2h 时增至最大值，增加的幅度为 37.37%，之后呈现下

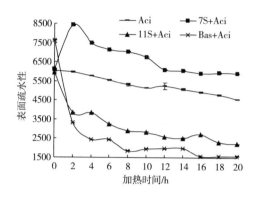

图6-9　7S、11S 和碱性亚基对酸性亚基疏水性的影响

降趋势，降低幅度为 29.77%。从整体上看，7S 和酸性亚基加入酸性亚基溶液后，表面疏水性呈现降低的趋势，但是下降的趋势比较缓慢，说明蛋白质一直处于伸展状态；而 11S 和碱性亚基加入酸性亚基后，在加热到 2h 时，表面疏水性急剧降低，蛋白质的聚集速度快，说明蛋白质由伸展状态迅速变为折叠状态。以上说明蛋白质的充分展开有利于纤维聚合物的形成，而不能充分展开或者展开后迅速折叠的蛋白质不利于纤维聚合物的形成。

三、二级结构的变化分析

为了比较 7S、酸性亚基、碱性亚基、7S 和酸性亚基混合液、碱性亚基和酸性亚基混合液 5 种样品在加热过程中二级结构中的 α-螺旋的变化，将试验条件确定为：95℃下分别加热 pH 2.0 的 7S、酸性亚基、碱性亚基、7S 和酸性亚基混合液、碱性亚基和酸性亚基混合液 5 种样品 0h 和 20h，圆二色光谱（CD）仪器测定蛋白质 α-螺旋的含量，其结果如图 6-10 所示。

四、二级结构含量变化分析

蛋白质的二级结构主要包括 α-螺旋、β-折叠、β-转角和无规则卷曲，这些二级结构在远紫外波长范围 190~260nm 具有圆二色性。一般地，α-螺旋在波长208nm 和 222nm 处有两个负峰，且波长 222nm 处峰的强度与 α-螺旋的含量呈现相关性。根据 Dmitry 的方法可以计算 α-螺旋的含量。

高度有序的 β-折叠二结构的形成是纤维生成的一个重要标志。Ardy 等人在报道中指出，在纤维聚合过程中，蛋白质二级结构中的 α-螺旋结构会转变成 β-折叠结构，α-螺旋含量的减少可从侧面反映纤维形成量的增加。所以我们利用圆二色光谱分析 α-螺旋含量的变化，希望能更好地解释纳米纤维在形成过程中

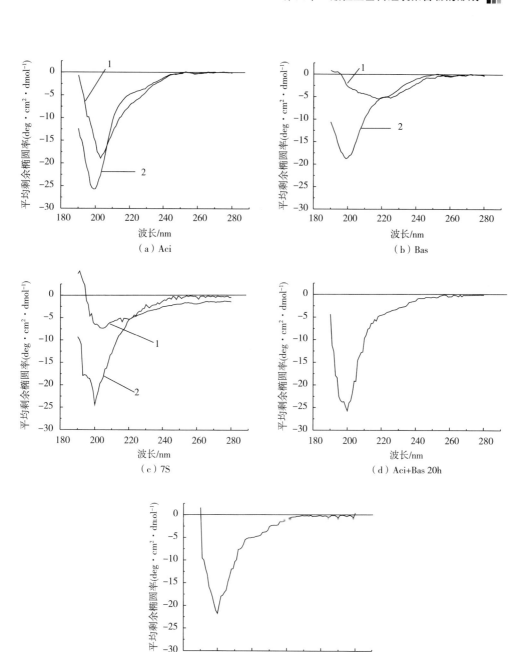

（a）Aci　　　　　　　　　　　　　（b）Bas

（c）7S　　　　　　　　　　　　　（d）Aci+Bas 20h

（e）Aci+7S 20h

图 6-10　不同组分的 CD 图

（1-0h　2-20h）

的二级结构的变化，结果如表6-2所示。

表6-2　不同成分α-螺旋的变化

名称	0h	20h
酸性亚基/%	11.1552±0.23	4.4841±0.26
碱性亚基/%	6.3049±0.34	6.0428±0.29
7S/%	7.2659±0.23	5.9288±0.16
Aci+Bas/%		9.3636±0.18
Aci+7S/%		5.9616±0.19

　　在加热0h时，酸性亚基和碱性亚基的α-螺旋含量存在很大的差异，酸性亚基的α-螺旋含量分别是7S、碱性亚基α-螺旋含量的1.54倍和1.77倍。酸性亚基加热至20h时，α-螺旋含量由（11.1552±0.23）%降至（4.4841±0.26）%，降低幅度为59.80%；碱性亚基加热20h较加热0h的椭圆率也有降低，α-螺旋由（6.3049±0.34）%降至（6.0428±0.29）%，降低幅度为4.16%；7S加热至20h后，α-螺旋含量由（7.2659±0.23）%降至（5.9288±0.16）%，降低幅度为18.40%。从电镜的结果显示7S和酸性亚基可以形成纤维聚合物，说明α-螺旋含量降低程度越大，生成纤维聚合物的可能性越高。

　　7S和碱性亚基分子拥有比较接近的α-螺旋结构，分别为（6.3049±0.34）%和（7.2659±0.2）%，然而，加入酸性亚基溶液后进行加热，两者对酸性亚基α-螺旋结构的影响程度不同。7S和酸性亚基混合液共热后α-螺旋含量降低至（5.9616±0.19）%；碱性亚基和酸性亚基混合液共热后α-螺旋的含量降至（9.3636±0.18）%。说明7S和酸性亚基共热20h后α-螺旋降低的幅度明显高于碱性亚基和酸性亚基混合液。这可能就是7S和酸性亚基共热时可以形成纤维聚合物，而碱性亚基和酸性亚基混合液不能形成纤维聚合物的原因。因此，蛋白质自身结构中α-螺旋含量在热处理过程中的降低，可能是生成纤维聚合物的前提。

五、结构变化分析总结

　　综上所述，7S加入酸性亚基溶液后，仍然有较强的纤维化能力，且可以形成枝杈较多的纤维状聚合物；而碱性亚基和11S加入酸性亚基溶液后，酸性亚基不能形成纤维聚合物。说明7S对酸性亚基形成纤维聚合物没有影响甚至有利于酸性亚基的纤维化，而碱性亚基和11S抑制或者破坏了酸性亚基形成纤维聚合物。

纤维聚合物形成过程中二硫键起到辅助作用，而太多二硫键的形成不利于纤维聚合物的形成；蛋白质的充分展开有利于纤维聚合物的形成；α-螺旋的降低也是纤维聚合物形成的一个必要条件。

第七章　玉米醇溶蛋白自组装纳米颗粒的形成

第一节　玉米醇溶蛋白自组装颗粒的制备方法

一、样品的制备

（一）α-玉米醇溶蛋白的分离

玉米醇溶蛋白购自 Sigma 公司，对其没有进一步分离和提纯，该玉米醇溶蛋白定义为天然玉米醇溶蛋白。α-玉米醇溶蛋白的分离方式根据 Nonthanum 等人的方法：将玉米醇溶蛋白分散到 90%（V/V）的乙醇-水溶液中，在密闭的环境下充分分散搅拌 1h，然后 10000 × g、20℃离心 30min。收集上清液，利用旋转蒸发仪将乙醇蒸发回收，然后冻干，获得的样品即为 α-玉米醇溶蛋白。

（二）γ-玉米醇溶蛋白的分离

γ-玉米醇溶蛋白的分离原理是利用 γ-玉米醇溶蛋白不能溶于 90%（V/V）乙醇的特点。根据 Nonthanum 等人的分离方法：将玉米醇溶蛋白分散到 90%（V/V）的乙醇-水溶液中，在密闭的环境下充分搅拌 1h，旨在让其充分分散在介质中，然后 10000 × g、20℃离心 30min，收集沉淀，沉淀即是 γ-玉米醇溶蛋白，然后冻干，用于后续试验。

（三）乳清浓缩蛋白纤维和纤维核的制备

1. 纤维的制备

准确称取 7.9g 乳清浓缩蛋白（WPC-80），利用去离子水定容到 250mL，然后用 6mol/L 的 HCl 溶液将 pH 值调至 2.0，然后 16000×g、4℃离心 30min，取中间清液，利用凯氏定氮法测定蛋白含量。用去离子水稀释至蛋白浓度 3%（W/V），然后用 1mol/L 和 0.1mol/L 的 HCl 准确调节 pH 值至 2.0，90℃水浴加热 10h，得到纤维聚合物，制得的样品在 4℃放置过夜（目的是让纤维充分成熟）。

2. 纤维核的制备

准确称取 7.9g 乳清浓缩蛋白（WPC-80），利用去离子水定容到 250mL，然后用 6mol/L 的 HCl 溶液将 pH 值调至 2.0，然后 16000 ×g、4℃离心 30min，取中间清液，利用凯氏定氮法测定蛋白含量。用去离子水稀释至蛋白浓度3%（W/V），然后用1mol/L和0.1mol/L的HCl准确调节pH值至2.0，90℃水浴加热2h，得到纤维核聚合物。

（四）改性玉米醇溶蛋白的制备

本试验采用碱或SDS结合加热对玉米醇溶蛋白、α-玉米醇溶蛋白和γ-玉米醇溶蛋白进行改性，以水和70%（V/V）乙醇介质作为改性的介质环境。具体的过程如下：分别将玉米醇溶蛋白、α-玉米醇溶蛋白和γ-玉米醇溶蛋白分散在70%乙醇-水溶液、pH 11.5的水、pH 11.5的70%乙醇-水溶液、浓度为12.5mmol/L的SDS水溶液和浓度为12.5mmol/L的SDS 70%乙醇-水溶液中，配置成浓度为10mg/mL的不同溶液。然后将这些样品分别放置在丝口瓶（目的是防止在加热过程中乙醇挥发），在70℃的恒温水浴锅中加热0h和10h。将制备好的乙醇溶剂的样品利用旋转蒸发仪将乙醇蒸出，然后和水溶剂样品一起冻干，作为后期试验样品。

具体缩写如下：

1. 乙醇 0h

利用70%乙醇配置10mg/mL浓度的玉米醇溶蛋白（γ-玉米醇溶蛋白或α-玉米醇溶蛋白）溶液。

2. 乙醇 10h

利用70%乙醇配置10mg/mL浓度的玉米醇溶蛋白（γ-玉米醇溶蛋白或α-玉米醇溶蛋白）溶液，然后在70℃加热10h。

3. pH 11.5 水 0h

利用pH 11.5水配置10mg/mL浓度的玉米醇溶蛋白（γ-玉米醇溶蛋白或α-玉米醇溶蛋白）溶液，调节溶液的pH值为11.5。

4. pH 11.5 水 10h

利用pH 11.5水配置10mg/mL浓度的玉米醇溶蛋白（γ-玉米醇溶蛋白或α-玉米醇溶蛋白）溶液，调节溶液的pH值为11.5，然后70℃加热10h。

5. pH 11.5 70% 乙醇 0h

利用70%乙醇配置10mg/mL浓度的玉米醇溶蛋白（γ-玉米醇溶蛋白或α-玉米醇溶蛋白）溶液，调节pH值至11.5。

6. pH 11.5 70% 乙醇 10h

利用70%乙醇配置10mg/mL浓度的玉米醇溶蛋白（γ-玉米醇溶蛋白或α-玉米醇溶蛋白）溶液，调节pH值至11.5，然后70℃加热10h。

7. SDS 水 0h

利用 12.5mmol/L 的 SDS 水溶液配置 10mg/mL 浓度的玉米醇溶蛋白（γ-玉米醇溶蛋白或 α-玉米醇溶蛋白）溶液。

8. SDS 水 10h

利用 12.5mmol/L 的 SDS 水溶液配置 10mg/mL 浓度的玉米醇溶蛋白（γ-玉米醇溶蛋白或 α-玉米醇溶蛋白）溶液，然后 70℃加热 10h。

9. SDS 70% 乙醇 0h

利用 12.5mmol/L 的 SDS 70%乙醇溶液配置 10mg/mL 浓度的玉米醇溶蛋白（γ-玉米醇溶蛋白或 α-玉米醇溶蛋白）溶液。

10. SDS 70% 乙醇 10h

利用含有 12.5mmol/L 的 SDS 70%乙醇溶液配置 10mg/mL 浓度的玉米醇溶蛋白（γ-玉米醇溶蛋白或 α-玉米醇溶蛋白）溶液，然后 70℃加热 10h。

11. pH 11.5 水 10h-乙醇

把 pH 11.5 水 10h 的冻干样品分散在 70%的乙醇溶液中，调节 pH 值至 7.0。

12. SDS 水 10h-乙醇

把 SDS 水 10h 重新分散在 70%的乙醇溶液中。

（五）纤维核—玉米醇溶蛋白胶体颗粒的制备

1. 纤维核—玉米醇溶蛋白胶体颗粒制备（样品）

纤维核—玉米醇溶蛋白胶体颗粒的制备方法依据 Patel 等人的反溶剂法，并且进行一定的修改。利用 100mL 的 70%（V/V）乙醇分散 3.0g 的玉米醇溶蛋白作为储备液，调节储备液 pH 值至 2.0，即配置浓度为 30mg/mL、pH 2.0 的玉米醇溶蛋白溶液。然后用磁力搅拌器边搅拌边缓慢添加到 250mL、浓度为 30mg/mL、pH 值为 2.0 的纤维或者纤维核的水溶液中，利用旋转蒸发仪将得到的混合液中的乙醇蒸出去（旋转蒸发温度为 40℃）。最后对样品进行冻干，作为后续复合物试验部分的样品。

2. 乳清浓缩蛋白—玉米醇溶蛋白胶体颗粒的制备

乳清浓缩蛋白—玉米醇溶蛋白（WPC—玉米醇溶蛋白）胶体颗粒的制备方法依据 Patel 等人的反溶剂法，并且进行一定的修改。试验中分别采用 2 种乳清浓缩蛋白—Zein 胶体颗粒作为对照组，分别定义为对照组 1 和对照组 2。

（1）WPC—Zein 胶体颗粒的制备（pH 2.0）（对照组 1）

将 3.0g 的玉米醇溶蛋白分散在 70%（V/V）乙醇溶液中，调节储备液 pH 值至 2.0，即配置浓度为 30mg/mL、pH 2.0 的玉米醇溶蛋白溶液。将玉米醇溶蛋白溶液边搅拌边加到 250mL、pH 2.0 的 30mg/mL 浓度的离心后（16000 × g、4℃

离心30min）的乳清浓缩蛋白溶液中。利用旋转蒸发仪将混合液中的乙醇蒸出（旋转蒸发的温度为40℃），最后对样品进行冻干，作为后续试验的样品。

（2）WPC—Zein胶体颗粒的制备（pH 7.0）（对照组2）

利用100mL的70%（V/V）乙醇溶解3.0g的玉米醇溶蛋白作为储备液，即配置浓度为30mg/mL的玉米醇溶蛋白溶液。将配置好的玉米醇溶蛋白储备液缓慢加到250mL、30mg/mL浓度的离心（16000×g、4℃离心30min）后的乳清浓缩蛋白溶液中，边搅拌边加入。利用旋转蒸发仪将混合液中的乙醇蒸出（旋转蒸发的温度为40℃），最后对样品进行冻干，作为后续试验的样品。

二、理化指标的测定

（一）微观形貌和结构的测定

1. 微观形貌的观察

将在2种溶剂［70%（V/V）乙醇和水］中改性后的蛋白质样品，分别用与样品溶剂相同的溶剂稀释；而针对乙醇挥发至不同浓度的样品，需要用对应浓度的乙醇溶液稀释。稀释至浓度为5mg/mL，取一滴稀释后的样品滴于铜网支撑的碳沉积吸附的膜上，吸附20min，然后在室温干燥15min，在80kV电压下操作，将样品放大倍数至20000倍，观察不同样品的微观形态。

2. 微观结构的表征

参考Wang和Padua的方法，利用高分辨透射电镜对样品的微观结构进行观察。不同处理后的样品，利用与样品相同的溶剂稀释至浓度为5mg/mL，然后以铜网支撑的碳沉积吸附的膜为载体，取少量的样品滴到该铜网上，吸附20min。然后用滤纸将多余的样品吸除，室温下干燥15min。在200 kV电压下操作，将样品放大倍数至100万倍，利用具有视频速率的照相机进行实时成像，利用慢扫描电荷耦合器相机获得最后的照片。

（二）粒径和电位的测定

将在2种溶剂［70%（V/V）乙醇和水］经过不同处理后的样品，利用和原溶液溶剂相同的溶剂稀释，稀释成浓度为6mg/mL的溶液。利用马尔文纳米粒度仪测定不同样品在不同条件下的电位和粒径，每个样品测定三次。其中70%（V/V）乙醇水溶液的反射率和黏度分别为1.362和2.592，这两个系数用于计算样品的粒径和电位。所有样品的测定在25℃条件下进行。

（三）蛋白质含量的测定

根据蛋白质中酪氨酸、色氨酸和苯丙氨酸在紫外吸收波长下具有特定的吸光值，蛋白质含量的测定采用波长 280nm 条件下的吸光值法。利用紫外分光光度计测定一定浓度的蛋白质在波长 280nm 下的吸光值，试验条件在 25℃ 条件下进行。每个样品进行 3 次重复测定。

（四）圆二色光谱的测定

参考 Paraman 等人的方法测定蛋白质的二级结构。将样品利用相应的溶剂稀释至浓度为 0.1mg/mL，然后用直径为 0.2 cm 的石英比色皿进行扫描，扫描范围 190~250nm，扫描速率 100nm/min，仪器为 CD J-815（日本 JASCO 公司）。分别利用相应的溶剂作为基线，然后测定样品。利用 Yang 的公式计算 α-螺旋百分含量，计算公式如下：

$$\alpha - 螺旋含量(\%) = - ([\theta]_{222} + 3000)/33000 \qquad (7-1)$$
$$[\theta]_{222} = Y_{222} \times 1000 \qquad (7-2)$$

式中：$[\theta]_{222}$——波长为 222nm 特征峰的 CD 椭圆度值；

Y_{222}——波长 222nm 处扫描的能量变化值。

（五）内源性荧光光谱扫描

将纤维核和纤维分别调节至 pH 2.0、pH 7.0 和 pH 11.5，然后用对应 pH 值的去离子水稀释成一定的浓度，根据 Sun 等人的方法，利用荧光分光光度计测定不同样品的内源性荧光光谱。激发波长为 280nm，发射波长的范围在 290~450nm，扫描的速度为 100nm/min，激发和发射的狭缝均为 10nm。每个样品在室温下进行 3 次重复测定。

（六）游离巯基测定

不同蛋白质样品中游离巯基含量的测定参照 Beveridge 等人的方法，并加以改进。取不同方法改性的、浓度为 10mg/mL 的蛋白质溶液 0.3 mL 加到 5mL 浓度为 8mol/L 尿素 Tris - Gly 缓冲溶液（0.086mol/L Tris，0.09mol/L 甘氨酸，0.004mol/L 乙二胺四乙酸，pH 8.0 和 8mol/L 尿素）中，然后加入 20μL 的 5，5'-二硫代双（2-硝基苯甲酸）（DTNB）试剂，震荡混匀，在室温下静止显色 15min，利用紫外分光光度计在 412nm 波长下测定吸光值。空白样品是将 0.3 mL 的蛋白质样品换成去离子水，其他的试剂和反应时间均相同，并且用空白进行调零。

（七）表面疏水性的测定

1. 表面疏水性的测定

玉米醇溶蛋白表面疏水性的测定参照 Hayakawa 等人的 8-苯氨基-1-奈磺酸

（ANS）荧光探针法。用 0.01mol/L 的磷酸缓冲液将改性的玉米醇溶蛋白样品稀释成 5 个蛋白浓度梯度，分别为（0.30、0.15、0.075、0.038、0.019）mg/mL。取稀释后蛋白溶液 6mL，加入 20μL 的 8mmol/L 的 ANS 溶液，通过旋涡振荡器将混合液混匀，避光反应 15min（室温条件）。激发波长和发射波长分别为 390nm 和 470nm，狭缝均为 5nm，在此条件下对样品进行比色，测定荧光强度。以荧光强度值为纵坐标，以对应的蛋白质溶液浓度为横坐标作图，以线性关系良好的回归曲线的斜率作为评定表面疏水性的指标。

2. 荧光光谱的测定

荧光光谱扫描也是在 ANS 作为荧光剂的基础上进行的，参照 Chaudhuri 等人的方法对蛋白质样品进行表面疏水性荧光光谱扫描。将待测样品用 0.01mol/L 的磷酸缓冲液稀释至浓度为 0.015mg/mL，然后加入 20μL 的 8mmol/L 的 ANS 溶液，利用旋涡振荡器混匀，避光室温下反应 15min，然后在激发波长为 390nm，发射波长 400~600nm 范围进行扫描，激发和发生波长的狭缝均为 5nm。试验在室温下进行，每个样品扫描 3 次，获得表面疏水性的荧光光谱。

（八）硫黄素 T 荧光的测定

利用 100mL 磷酸缓冲溶液（0.01mol/L，pH 7.0，0.15mol/L NaCl）充分溶解 80mg 的硫磺素 T（ThT），然后用 0.2μm 的过滤膜除去未溶解的 ThT，将过滤液作为储备液。ThT 储藏液要避光保存（4℃），保存周期小于一周。实验前，将储备液用相同的磷酸缓冲液稀释 50 倍后制得工作液。将 120μL 待测样品与 10mL ThT 工作液混合，震荡混匀后反应 1min，进行测量。测定时的激发波长和发射波长分别为 460nm 和 490nm，激发波长的狭缝为 10nm，发射波长的狭缝间隙为 5nm，测定荧光强度。

（九）水解度的测定

水解度的测定和计算根据 Alder-Nissen 的 pH-stat 法。利用 pH 11.5 的水和 pH 11.5 的 70%（V/V）乙醇溶液分别配制浓度为 10mg/mL 的 α-玉米醇溶蛋白和 γ-玉米醇溶蛋白溶液，然后在 70℃加热 10h，用 pH-State 法测定消耗的盐酸量水解度。水解度（DH,%）按下式计算：

$$DH = \frac{h}{h_{tot}} \times 100 = \frac{BN_b}{\alpha M_p h_{tot}} \times 100\% \qquad (7-3)$$

式中：B——消耗碱（NaOH）的体积（mL）；

N_b——碱的当量浓度；

α——蛋白底物中 α-NH₂ 基团的平均解离度（玉米醇溶蛋白的平均解离度

为 7.0）；

M_p——蛋白质量（g）；

h_{tot}——蛋白质底物中肽键的总数（玉米醇溶蛋白肽键总数为 7.25mmol/g protein）。

（十）脱酰胺度的测定

采用苯酚-次氯酸盐法测定蛋白质的脱酰胺程度。

1. 试剂的配制

试剂 A（苯酚-亚硝基铁氰化钠溶液）：利用双蒸水充分溶解 5.00g 苯酚、0.025g 亚硝基铁氰化钠，然后将此溶液用双蒸水定容至 500mL。样品在棕色瓶中储藏，可用 1 个月。

试剂 B（碱性次氯酸盐溶液）：利用双蒸水溶解 2.50g NaOH，然后准确量取 4.2 mL 次氯酸钠溶液加入 NaOH 溶液中，然后用双蒸水定容至 500mL。样品在棕色瓶中储藏，可用 1 个月。

硫酸铵标准溶液的配置：用双蒸水配制浓度为 10μg/μL 的硫酸铵标准溶液储备液，具体是用 10mL 的双蒸水溶解 0.1g 硫酸铵，然后将储备液依次稀释成浓度为 0.2μg/μL、0.4μg/μL、0.6μg/μL、0.8μg/μL 和 1μg/μL 的硫酸铵标准溶液。

2. 标准曲线的绘制

取上述配置的硫酸铵标准溶液 20μL 分别加入 5.0mL 的苯酚-亚硝基铁氰化钠溶液中，充分振荡混匀，然后在每个试管中分别加入 5.0mL 的碱性次氯酸盐溶液，用漩涡振荡器混匀。立即放在 37℃的水浴锅中显色 20min，然后冷却至室温，在 625nm 处测定溶液吸光度值。以吸光度值的平均值作为横坐标，游离氨浓度（mmol /L）为纵坐标，绘制标准曲线。

3. 样品游离氨浓度的测定

准确移取 20μL 样品溶液加入 5.0mL 的苯酚-亚硝基铁氰化钠溶液中，振荡混匀。然后移取 5.0mL 碱性次氯酸盐溶液加入上述混合溶液中，混匀后迅速转移至 37℃的水浴锅中反应 20min。然后取出冷却至室温，在 625nm 波长下测定溶液吸光度值。

4. 样品中总酰胺含量的测定

称定量的蛋白质样品（玉米醇溶蛋白、α-玉米醇溶蛋白或者 γ-玉米醇溶蛋白），记录质量，加入丝口瓶中，然后加入 20mL 浓度为 3mol/L 的硫酸，在 100℃条件下加热水解 3h，在加热过程中要不断地搅拌，目的是让蛋白质样品充分水解。反应结束后，用 1mol/L 的 NaOH 将水解液中和至中性，然后用双蒸水稀释至相应倍数, 测定其在625nm处的吸光度值, 根据上述的标准曲线计算出样品中总酰胺含量。

5. 脱酰胺度的计算

脱酰胺度的计算是依据样品中的游离氨含量和总酰胺含量, 具体计算公式如下:

$$DD(\%) = \frac{样品中游离氨含量}{样品中总酰胺含量} \times 100\% \tag{7-4}$$

三、玉米醇溶蛋白聚合物颗粒变化动力学评价

玉米醇溶蛋白聚合物动力学的测定是基于Wang和Padua的测定的方法和公式。利用70% (V/V) 的乙醇分别配置浓度为1mg/mL的 α-玉米醇溶蛋白或 γ-玉米醇溶蛋白, 然后在70℃加热0h和10h, 其中以加热0h的样品为对照样。同时, 利用pH 11.5的水或12.5mmol/L的SDS水配置成浓度为10mg/mL的 α-玉米醇溶蛋白 (或 γ-玉米醇溶蛋白) 溶液, 然后在70℃加热10h, 冻干。将冻干粉分别重新溶解到70%的乙醇溶液中。分别取20mL这4种样品置于4个大小一致的平皿中, 然后在室温下挥发, 测定挥发不同时间 (0、0.5h、1h、2h、2.5h、3h、4h、5h、5.5h、6h) 后样品中乙醇的含量和溶液的体积, 并且样品在挥发不同时间时的粒径。然后用Origin8.0软件拟合出乙醇含量和时间的关系、溶液体积和时间的关系。将拟合的公式导入Wang和Padua等提出的乙醇挥发玉米醇溶蛋白颗粒变化动力学模型公式 (7-5), 然后根据测定的粒径结果, 利用最小二乘法计算不同方法改性后玉米醇溶蛋白的亲水常数。

$$R = 3v\sqrt{\frac{p(\varepsilon_{\text{EtOH}}C_{\text{EtOH}} + \varepsilon_{\text{Water}}(1 - C_{\text{EtOH}})) + q}{KV}} \tag{7-5}$$

四、功能性质的测定

(一) 分散性的测定

天然或者修饰 (常规改性和复合改性法) 后的3种玉米醇溶蛋白 (玉米醇溶蛋白、α-玉米醇溶蛋白和 γ-玉米醇溶蛋白) 的分散性的测定根据Pan和Zhong等的方法进行测定。分别将天然和修饰的3种玉米醇溶蛋白冻干粉重新溶解在去离子水中, 配置成浓度为10mg/mL的溶液, 然后在室温下搅拌1h。然后将重新溶解的样品在 $4000 \times g$ 的离心力下离心10min, 利用凯氏定氮的方法测定上清液的蛋白质含量, 蛋白质的转换系数 (N) 为6.5。其中将重新分散未离心的样品中的蛋白质含量定义为 m_0, 而离心后上清液蛋白质的含量定义为 m_t。分散性的公式如下:

$$分散性 = \frac{m_t}{m_0} \times 100\% \tag{7-6}$$

对于乙醇挥发过程中分散性的测定方法如下：

用 70%（V/V）的乙醇分别配置浓度为 10mg/mL 的 α-玉米醇溶蛋白或 γ-玉米醇溶蛋白，然后在 70℃加热 0h 和 10h，将样品冻干。同时，利用 pH 11.5 的水或 12.5mmol/L 的 SDS 水配置成浓度为 10mg/mL 的 α-玉米醇溶蛋白或 γ-玉米醇溶蛋白溶液，然后在 70℃加热 10h，冻干。将 4 种样品的冻干粉分别重新溶解到 70%（V/V）的乙醇溶液中，分别取 20mL 4 种样品置于大小一致的平皿中，然后在室温下挥发，收集挥发不同时间（0、0.5h、2h、5h）后的溶液，然后分别将样品溶液用对应的乙醇浓度补充至 20mL，然后在 4000 × g 离心力下离心 10min，然后测定沉淀的量，根据公式（7-6）计算出 4 种样品在不同乙醇浓度下的分散性（%）。

（二）乳化活性和乳化稳定性的测定

改性后玉米醇溶蛋白的乳化活性和乳化稳定性参照 Pearce 和 Kinsella 的浊度法进行测定。取 3 mL 的 1mg/mL 的改性玉米醇溶蛋白溶液和 1mL 的一级大豆油进行混合，利用均质机进行均质（20000r/mim，2 min）使两者充分混匀，混匀后立即从乳化层取 100μL 乳化液加入 5mL、1mg/mL 的 SDS 溶液中，旋涡振荡混匀后，在 500nm 波长下测定吸光值；同时将乳化液放置 10min 后，在乳化层的同一位置取 100μL 乳化液加入 5mL、1mg/mL 的 SDS 溶液中，旋涡振荡混匀后，在 500nm 波长下测定吸光值。以 1mg/mL 的 SDS 为空白样进行调零。每个样品至少重复测定 3 次。乳化活性（EAI）和乳化稳定（ESI）计算公式如下：

$$EAI = \{(2 \times 2.303)/[C \times (1 - \varphi) \times 10^4]\} \times A_{500} \times D \tag{7-7}$$

$$ESI = (A_{10}/A_0) \times 100\% \tag{7-8}$$

式中：A_{500}——溶液在波长 500nm 下的吸光度值；

　　　C——蛋白质浓度（g/mL）；

　　　φ——大豆油占乳化液的体积分数（$\varphi = 0.25$）；

　　　D——稀释倍数；

　　　A_{10}——静止 10min 时乳状液的吸光度值；

　　　A_0——静止 0min 时乳状液的吸光度值。

（三）起泡能力和泡沫稳定性的测定

改性后玉米醇溶蛋白质溶液的起泡能力和泡沫稳定性的测定参照 Motoi 等的方法。利用 0.1mol/L 的磷酸缓冲液将改性后的玉米醇溶蛋白配制成蛋白质浓度为 1mg/mL 的溶液，然后取 200mL 此溶液加入高速组织捣碎机中进行搅打（12000r/min，1min），小心、快速地将泡沫转移至 500mL 的量筒中，分别在转移后的 0min 和 30min 读取泡沫的体积，分别标记为 V_0 和 V_{30}，最初溶液液体的体积记录为 V_L（200mL）。改性玉米醇溶蛋白的起泡能力（F_C）以相对泡沫溢出率表示，泡沫稳定性（F_S）的评价是依据静止 30min 后泡沫的体积与最初泡沫体积的比值。具体计算方法如下：

$$F_C = \frac{V_0}{V_L} \times 100\% \qquad (7-9)$$

$$F_S = \frac{V_{30}}{V_0} \times 100\% \qquad (7-10)$$

（四）胶凝性

1. 凝胶的制备

参照 Dufour 等乙醇诱导凝胶的方法制备改性玉米醇溶蛋白凝胶。

利用 70% 的乙醇分别配制浓度为 120mg/mL 的纤维核—玉米醇溶蛋白胶体颗粒溶液和乳清浓缩蛋白-玉米醇溶蛋白胶体颗粒溶液。然后分装至相同规格的烧杯中，然后在室温下放置 48h，明显看出可以形成凝胶。70%（W/V）的乙醇配制浓度为 120mg/mL 的乳清浓缩蛋白-玉米醇溶蛋白（1∶1）胶体颗粒溶液，将溶液的 pH 值调节到 pH 7.0，然后用漩涡振荡器对溶液充分混匀。然后在室温下放置 48h，将此凝胶作为对照样品。

2. 凝胶的评价

利用 TA-XT2 型质构仪测定两种凝胶的质构特性。利用硬度（hardness）、弹性（springiness）、黏性（visoisity）和咀嚼性（chewiness）4 个指标对凝胶的质构特性进行评价。采用质构剖面分析方法（texture profile analyse，TPA）测定凝胶的硬度、弹性、黏性和咀嚼性，具体参数如下：测定模式选用下压距离，测试前速度、测试速度和测试后速度分别为 1mm/s、1.7mm/s 和 2.0mm/s，下压距离选择 10mm，引发力为 5g，探头型号选择 A-BE-D35。每个样品进行 3 次平行试验，取平均值。

（五）流变学特性的测定

1. 表观黏度的测定

利用马尔文流变仪测定不同方法改性的玉米醇溶蛋白的表观黏度。将不同介质中改性后的玉米醇溶蛋白配制成浓度为 200mg/mL 的分散液。将样品分散液缓慢倾注充满夹具中（直径 60mm、锥角 0.5° 的锥板），室温下测定。测定频率在

0.1~100rcd/S 范围内样品的表观黏度。

2. 弹性模量和黏性模量的测定

通过振荡时间扫描测试不同方法改性的玉米醇溶蛋白样品的动态流变学特性。将玉米醇溶蛋白分散液缓慢倾注充满夹具中（直径 60mm、锥角 0.5° 的锥板），在 25℃ 保温 5min。首先通过低振幅振荡测试确定样品分散液的线性黏弹区的应力振幅值（strain）。为了保证所测试样品在线性黏弹区域内，选择 0.3% 的振幅值。在剪切频率 0.1~10Hz 范围进行频率扫描试验，分析样品分散液的弹性模量（G'）和黏性模量（G''）随剪切频率的变化。

（六）持水性和吸油性的测定

1. 吸水性

将 10mL 离心管恒重，然后称重（W_1），向已称重的离心管中加入 0.5g 蛋白样品（W_0），随后加入 8mL 的去离子水，充分混匀，使蛋白样品与水充分混合，室温下放置 30min，使蛋白质充分水合。然后 5000 × g 离心 30min，缓慢倒出上清液，称量离心管总质量（W_2），持水性以 g 水/g 蛋白表示。蛋白的持水率由下式计算：

$$持水性 = \frac{W_2 - W_1 - W_0}{W_0} \tag{7-11}$$

2. 吸油性

将 10mL 的离心管恒重，称量其质量（O_1），准确称取 0.5g 蛋白样品（O_0）加入已恒重的离心管中，随后准确加入 8mL 的一级大豆油，充分混匀，使蛋白样品和大豆油充分接触，室温下放置 30min 后，5000×g 离心 30min（室温），缓慢地将上清液中的油倒出，称量离心管与沉淀的重量（O_2）。蛋白质的吸油能力（OBC）按照下式计算：

$$OBC = \frac{O_2 - O_1 - O_0}{O_0} \tag{7-12}$$

五、数据分析

试验数据分析采用 SPSS 8.5（分析软件，St Paul，MN）软件中的 Linear Models 进行差异显著性分析（$P<0.05$），采用 Origin8.0 软件进行作图。数据均以平均值±标准差（SD）表示（$n=3$）。

第二节　玉米醇溶蛋白自组装最佳条件确定

玉米醇溶蛋白的显著特点是含有大量的脯氨酸，疏水性强，难溶于纯水。目前，改善玉米醇溶蛋白的在水中分散能力最常用的方法有 SDS、碱、加热等。本研究采用常规改性方法中十二烷基硫酸钠和碱两种方法，通过加热控制改性程度，在两种极性不同的介质中对玉米醇溶蛋白的结构进行修饰，测定改性后的玉米醇溶蛋白的结构、理化性质和功能特性的变化。

一、十二烷基硫酸钠改性条件

为了让一定量的玉米醇溶蛋白在水中充分分散而又没有过多的十二烷基硫酸钠剩余，需要选择一个合适十二烷基硫酸钠浓度对玉米醇溶蛋白进行改性。十二烷基硫酸钠的量与所要分散在水中的玉米醇溶蛋白的量密切相关，两者之间存在一个饱和浓度。根据蛋白质的 3 种发色基团（色氨酸、酪氨酸和苯丙氨酸）在紫外特定波长范围内存在最大吸收峰的原理，测定出了玉米醇溶蛋白和十二烷基硫酸钠之间的饱和浓度。因此，本试验在固定玉米醇溶蛋白浓度为 10mg/mL 时，测定了 0~400mmol/L SDS 浓度范围内玉米醇溶蛋白溶液在 280nm 下的吸光度值的变化，结果如图 7-1 所示。

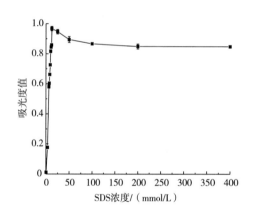

图7-1 玉米醇溶蛋白在不同 SDS 浓度条件下 280nm 吸光度值变化

从图 7-1 的数据可以看出，把玉米醇溶蛋白的浓度固定在 10mg/mL 的情况下，随着十二烷基硫酸钠浓度的增加，吸光度值呈现先上升后趋于平稳的趋势。在 SDS 浓度达到 12.5mmol/L 的情况下达到最大吸光度值，说明 12.5mmol/L 的十二烷基硫酸钠浓度可以完全溶解 10mg/mL 浓度的玉米醇溶蛋白。Ruso 等人研究发现，1g 的玉米醇溶蛋白完全分散在水中需要 1.5~5g 的 SDS，即 1 个玉米醇溶蛋白分子完全分散在水中需要 147 个十二烷基硫酸钠分子，研究结果和 Ruso 等人的研究结果一致。因此，本试验选取 12.5mmol/L 浓度的十二烷基硫酸钠条件进行后面的试验。

二、碱改性条件确定

（一）介质的选择

介质极性的大小影响着玉米醇溶蛋白的结构，而结构又决定了相应的性质，所以选择合适的介质对于玉米醇溶蛋白结构改性至关重要。

1. 乙醇浓度的选择

玉米醇溶蛋白是一个复杂的组分，包含 α-玉米醇溶蛋白和 γ-玉米醇溶蛋白，二者的分散性存在很大差异。γ-玉米醇溶蛋白不能分散在 90% 的乙醇中，而 α-玉米醇溶蛋白可以分散在 60%~95% 乙醇中。为了让玉米醇溶蛋白充分地分散在介质中，需要选择合适的乙醇浓度作为介质。因此，测定了玉米醇溶蛋白在不同乙醇浓度下的分散性变化，结果如图 7-2 所示。

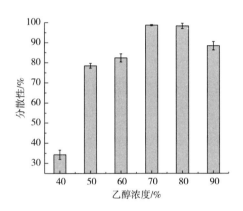

图 7-2　不同乙醇浓度下玉米醇溶蛋白表面疏水性的变化

从图 7-2 的数据可以发现，随着乙醇浓度的增加，玉米醇溶蛋白的分散性呈现先上升后略微下降的趋势，其中在 70% 乙醇和 80% 乙醇 2 个浓度下分散性达到较高的值（98% 左右）。结果说明，在 70% 乙醇和 80% 乙醇浓度下玉米醇溶蛋白的分散能力最强。Nonthanum 等研究发现，在 70% 乙醇中可以充分分散玉米醇溶蛋白的各种组分，如 α-玉米醇溶蛋白和 γ-玉米醇溶蛋白。同时，结合经济角度考虑，70% 乙醇浓度比 80% 乙醇浓度更为经济。所以，选择 70% 乙醇溶剂作为后续试验的介质之一。

2. 水介质环境下反应条件选择

与 70% 乙醇-水介质相比较，水介质的极性较高。研究发现，玉米醇溶蛋白可以分散在 pH 11.3~12.7 范围内的水介质中。通过前期试验发现，本试验中所用的玉米醇溶蛋白最低可以分散在 pH 11.5 的水中，所以本试验采用 pH 11.5 的水溶液对玉米醇溶蛋白进行碱改性，研究碱改性的适宜条件。

（1）加热温度

碱可以修饰玉米醇溶蛋白结构的一个重要原因是在碱性条件下发生脱酰胺基作用，而发生脱酰胺程度的高低一定程度上决定了玉米醇溶蛋白改性程度的大小。而在介质环境相同的条件下，脱酰胺度的高低与温度有直接关系。为了在较短的时间内达到预期的脱酰胺度，需要选择合适的加热温度。因此，用 pH 11.5 的水配置浓度为 10mg/mL 玉米醇溶蛋白溶液，然后在不同温度（50℃、60℃、70℃）下加热不同时间，确定脱酰胺度的变化，结果如图 7-3 所示。

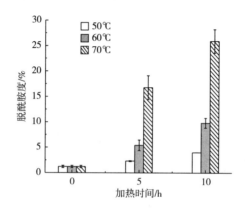

图7-3　玉米醇溶蛋白在不同温度下随着加热时间延长脱酰胺度的变化

从图 7-3 的数据可以看出，在 3 个温度下加热相同的玉米醇溶蛋白溶液，脱酰胺度均随着加热时间的延长而增大，但是增大的幅度不同。在加热 0h 时，由于充分地分散玉米醇溶蛋白需要一定的时间，所以其脱酰胺度并不是 0，而是在 1.21% 左右。当加热 10h 后，在 50℃ 条件下加热的脱酰胺度仅为 4.00%，而在 60℃ 条件下的脱酰胺度为 9.82%，70℃ 条件下的脱酰胺度为 25.94%。结果表明，在太低温度下加热玉米醇溶蛋白分散液 10h 后，其脱酰胺度非常低，而在 70℃ 加热 10h 后其脱酰胺度可以达到较高程度。同时，结合后期试验中用到的 70% 乙醇介质的沸点在 78℃ 左右，为了在后期加热过程中保持介质的均一性，所以选择 70℃ 作为后期试验加热的温度。

（2）加热时间

α-玉米醇溶蛋白和 γ-玉米醇溶蛋白是玉米醇溶蛋白中两种重要的蛋白质，根据 Nonthanum 等总结的两种蛋白质的氨基酸组成，α-玉米醇溶蛋白中疏水氨基酸和亲水氨基酸分别占 50.50% 和 49.50%，而 γ-玉米醇溶蛋白中疏水氨基酸和亲水氨基酸分别占 38.18% 和 61.82%。γ-玉米醇溶蛋白中亲水氨基酸所占的比例比 α-玉米醇溶蛋白中亲水氨基酸所占比例要高。这可能赋予了 γ-玉米醇溶蛋

白比 α-玉米醇溶蛋白具有更高分散在水中的潜力。所以，本实验随加热时间的选择，以 γ-玉米醇溶蛋白质为原料，确定最佳加热时间。

将 γ-玉米醇溶蛋白分散在 pH 11.5 水中，配置成浓度为 10mg/mL 的溶液，然后在 70℃加热不同时间（0h、1h、5h 和 10h），然后将样品冻干后，测定在水中分散性的变化，结果见图 7-4。

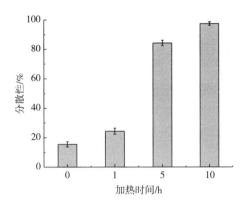

图 7-4　γ-玉米醇溶蛋白在 pH 11.5 和 70℃加热不同时间后在水中分散性的变化

从图 7-4 的数据可以看出，随着加热时间的延长，γ-玉米醇溶蛋白在水中的分散性呈现上升的趋势，分散性从最初的 15.47% 提高到 97.5%，说明加热有助于 γ-玉米醇溶蛋白在水中分散性的提高。而且加热 10h 后 γ-玉米醇溶蛋白在水中的分散性已经接近于 100%。说明加热 10h 已经完全可以达到提高分散性的目的，所以试验确定加热时间为 10h。

（一）玉米醇溶蛋白结构的变化

1. 微观形貌变化分析

水和 70%乙醇两种介质的极性不同，水的极性较强，70%乙醇介质的极性相对较弱。利用 70%乙醇和 pH 11.5 水分别配制 10mg/mL 的玉米醇溶蛋白溶液，然后 70℃加热 0h 和 10h，利用透射电镜观察不同聚合物的微观形貌，结果如图 7-5 所示。

在未加热的情况下，玉米醇溶蛋白在 70%乙醇溶剂中形成球状结构的聚合物，加热 10h 后球状结构仍然存在；而在 pH 11.5 水溶剂中玉米醇溶蛋白形成了无规则颗粒状聚合物，热处理后结构更松散，颗粒状结构完全消失。结果表明，介质的极性和碱处理对玉米醇溶蛋白的聚集形式有很大影响。

2. 聚合物粒径变化分析

碱改性对玉米醇溶蛋白聚集形式的影响还可以体现在聚合物颗粒粒径的变化

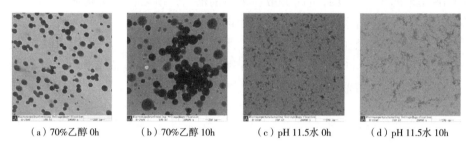

（a）70%乙醇 0h　　（b）70%乙醇 10h　　（c）pH 11.5水 0h　　（d）pH 11.5水 10h

图 7-5　改性前后玉米醇溶蛋白在 70%乙醇和 pH 11.5 水中的微观形态的变化

上。因此，利用 pH 11.5 水和 70%乙醇分别配制成浓度为 10mg/mL 的玉米醇溶蛋白分散液，然后 70℃加热 0h 和 10h。通过动态光散射测定样品的平均粒径和粒径体积分布百分比，结果见图 7-6。

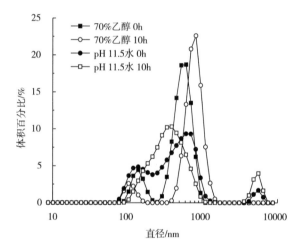

图 7-6　玉米醇溶蛋白在 70%乙醇和 pH 11.5 水中加热 0h 和 10h 的粒径体积分布情况

3. 平均粒径变化

从表 7-1 的数据可以看出，玉米醇溶蛋白在水和 70%乙醇两种介质中的粒径存在很大的差异。在未加热的情况下，玉米醇溶蛋白在 70%乙醇溶剂中的粒径为 639.5nm，在 pH 11.5 水中的粒径为 315nm；当在 70℃加热 10h 后，70%乙醇溶剂中粒径为 879.7nm，而在 pH 11.5 水中的粒径为 306.9nm。4 种样品的多分散指数较小（< 0.6），该指数用于检测动态光散射数据的可靠性。从图 7-6 的粒径体积分布的结果表明，在乙醇溶剂中，较多的聚合物保持在较大的粒径范围内，而在水溶剂中较多的聚合物集中在较小粒径范围内。

表 7-1　不同介质中的玉米醇溶蛋白在 70℃加热 0h 和 10h 后的平均粒径

指标	加热时间			
	0h		10h	
	70%乙醇	pH 11.5 水	70%乙醇	pH 11.5 水
直径/nm	639.5±5.1[c]	315±4.3[b]	879.7±3.3[a]	306.9±6.1[b]
多分散性指数/PDI	0.554	0.459	0.483	0.554

注　同行标字母不同代表差异显著（$P<0.05$）。

三、表面疏水性变化分析

对于球蛋白而言，在水介质中的疏水性氨基酸包裹在分子内部从而避免与水的接触。而当介质变得疏水时，疏水氨基酸会逐渐暴露出来，暴露程度可以体现在表面疏水性上。为了研究介质极性对玉米醇溶蛋白疏水氨基酸暴露的影响，测定了在 70%乙醇和 pH 11.5 水两种介质中玉米醇溶蛋白的表面疏水性的变化，结果如图 7-7 所示。

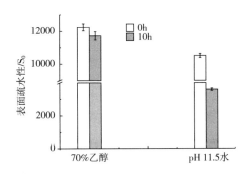

图 7-7　玉米醇溶蛋白在 70%乙醇和 pH 11.5 水中加热 0h 和 10h 后表面疏水性变化

从图 7-7 的结果可以得出，在水和 70%乙醇两种介质中玉米醇溶蛋白的表面疏水性存在很大的不同。在未加热的情况下，玉米醇溶蛋白在极性较弱的 70%乙醇介质中的表面疏水性比在极性较强的水介质中的表面疏水性高出 14.18%；在70℃加热 10h 后，在 70%乙醇中的玉米醇溶蛋白的表面疏水性比在水溶剂中的表面疏水性高出 69.26%。

四、游离巯基含量变化分析

Chen 等研究发现，玉米醇溶蛋白在发生脱酰胺基时，会断开二硫键而产生游离巯基，因此，可以通过游离巯基含量的变化而反映介质对玉米醇溶蛋白脱酰胺作用的影响。测定了在70%乙醇和pH 11.5水两种介质环境下玉米醇溶蛋白中的游离巯基含量，结果如图7-8所示。

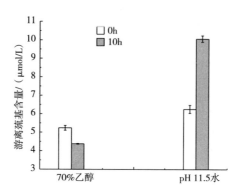

图7-8 玉米醇溶蛋白在70%乙醇和pH 11.5水中加热0h和10h后游离巯基含量变化

从图7-8的数据可以得出，玉米醇溶蛋白在70%乙醇和pH 11.5水两种介质中游离巯基含量存在很大的不同。在未加热的情况下，70%乙醇溶剂中的游离巯基含量为5.24μmol/L，而加热10h使游离巯基含量下降至4.38μmol/L；相反，在未加热的情况下，pH 11.5水中的游离巯基含量为6.26μmol/L，加热使得游离巯基含量增加至10.06μmol/L。这些结果表明，在水介质环境下，碱改性的α-玉米醇溶蛋白和γ-玉米醇溶蛋白有更多的游离巯基生产，这可能是由于在碱性条件下发生了脱酰胺基作用而断开二硫键从而增加了游离巯基的含量。

五、介质对α/γ-玉米醇溶蛋白改性结果的影响

从上面的结果可以看出，在70%乙醇和pH 11.5水两种介质环境下，未加热或70℃加热10h后的玉米醇溶蛋白的微观形貌、粒径、表面疏水性和游离巯基均存在很大的差异。为了进一步确定介质极性对玉米醇溶蛋白结构改性的影响，选择α-玉米醇溶蛋白和γ-玉米醇溶蛋白两种蛋白质，在水和70%乙醇两种介质中进行相同的碱处理，观察其各种性质的差异。

试验中，分别利用pH 11.5的70%乙醇溶剂和pH 11.5的水两种介质，将α-玉米醇溶蛋白和γ-玉米醇溶蛋白分别配制成浓度为10mg/mL的溶液，然后70℃加热0h和10h，观察其改性程度和性质的变化。

（一）脱酰胺度比较

在碱性条件下处理α-玉米醇溶蛋白和γ-玉米醇溶蛋白可能导致二者发生脱酰胺基作用，脱酰胺基作用的机理主要是谷氨酰胺和天冬酰胺作用的机理，谷氨

酰胺在碱性或酸性条件下脱去氨基生成谷氨酸（或谷氨酸盐）和天冬氨酸（或天冬氨酸盐）。因此，分别将 α-玉米醇溶蛋白和 γ-玉米醇溶蛋白两种蛋白质分散在 pH 11.5 的 70%乙醇和 pH 11.5 水两种介质中，然后测定在 70℃加热 10h 后的脱酰胺度，结果如图 7-9 所示。

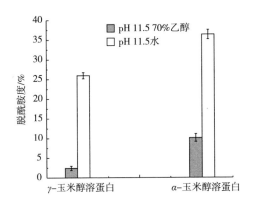

图 7-9　α/γ-玉米醇溶蛋白在 75%乙醇和水中 70℃加热 10h 后的脱酰胺度和水解度的比较

从图 7-9 的结果可以得出，无论是 α-玉米醇溶蛋白还是 γ-玉米醇溶蛋白，在水介质中的脱酰胺度均比在乙醇溶剂中的脱酰胺度高。在乙醇介质中，γ-玉米醇溶蛋白和 α-玉米醇溶蛋白的脱酰胺度分别为 2.42%和 10.13%；在水介质中，γ-玉米醇溶蛋白和 α-玉米醇溶蛋白的脱酰胺度分别为 25.94%和 36.39%。两种蛋白质在水介质中更容易发生碱脱酰胺基作用，这可能与蛋白质在不同溶剂中的结构不同，使得碱与酰胺基接触的机会不同。而且，结果还发现，无论在 pH 11.5 水溶剂中还是在 pH 11.5 的 70%乙醇溶剂中，α-玉米醇溶蛋白的脱酰胺度都要高于 γ-玉米醇溶蛋白的脱酰胺度，这可能是因为 α-玉米醇溶蛋白中天冬酰胺和谷氨酰胺的含量高于 γ-玉米醇溶蛋白中的含量。

（二）Zeta-电位分析

脱酰胺反应使得蛋白质表面带的电荷下降，所以通过测定电荷的变化也可以反应脱酰胺程度的大小。因此，测定了 α-玉米醇溶蛋白和 γ-玉米醇溶蛋白分别在 pH 11.5 70%乙醇和 pH 11.5 水两种介质中加热 10h 后的 Zeta-电位值，结果见表 7-2。

表 7-2　α/γ-玉米醇溶蛋白在 pH 11.5 水和 pH 11.5 70%乙醇中 70℃加热 10h 后 Zeta-电位

名称	乙醇	pH 11.5 75%乙醇 10h	pH 11.5 水 10h
α-玉米醇溶蛋白	-0.166±0.69[b]	-4.56±0.71[c]	-34.7±1.82[a]

续表

名称	乙醇	pH 11.5 75%乙醇 10h	pH 11.5 水 10h
γ-玉米醇溶蛋白	1.39±0.09[b]	-4.33±0.11[c]	-31.4±0.62[a]

注 同行标字母不同代表差异显著（$P<0.05$）。

从表 7-2 的结果发现，α-玉米醇溶蛋白和 γ-玉米醇溶蛋白在 70%乙醇介质中的电荷分别为-0.166mV 和 1.39mV，这可以近似地认为两种蛋白质在 70%乙醇介质中不带电荷，从而间接地认为两种蛋白质在此条件下不含有谷氨酸盐和天冬氨酸盐，而含有大量的谷氨酰胺和天冬酰胺。而当把 α-玉米醇溶蛋白和 γ-玉米醇溶蛋白分别分散在 pH 11.5 水中加热 10h 后，其电荷分别下降至-34.7mV 和-31.4mV；而当两种蛋白质在 pH 11.5 乙醇中加热 10h 后，其电荷分别下降至-4.56mV 和-4.33mV。结果表明，无论是在 pH 11.5 水介质中还是在 pH 11.5 的 70%乙醇介质中，加热 10h 处理后的 α-玉米醇溶蛋白电荷的下降幅度要大于 γ-玉米醇溶蛋白的下降幅度，说明 α-玉米醇溶蛋白产生的天冬酰胺和谷氨酰胺的含量高。这进一步证明了 α-玉米醇溶蛋白的脱酰胺度高于 γ-玉米醇溶蛋白的脱酰胺度。同时，与前面的脱酰胺结果相一致，两种蛋白质在水相介质中的脱酰胺度更高，更有利于玉米醇溶蛋白的改性。

（三）水解度的比较

在碱性条件下长时间加热还会发生水解反应，因此，测定了 α-玉米醇溶蛋白和 γ-玉米醇溶蛋白两种蛋白质分别在 pH 11.5 的水和 pH 11.5 的 70%乙醇两种介质中加热 10h 后的水解度，结果见图 7-10。

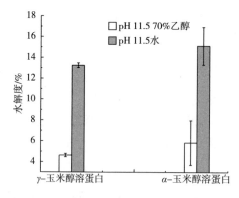

图 7-10　在 70%乙醇或水中碱结合 70℃加热 10h 后 α/γ-玉米醇溶蛋白的水解度

从图 7-10 的结果得出，在乙醇介质中，γ-玉米醇溶蛋白和 α-玉米醇溶蛋白的水解度分别为 4.63% 和 5.84%；而在水介质中，γ-玉米醇溶蛋白和 α-玉米醇溶蛋白的水解度分别为 13.25% 和 15.13%。结果表明，γ-玉米醇溶蛋白和 α-玉米醇溶蛋白在极性强的水介质中比在弱极性的 70% 乙醇介质中更容易发生水解。结果还发现，α-玉米醇溶蛋白比 γ-玉米醇溶蛋白更容易发生水解，在相同的碱处理条件下 α-玉米醇溶蛋白水解度高于 γ-玉米醇溶蛋白。

（四）游离巯基含量分析

在碱性条件下会发生脱酰胺而断开 α/γ-玉米醇溶蛋白中的二硫键，通过游离巯基的含量而间接反映了两种蛋白质在水和乙醇介质中脱酰胺度的不同。因此，测定了 α/γ-玉米醇溶蛋白在 pH 11.5 水和 pH 11.5 的 70% 乙醇两种介质中加热 10h 后游离巯基（—SH）的含量的变化，结果如表 7-3 所示。

表 7-3 α/γ-玉米醇溶蛋白在 pH 11.5 的 70% 乙醇和水中加热 10h 后游离巯基的含量

蛋白种类	对照	pH 11.5 70% 乙醇 10h	pH 11.5 水 10h
γ-玉米醇溶蛋白	5.52±0.09[b]	6.18±0.18[c]	12.99±0.10[a]
α-玉米醇溶蛋白	5.17±0.09[b]	6.01±0.18[c]	9.71±0.15[a]

注　天然 α-玉米醇溶蛋白和 γ-玉米醇溶蛋白在 70% 乙醇游离巯基含量为对照。同行标字母不同代表差异显著（$P<0.05$）。

从表 7-3 的数据得出，γ-玉米醇溶蛋白和 α-玉米醇溶蛋白的在 70% 乙醇中的游离巯基含量分别为 5.52μmol/L 和 5.17μmol/L。经过相同的碱处理后，在不同介质中两种蛋白质的游离巯基含量均存在很大的差异。在 pH 11.5 70% 乙醇 γ-玉米醇溶蛋白和 α-玉米醇溶蛋白加热 10h 后的游离巯基含量分别为 6.18μmol/L 和 6.01μmol/L；而在 pH 11.5 水中 γ-玉米醇溶蛋白和 α-玉米醇溶蛋白加热 10h 后的游离巯基含量分别为 12.99μmol/L 和 9.71μmol/L。在水介质中 α/γ-玉米醇溶蛋白的游离巯基含量均大于在乙醇介质环境下的游离巯基含量，说明两种蛋白质在水中发生的脱酰胺度高。但无论是在水溶剂中还是在 70% 乙醇水溶剂中，γ-玉米醇溶蛋白的游离巯基含量均高于 α-玉米醇溶蛋白的游离巯基含量。这可能是因为 γ-玉米醇溶蛋白的半胱氨酸高于 α-玉米醇溶蛋白的半胱氨酸含量。

（五）表面疏水性分析

α-玉米醇溶蛋白和 γ-玉米醇溶蛋白两种蛋白质在不同介质中的表面疏水性也存在很大的差异，结果如表 7-4 所示。

表 7-4 α/γ-玉米醇溶蛋白在 pH 11.5 的 70%乙醇和 pH 11.5 水中加热 10h 后表面疏水性变化

蛋白种类	对照	pH 11.5 乙醇 10h	pH 11.5 水 10h
α-玉米醇溶蛋白	14036.67 ± 198.44^{c}	12121 ± 245^{b}	3879.15 ± 102.15^{a}
γ-玉米醇溶蛋白	11432.33 ± 77.55^{c}	7975.15 ± 101.18^{b}	1975.15 ± 80.10^{a}

注 天然 α-玉米醇溶蛋白和 γ-玉米醇溶蛋白在 70%乙醇游离巯基含量为对照。同行标字母不同代表差异显著（$P<0.05$）。

无论是在水介质还是在 70%乙醇介质中，通过碱修饰后的 α-玉米醇溶蛋白和 γ-玉米醇溶蛋白的表面疏水性都下降，但是在不同的介质中下降的幅度不同。在 70%乙醇介质中，α-玉米醇溶蛋白和 γ-玉米醇溶蛋白的表面疏水性分别为 14036 和 11432。在极性较弱的 70%乙醇介质中，通过碱修饰后的 γ-玉米醇溶蛋白和 α-玉米醇溶蛋白的表面疏水性下降的幅度分别为 13.65% 和 30.24%；在水介质中，通过碱修饰后的 γ-玉米醇溶蛋白和 α-玉米醇溶蛋白的表面疏水性下降的幅度分别为 72.36% 和 82.73%。结果说明，在相同的碱改性条件下，水介质环境更有利于表面疏水性的降低，同时无论在水还是 70%乙醇介质环境下，γ-玉米醇溶蛋白的表面疏水性的降低幅度远远大于 α-玉米醇溶蛋白的降低幅度。综上，在碱处理的情况下，介质极性对蛋白质的改性程度有很大的影响。在极性强的水介质中，α-玉米醇溶蛋白和 γ-玉米醇溶蛋白两种蛋白质都更容易发生脱酰胺基和水解、具有更高的游离巯基含量、更多的疏水氨基酸暴露程度。

六、玉米醇溶蛋白分子结构预测

玉米醇溶蛋白的氨基酸组成受到环境、产地、品种等因素的影响。基于玉米醇溶蛋白的氨基酸组成和分子结构特点，采用氨基酸分析仪测定了本项目从 Sigma Aldrich 公司购买的 Z3625 型玉米醇溶蛋白的氨基酸组成成分（表 7-5）。玉米醇溶蛋白含有较多的甘氨酸（Gly）、半胱氨酸（Cys）、亮氨酸（Leu）、脯氨酸（Pro）和赖氨酸（Lys）。

表 7-5 玉米醇溶蛋白氨基酸组成

氨基酸	Asp	Glu	Ser	Gly	His	Thr	Ala	Arg	Pro
含量/（μmol/mL）	1.66	3.42	2.83	5.25	2.81	0	0	0.39	0
	0	0	1.94	5.44	2.18	0.73	0.46	0	0

氨基酸	Tyr	Val	Met	Cys	Ile	Leu	Phe	Lys
含量/（μmol/mL）	3.71	1.42	0.61	16.76	2.46	18.31	3.13	8.05
	3.213	0.83	0	17.21	2.33	17.30	3.33	7.60

玉米醇溶蛋白含有 50%~60% 的 α-螺旋结构，其分子结构是一个棱镜（$13nm^3 \times 1.2nm^3 \times 3nm^3$）模型，该模型中含有 9~10 个以反平行方式排列的螺旋段，螺旋两端由富含谷氨酰胺的桥连接，具体模型见［图 7-11（a）］。为了更具体地提出玉米醇溶蛋白 3D 分子结构模型，从 UniProt 数据库（ID：Q41844）中获得了玉米醇溶蛋白的氨基酸序列（22-265），利用 Phyre2 在线软件模拟出了玉米醇溶蛋白 3D 分子结构［图 7-11（b）］。

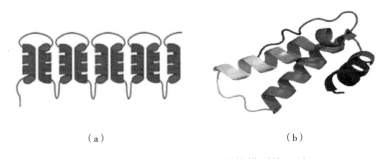

（a）　　　　　　　　　　　（b）

图 7-11　玉米醇溶蛋白分子结构模型的预测

七、分子柔性

介质类型影响介质环境极性的大小。乙醇浓度越高，介质环境极性越低。利用碱结合热诱导玉米醇溶蛋白提高了玉米醇溶蛋白的分子柔性。将玉米醇溶蛋白分别分散至 60%、70%、80%、90% 和 92% 乙醇水溶液和纯水介质中，然后采用碱（NaOH）结合热（70℃）的方法对玉米醇溶蛋白进行改性。改性后的玉米醇溶蛋白分子柔性发生了变化（图 7-12）。在纯水介质中改性的玉米醇溶蛋白的柔性显著高于在 60%~92% 乙醇水溶液中改性的玉米醇溶蛋白的柔性。此外，随着乙醇浓度从 60% 增加到 92% 时，改性玉米醇溶蛋白的柔性从 15.67% 下降到 11.17%。总之，玉米醇溶蛋白分子柔性提高程度与乙醇浓度成反比，即乙醇对保护玉米醇溶蛋白构象柔性的变化起到积极的作用。蛋白质的柔性反映了其多肽链骨架的结构。

八、分子柔性改善机理

傅里叶变换红外光谱探析了玉米醇溶蛋白分子柔性改善的机理。通过比较天然和柔性玉米醇溶蛋白的波峰，柔性玉米醇溶蛋白分子的峰值在 $1430cm^{-1}$ 和 $880cm^{-1}$ 处（伯胺的 N—H 弯曲）减弱（图 7-13），表明柔性玉米醇溶蛋白分子发生了脱酰胺。柔性玉米醇溶蛋白的脱酰胺度为 25.94%。脱酰胺过程可能通过肽键的断裂间接导致蛋白质水解，增加其分子柔性。柔性的增加加强了玉米醇溶

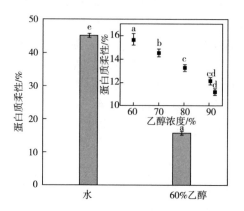

图 7-12　介质极性对玉米醇溶蛋白分子柔性的影响

蛋白亲水和疏水部分与水相和脂质相互作用的能力。与天然玉米醇溶蛋白相比，柔性玉米醇溶蛋白的多肽链具有更多的谷氨酸和亮氨酸、更少的丝氨酸和苏氨酸。此外，该多肽含有较少的精氨酸和赖氨酸。多肽含有更多的天冬氨酸和谷氨酸，表明多肽在脱酰胺反应后具有许多羧基。因此，柔性玉米醇溶蛋白表现出更高的分子灵活性。

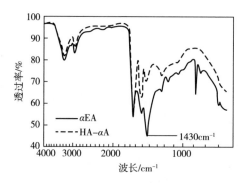

图 7-13　天然和柔性玉米醇溶蛋白的傅里叶红外光谱

九、脱酰胺度

弱极性的 70%乙醇水溶液的极性为 4.3，超纯水的极性为 10.2。改性玉米醇溶蛋白在水溶液和乙醇水溶液中的脱酰胺度和柔性的变化存在显著差异。在纯水中改性的玉米醇溶蛋白的脱酰胺度（28.65%）高于在乙醇水溶液中改性的玉米醇溶蛋白的脱酰胺度（图 7-14）。改性玉米醇溶蛋白的脱酰胺程度与乙醇浓度成反比。事实上，脱酰胺玉米醇溶蛋白的结构更灵活。高脱酰胺程度以乙醇浓度依赖的方式增加了玉米醇溶蛋白分子结构的变化程度。

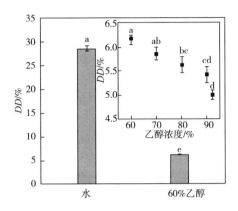

图 7-14　介质极性对玉米醇溶蛋白脱酰胺度的影响

十、柔性分子结构

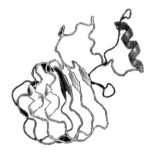

玉米醇溶蛋白发生脱酰胺反应后期分子柔性增加，即获得了柔性玉米醇溶蛋白分子。柔性玉米醇溶蛋白分子中 α-螺旋含量明显降低，大量的 α-螺旋含量转变为 β-折叠结构。即柔性玉米醇溶蛋白分子中 α-螺旋含量降低，结构发生变化，进而使得分子结构模型发生变化。提出了柔性玉米醇溶蛋白分子结构模型，具体如图 7-15 所示。

图 7-15　柔性玉米醇溶蛋白分子结构模型

第三节　介质极性对玉米醇溶蛋白纳米颗粒形态的影响

为了系统地比较不同介质环境下，SDS 和碱处理对玉米醇溶蛋白的结构和性质的影响，同时观察蛋白质本身结构对改性的影响。在 70% 乙醇和水两种极性不同的介质中，利用碱、SDS、热对 α-玉米醇溶蛋白和 γ-玉米醇溶蛋白进行改性，分别观察改性后两种蛋白质结构和性质的差异，同时揭示结构和性质之间的关系。选择 70% 乙醇、pH 11.5 70% 乙醇、含有 12.5mmol/L SDS 的 70% 乙醇、pH 11.5 水、含有 12.5mmol/L SDS 的水为介质，利用这 5 种介质分别配制浓度为 10mg/mL 的 γ-玉米醇溶蛋白和 α-玉米醇溶蛋白溶液，然后在 70℃ 加热 0h 和 10h，再进行后续的试验。

一、水中分散能力变化

（一）γ-玉米醇溶蛋白

利用 SDS 和碱处理两种方式，分别在 70%乙醇和水两种介质中对 γ-玉米醇溶蛋白进行改性，然后测定了天然和修饰后 γ-玉米醇溶蛋白在水中的分散性，见图 7-16。

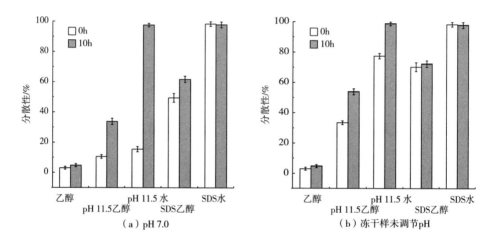

图 7-16　在 70%乙醇和水两种介质中通过碱或 SDS 结合加热改性的
γ-玉米醇溶蛋白在水中的分散性变化

从图 7-16 的结果可以发现，改性后的 γ-玉米醇溶蛋白在水中的分散性无论是在 pH 7.0 还是在 pH 11.5 条件下都有不同程度的改善。以在 pH 7.0 条件下在水中分散性的变化进行介绍 ［图 7-16（a）］，其中天然的 γ-玉米醇溶蛋白在水中的分散性为 3%，而在 75%乙醇介质中 70℃加热 10h 后 γ-玉米醇溶蛋白在水中的分散性提高到了 4.75%。其他处理方法也不同程度地改善了 γ-玉米醇溶蛋白在水溶液中的分散性。介质对 γ-玉米醇溶蛋白改性的影响非常大，例如，在 70%乙醇溶液中，经过碱和 SDS 改性后，在水中的分散性分别为 10.46% 和 49.4%；而在水介质中，经过碱和 SDS 改性后的玉米醇溶蛋白的分散性分别为 15.47% 和 97.5%。在 70%乙醇溶液中，经过碱或 SDS 结合 70℃ 加热 10h 后，γ-玉米醇溶蛋白在水中的分散性分别为 33.81% 和 61.71%；而在水相介质中，经过碱或 SDS 结合 70℃ 加热 10h 后改性的 γ-玉米醇溶蛋白，在水中的分散性分别为 97.50% 和 97.75%。从结果还可以发现，在水介质环境下通过碱结合 70℃ 加热 0h 和 10h 改性后的 γ-玉米醇溶蛋白的分散性比在 70%乙醇环境下经过相同处理后的分散性分别提高了 47.89% 和 188.37%；在水介质环境下通过 SDS 结合 70℃

加热 0h 和 10h 改性后的 γ-玉米醇溶蛋白的分散性比在 70%乙醇环境下经过相同处理后的分散性分别提高了 98.89% 和 58.40%。结果表明，碱处理对 γ-玉米醇溶蛋白改性的影响较大，水相介质最有利于碱处理改性 γ-玉米醇溶蛋白分散性的提高；SDS/碱结合热处理对 γ-玉米醇溶蛋白的亲水性有不同程度的改善，改善程度又与溶剂有很大的关系。

（二）α-玉米醇溶蛋白

α-玉米醇溶蛋白作为玉米醇溶蛋白中的一种重要的蛋白质，其含有大量的疏水氨基酸而难溶于水中，因此通过 SDS 或碱结合 70℃加热对其进行改性，然后测定了天然和改性后 α-玉米醇溶蛋白在 pH 11.5 和 pH 7.0 水中的分散性，结果如图 7-17 所示。

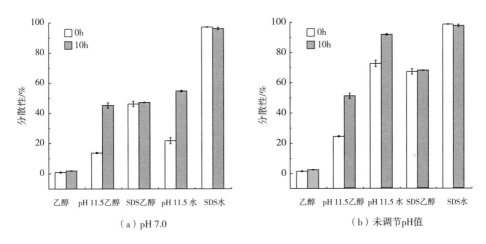

图 7-17　α-玉米醇溶蛋白在 70%乙醇和水两种溶剂中通过碱或 SDS 结合 70℃加热 0h 和 10h 后在水中的分散性

以在 pH 7.0 水中分散性的结果进行介绍。从图 7-17 的结果看出，天然的 α-玉米醇溶蛋白在水中的分散性仅为 1.01%，而在 70℃加热 10h 后，其在水中的分散性提高到了 2.03%。说明在 70%乙醇介质中单纯的加热对分散性的提高程度非常有限。在 70%乙醇介质中，碱结合 70℃加热 0h 和 10h 改性的 α-玉米醇溶蛋白在水中的分散性分别为 13.95% 和 45.80%，而通过 SDS 结合 70℃加热 0h 和 10h 改性的 α-玉米醇溶蛋白的分散性为 46.80% 和 47.82%。而在水介质中，碱结合 70℃加热 0h 和 10h 后改性的 α-玉米醇溶蛋白的分散性可以达到 22.13% 和 55.38%，而通过 SDS 结合 70℃加热 0h 和 10h 后改性的处理后 α-玉米醇溶蛋白的分散性为 98.13% 和 97.23%。试验结果说明，介质的极性对 α-玉米醇溶蛋白的改性影响很大。从试验结果还可以发现，在水介质中碱结合 70℃加热 0h 和 10h 改性的 α-玉米醇溶蛋白的分散性比在 70%乙醇介质中经过相同条件改性的 α-玉米醇溶蛋白的分散性分别高出了 58.64%和 20.92%；在水介质中通过 SDS 结合 70℃加热 0h 和 10h 改性的 α-玉米醇溶蛋白的分散性比在 70%乙醇介质中通过相同条件改性的 α-玉米醇溶蛋白的分散性高出了 109.68%和 103.32%。碱处理对 α-玉米醇溶蛋白改性的影响最大，水相介质最有利于碱处理改性 α-玉米醇溶蛋白。这些结果表明，SDS 或碱结合热处理对 α-玉米醇溶蛋白的亲水性有不同程度的改善，改善程度又与溶剂有很大的关系。

二、微观形态的变化

（一）γ-玉米醇溶蛋白

γ-玉米醇溶蛋白在两种介质中分散性的改善程度与其改性后的结构变化有关系，因此利用透射电镜观察了改性后的 γ-玉米醇溶蛋白的微观聚集形态。将 γ-玉米醇溶蛋白（10mg/mL）在 70%乙醇、pH 11.5 水、pH 11.5 70%乙醇、12.5mmol/L SDS 水和 12.5mmol/L SDS 70%乙醇 5 种介质中 70℃加热 0h 和 10h 后的微观形态。结果如图 7-18 所示。

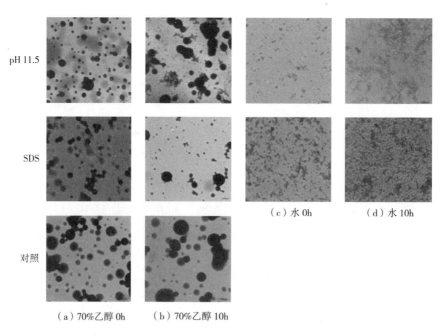

图 7-18   不同方法改性后 γ-玉米醇溶蛋白的微观形态

从图 7-18 的电镜结果发现了一个有意思的现象：在 70%乙醇介质中，无论是通过碱结合 70℃加热 0h 或 10h，还是 SDS 结合 70℃加热 0h 或 10h，改性后的 γ-玉米醇溶蛋白仍然呈球状的形态。这一结果和 Zhong 等发现玉米醇溶蛋白在乙醇溶液中形成包含小的球形颗粒的聚合物的结果相一致。相反，在水介质中，通过碱或 SDS 结合加热或未加热后，γ-玉米醇溶蛋白球状形态的结构完全被破坏，形成了无规则形态的聚合物。结果还发现，在水介质中通过碱和 SDS 改性的 γ-玉米醇溶蛋白形成的无规则聚合物存在很大不同。

（二）α-玉米醇溶蛋白

利用透射电镜观察了在两种极性不同的介质（水和 70%乙醇）中，通过碱或 SDS 结合加热或者不加热改性后的 α-玉米醇溶蛋白聚合物的微观形貌进行了观察，结果见图 7-19。

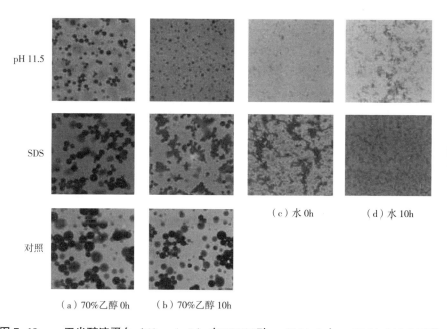

（c）水 0h   （d）水 10h

（a）70%乙醇 0h   （b）70%乙醇 10h

图 7-19 α-玉米醇溶蛋白（10mg/mL）在 70%乙醇、pH 11.5 水、pH 11.5 70%乙醇、12.5mmol/L SDS 水和 12.5mmol/L SDS 70%乙醇 5 种溶剂中 70℃加热 0h 和 10h 后的微观形态

从图 7-19 的透射电镜的结果发现，α-玉米醇溶蛋白在 70%乙醇溶剂中加热 0h 和 10h 后，均形成了球状形态的聚合物，说明加热并没有改变玉米醇溶蛋白微观的聚集形态。在 70%乙醇介质中，分别通过碱或 SDS 结合 70℃加热或未加热对 α-玉米醇溶蛋白进行改性后，仍然形成了球状形态的聚合物。而 α-玉米醇溶蛋白在水溶剂中通过碱或 SDS 结合加热或者未加热处理后，球状结构被破坏，

形成了无规则聚合物，但是 SDS 改性的 α-玉米醇溶蛋白的无规则聚合物的形态不同于碱改性的 α-玉米醇溶蛋白形成的无规则聚合物的形态。利用相同的改性方式，在极性不同的介质中改性形态存在很大差异，说明介质极性决定了蛋白质的改性程度。

三、介质极性对微观形态的影响

基于上述对 γ/α-玉米醇溶蛋白微观形态的变化情况，研究进一步以玉米醇溶蛋白为原料，依靠介质环境变化提供不同的极性环境。玉米醇溶蛋白是一种自组装能力极强的疏水性蛋白质，借助于介质极性的变化可以诱导其自组装形成纳米颗粒。利用不同浓度乙醇溶液提供不同极性的介质环境，采用反溶剂法制备纳米颗粒。在纯水、60%~92% 乙醇水溶液介质环境下修饰的玉米醇溶蛋白和不修饰玉米醇溶蛋白分别定义为高、中、低 3 种柔性玉米醇溶蛋白分子。天然玉米醇溶蛋白（低柔性玉米醇溶蛋白）分布分散到 60%、70%、80%、90% 和 92% 时，均形成球状纳米颗粒，如图 7-20（a~e）所示。当玉米醇溶蛋白分布被分散到 60%、70%、80%、90% 和 92% 乙醇水溶液中时，制备了具有不同柔性的中柔性玉米醇溶蛋白纳米颗粒，仍然形成了球状纳米颗粒［图 7-20（f~j）］。相比之下，这些纳米颗粒比天然玉米醇溶蛋白纳米颗粒更加均匀和分散。热处理是制备分布更均匀纳米颗粒的必要步骤。玉米醇溶蛋白溶解在纯水介质中利用碱结合热修饰方法获得了高柔性的玉米醇溶蛋白。然后，将高柔性玉米醇溶蛋白分别分散到 60%、70%、80%、90% 和 92% 乙醇水溶液中，利用反溶剂法诱导高柔性玉米醇溶蛋白形成纳米颗粒。然而，高柔性玉米醇溶蛋白并未形成分散良好的纳米球状颗粒，而是形成了无规则聚合物［图 7-20（k~o）］。然而，在 60%、70% 和 80% 乙醇水溶液中有形成球状颗粒的趋势［图 7-20（k~m）］。高柔性玉米醇溶蛋白由于其高度的灵活性而对环境变化有很强的适应性。蛋白质柔性即分子结构在外部环境变化时发生变化的能力，反映出蛋白质结构对环境变化的敏感性。太高的蛋白质分子柔性不利于反溶剂法制备玉米醇溶蛋白纳米颗粒，而适当增加玉米醇溶蛋白的柔性有利于在低极性溶剂环境中形成均匀的纳米颗粒。

四、表面电荷的变化

高、中、低柔性玉米醇溶蛋白形成的聚合物的 Zeta 电位进行了测定（表 7-6）。除 80% 乙醇浓度外，在相同乙醇浓度下形成的天然玉米醇溶蛋白纳米颗粒与柔性玉米醇溶蛋白纳米颗粒之间的 Zeta 电位没有显著差异（$P < 0.05$）。在 60%、70%、80%、90% 和 92% 乙醇浓度下形成的天然玉米醇溶蛋白纳米颗粒的 Zeta 电位从 35.40mV 增加到 44.20mV。然而，在 60%、70%、80%、90% 和 92%

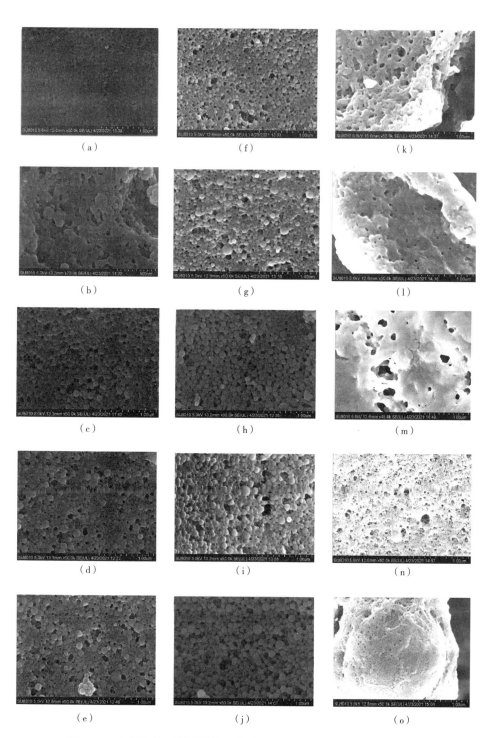

图 7-20 介质极性对不同柔性玉米醇溶蛋白纳米颗粒形成形态的影响

乙醇浓度下形成的中柔性玉米醇溶蛋白纳米颗粒的 Zeta 电位分别为 30.90mV、35.20mV、35.33mV、37.30mV、37.30mV 和 42.10mV。与此相反，在 60%~92%乙醇水溶液中，高柔性玉米醇溶蛋白纳米聚合物的 Zeta 电位从-40.97mV 降至-42.63mV。

表 7-6　不同聚合物的电荷变化/mV

蛋白种类	乙醇浓度				
	60%	70%	80%	90%	92%
天然玉米醇溶蛋白	35.40±2.30[c，Ⅱ]	37.63±0.17[bc，Ⅰ]	38.96±0.97[bc，Ⅰ]	41.63±2.10[ab，Ⅰ]	44.20±0.89[a，Ⅰ]
中柔性玉米醇溶蛋白	30.90±1.75[a，Ⅰ]	35.20±1.93[b，Ⅰ]	35.33±1.52[b，Ⅱ]	37.30±2.42[ab，Ⅰ]	42.10±2.06[a，Ⅰ]
高柔性玉米醇溶蛋白	-40.97±1.51[a，Ⅱ]	-41.63±0.31[a，Ⅱ]	-42.13±0.48[a，Ⅲ]	-42.50±0.72[a，Ⅱ]	-42.63±0.31[a，Ⅱ]

注　a~c 指每一行的差异显著性（$P < 0.05$），Ⅰ~Ⅲ 指每一列的差异显著性（$P < 0.05$），数值是平均值±标准差。

第四节　介质极性对玉米醇溶蛋白纳米颗粒理化性质影响

一、玉米醇溶蛋白颗粒尺寸变化分析

（一）γ-玉米醇溶蛋白颗粒变化

结构的变化还可以从蛋白质聚合物的颗粒粒径的变化上进行表征，因此，利用动态光散射（DLS）测定了在水和 70%乙醇两种介质中通过碱或 SDS 结合或不结合加热改性后 γ-玉米醇溶蛋白聚合物的粒径，以在 70%乙醇中 γ-玉米醇溶蛋白聚合物粒径为对照，结果如图 7-21 和表 7-7 所示。

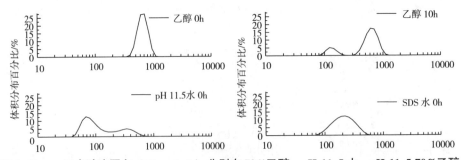

图 7-21　γ-玉米醇溶蛋白（10mg/mL）分别在 70%乙醇、pH 11.5 水、pH 11.5 70%乙醇、SDS 水和 SDS 70%乙醇中加热（70℃）0h 和 10h 后粒径体积分布

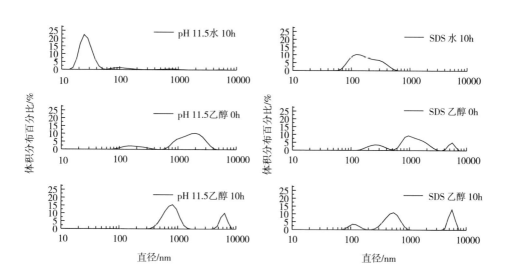

图7-21 γ-玉米醇溶蛋白（10mg/mL）分别在70%乙醇、pH 11.5水、pH 11.5 70%乙醇、SDS水和SDS 70%乙醇中加热（70℃）0h和10h后粒径体积分布（续）

表7-7 在70%乙醇和水两种介质中碱或SDS结合70℃加热0h和10h改性的
γ-玉米醇溶蛋白（10mg/mL）粒径体积分布百分比/%

d（nm）	乙醇		pH 11.5水		pH 11.5乙醇		SDS水		SDS乙醇	
	0h	10h	0h	10h	0h	10h	0h	10h	0h	10h
<459	0.96± 0.16[g]	22.90± 0.42[c]	93.48± 0.37[b]	97.11± 0.35[a]	14.89± 0.42[e]	5.23± 0.15[f]	97.40± 0.93[a]	96.71± 0.21[a]	19.47± 0.41[d]	19.14± 0.35[d]
459~ 2300	99.06± 0.86[a]	77.10± 0.41[b]	6.50± 0.22[g]	2.39± 0.14[h]	60.85± 0.78[e]	70.85± 0.08[c]	2.66± 0.07[h]	3.16± 0.03[h]	66.69± 0.82[d]	45.26± 0.82[f]
>2300	0	0	0	0.43± 0.02[e]	15.96± 0.61[c]	23.94± 0.61[b]	0	0	13.07± 0.52[d]	35.60± 0.40[a]

注 a~g指每一行的差异显著性（$P < 0.05$），数值指的是平均值±标准差。

从粒径结果可以发现，在水和70%乙醇两种介质通过碱或SDS结合或不结合70℃加热10h中对γ-玉米醇溶蛋白进行改性，改性后的γ-玉米醇溶蛋白的粒径存在很大的不同。天然γ-玉米醇溶蛋白在70%乙醇溶剂中有99.06%的体积分布在459~2300nm，单纯70℃加热10h后γ-玉米醇溶蛋白粒径有一定程度的减小，有22.90%的粒径分布在<459nm范围内。在乙醇介质环境下，碱或SDS结合70℃加热10h改性的γ-玉米醇溶蛋白的粒径变大，其中在大粒径范围（$d > 2300$nm）内的粒径体积分布分别为23.94%（pH 11.5）和35.60%（SDS）；在水介质环境下，碱或SDS结合加热10h改性的γ-玉米醇溶蛋白的粒径变大，其中在大粒径范围（$d > 2300$nm）内的粒径体积分布分别为0.43%（pH 11.5）和0

（SDS）。在水和乙醇两种介质中，经过碱结合加热 0h 改性的 γ-玉米醇溶蛋白，在粒径<459nm 条件下的粒径分布百分比分别为 93.48% 和 14.89%，经过 SDS 结合加热 0h 改性的 γ-玉米醇溶蛋白在<459nm 范围内的粒径体积分布比为 97.40% 和 19.47%。结果说明，介质对粒径的影响很大，利用相同方式改性后的 γ-玉米醇溶蛋白，在 70% 乙醇介质中的粒径要大于在水介质中的粒径。

（二）α-玉米醇溶蛋白

利用动态光散射测定了不同方法改性的 α-玉米醇溶蛋白粒径体积分布。根据图 7-22 粒径体积分布百分比的结果计算出不同样品在不同粒径的体积分布百分比，见表 7-8。

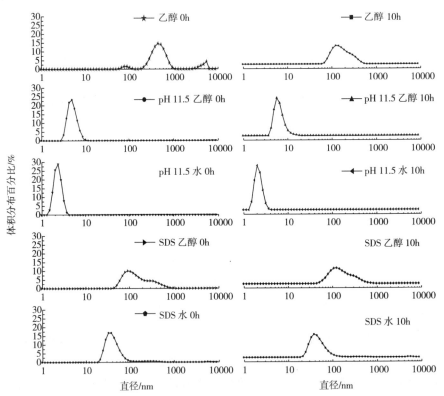

图 7-22　在乙醇和水两种介质中碱或 SDS 结合热改性的 α-玉米醇溶蛋白的粒径体积分布

表 7-8　在 70% 乙醇和水两种介质中碱或 SDS 改性后 α-玉米醇溶蛋白的粒径体积分布

d（nm）	乙醇		pH 11.5 水		pH 11.5 乙醇		SDS 水		SDS 乙醇	
	0h	10h	0h	10h	0h	10h	0h	10h	0h	10h
<5.61	0	0	100[a]	100[a]	61.21± 2.13[b]	23.28± 1.46[c]	0	0	0	0

续表

d (nm)	乙醇		pH 11.5 水		pH 11.5 乙醇		SDS 水		SDS 乙醇	
	0h	10h	0h	10h	0h	10h	0h	10h	0h	10h
5.61~91.3	4.36±0.78^g	12.09±1.01^f	0	0	38.79±1.12^c	76.72±1.02^b	93.80±0.89^a	93.38±0.21^a	33.12±2.01^d	22.57±1.01^e
>91.3	95.64±1.01^d	87.91±0.67^e	0	0	0	0	6.20±0.78^a	6.62±0.12^a	66.88±0.04^b	77.43±0.3^c

注　a~g 是指每一行的差异显著性（$P<0.05$），值是指标准值±标准偏差。

从表 7-8 的结果可以明显得出，α-玉米醇溶蛋白在 70%乙醇介质中的颗粒尺寸主要分在>91.3nm 的粒径范围内，大约有 95.64%；而在 70℃加热 10h 后，有 87.91%的粒径仍然分布在此范围内，说明加热不能显著改变粒径的体积分布。在不同介质中经过相同的改性方式也会导致粒径体积分布存在很大差异。例如，在 pH 11.5 水介质中加热 0h 和 10h 后的 α-玉米醇溶蛋白的所有颗粒的粒径都分布在<5.61nm 范围内；而在 pH 11.5 乙醇介质中加热 0h 和 10h 后的 α-玉米醇溶蛋白<5.61nm 范围内的体积分别为 61.21%和 23.28%。在水介质中，经过 SDS 结合加热 0h 和 10h 后的 α-玉米醇溶蛋白分布在 5.16~1.3nm 范围内的体积分布为 93.80%和 93.38%；而在 70%乙醇介质中，经过 SDS 结合加热 0h 和 10h 后的 α-玉米醇溶蛋白在 5.16~1.3nm 范围内的体积分别为 33.12%和 22.57%。水和 70%乙醇两种介质中，水属于极性较强的介质，而 70%乙醇属于弱极性介质，说明介质的极性影响着碱或 SDS 改性的 α-玉米醇溶蛋白聚合物的颗粒尺寸分布。同时，结果还发现，在水介质中，碱改性和 SDS 改性会带来 α-玉米醇溶蛋白粒径体积分布不同。例如，在粒径<5.61nm 范围内，在水介质中碱结合加热 10h 改性的 α-玉米醇溶蛋白的粒径体积百分为 100%，而在水介质中 SDS 结合加热 10h 改性的 α-玉米醇溶蛋白的粒径体积百分比却为 0。说明 SDS 和碱两种改性方法对 α-玉米醇溶蛋白聚集体颗粒粒径的变化明显不同（$P<0.05$）。从图 7-22 粒径体积分布百分比的结果可以发现，α-玉米醇溶蛋白在 70%乙醇介质中粒径体积分布情况明显不同于在水介质中改性后的粒径体积分布情况。

综上所述，在 70%乙醇和水两种介质中，通过碱或 SDS 结合加热 0h 和 10h 的方法对 γ-玉米醇溶蛋白和 α-玉米醇溶蛋白进行改性，结果均表明介质的极性对两种蛋白质的聚集形态、粒径和在水中的分散性产生很大的影响。而在弱极性的 70%乙醇介质中通过碱或 SDS 改性的 γ/α-玉米醇溶蛋白，形成了球状结构的聚合物，该球状结构的粒径较大，在水中的分散能力较小；在极性较强的水介质中通过碱或 SDS 改性的两种蛋白，其球状结构被破坏，形成无规则的聚合物，这种聚合物的颗粒更小，在水中的分散能力更强。

二、介质极性对颗粒尺寸的影响

介质极性从 60% 增加到 92%（*V/V*）时，天然玉米醇溶蛋白纳米颗粒平均粒径从 95.74nm 增加到 127.85nm，多分散性（PDI）值保持在 0.145~0.178，说明测定值可靠性高［图 7-23（a）］。介质极性从 60% 增加到 92%（*V/V*）时，中柔性玉米醇溶蛋白纳米颗粒样品都显示出更尖锐和更窄的峰［图 7-23（b）］。当乙醇浓度从 60% 增加到 92%（*V/V*）时，纳米颗粒从 86.60nm 增加至 125.24nm，PDI 在 0.126~0.186。在相同浓度下，天然玉米醇溶蛋白颗粒粒径大于柔性玉米醇溶蛋白颗粒粒径。介质极性从 60% 增加到 92%（*V/V*）时，高柔性玉米醇溶蛋白聚合物颗粒在 134.55~293.90nm 内变化［图 7-23（c）］。颗粒大小受乙醇浓度的影响。乙醇浓度越高，颗粒尺寸越大。玉米醇溶蛋白属于双亲性蛋白质，具有很强的自组装能力。含有极性和非极性氨基酸序列的玉米醇溶蛋白分子倾向于通过形成聚集体来最小化与水的不利相互作用，在聚集体中亲水性基团被定位与水相互作用，而疏水性基团被屏蔽而不暴露于水环境下。随着乙醇浓度的增加，更多的非极性氨基酸被暴露。然而，当介质与水相反时，疏水性较强的玉米醇溶蛋白倾向于聚集形成大颗粒。因此，在高乙醇浓度下形成大颗粒。

利用粒度仪测定了柔性玉米醇溶蛋白形成的不同聚合物的粒径强度分布和颗粒大小，结果见图 7-23。从粒径强度分布的结果可以看出，不同聚合物的粒径体积并没有形成典型的单峰分布，而且乙醇浓度对柔性玉米醇溶蛋白聚合物的颗粒大小影响显著（*P*<0.05）。在 60% 乙醇介质中，柔性玉米醇溶蛋白形成的聚合物的粒径为 134.55nm；在 70% 乙醇介质中，聚合物的粒径为 161.75nm；在 80% 乙醇介质中，聚合物的粒径为 177.10nm；在 90% 乙醇介质中，聚合物的粒径增加至 189.14nm；在 92% 乙醇介质中，聚合物的粒径进一步增加至 293.90nm。随着乙醇浓度的增加，玉米醇溶蛋白疏水基团得到更充分的暴露，疏水作用力起主导作用，进而诱导蛋白质分子间形成更大的颗粒。赖婵娟等人也发现，随着乙醇浓度的增加，玉米醇溶蛋白形成的颗粒越大。结果表明，随着介质极性的降低，聚合物的颗粒呈现增加的趋势。这些结果也反映了柔性玉米醇溶蛋白可以随着介质极性的变化而形成颗粒大小不同的聚合物。

三、相互作用力

不同极性纳米颗粒的聚集主要是借助于介质极性的变化。玉米醇溶蛋白分子依靠分子间的疏水作用力和分子间的氢键相互作用聚集形成纳米颗粒。而形成的柔性纳米颗粒的极性大小主要受周围介质环境极性大小的影响。随着介质极性的降低，形成的纳米颗粒的表面疏水性呈现增加的趋势。随着介质极性的降低，柔

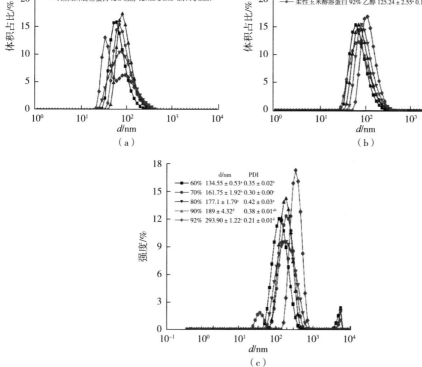

图7-23 介质极性对不同柔性玉米醇溶蛋白纳米颗粒大小的影响

性玉米醇溶蛋白聚合物的表面疏水性从 2448.55 增加至 3658.25。表面疏水性的变化一定程度上可以反映聚合物表面疏水氨基酸的暴露程度。蛋白质内部疏水基团的暴露对乳化能力的提升起到积极的作用。柔性蛋白质的结构可随环境的变化而发生改变。随着介质极性的降低（乙醇浓度的增加），柔性玉米醇溶蛋白暴露在表面的疏水氨基酸增加，从而表现出较高的表面疏水性。

四、分散能力

在不同极性介质环境下制备的不同柔性玉米醇溶蛋白纳米颗粒在水中的分散性存在差异。柔性玉米醇溶蛋白纳米颗分散至不同极性介质中，均表现出较高的分散能力，即具有较高的亲水能力。柔性玉米醇溶蛋白分子具有更好的溶剂适应性，具有更自由的亲水或疏水部分可与水相和脂质相互作用。

五、导电性

利用 NaCl 和 CaCl₂ 制备出不同离子强度的溶液，观察了天然和柔性玉米醇溶蛋白纳米颗粒在不同离子强度的液体中的电导率。与天然玉米醇溶蛋白纳米颗粒相比，柔性玉米醇溶蛋白纳米颗粒在 NaCl 和 CaCl₂ 制备出的不同离子强度的溶液中均具有很强的导电率（图 7-24）。

六、离子吸附能力

无论是在 NaCl 还是 CaCl₂ 溶液中，柔性玉米醇溶蛋白均表现出较强的离子吸附能力（图 7-24）。这种更强的离子吸附能力赋予了柔性玉米醇溶蛋白纳米颗粒更强的导电率和环境适应能力。

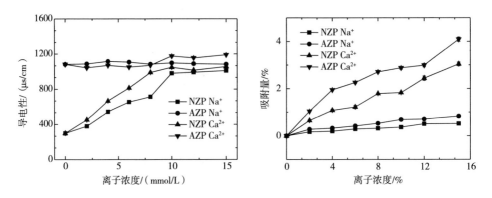

图 7-24　天然和柔性玉米醇溶蛋白纳米颗粒导电性

七、不同颗粒聚合物的收集

不同极性柔性纳米颗粒表现出不同的导电性和离子敏感性，在不同极性介质环境下制备的不同柔性的纳米颗粒可以利用电导收集纳米颗粒。针对不同柔性纳米颗粒的收集，在收集过程中体现出了不同的特点。由于外接电源的方法收集的纳米颗粒很容易聚集成团，聚集成团后具有较差的再分散性，不利于其后期的再利用。而且，高柔性玉米醇溶蛋白纳米颗粒在电导收集时很容易聚集成膜。因此，本研究在采用外接电源收集导电性良好的纳米颗粒的同时，辅以旋转蒸发结合深度冷冻和长时间冻干干燥的方法收集纳米颗粒。溶液和颗粒形态见图 7-25。

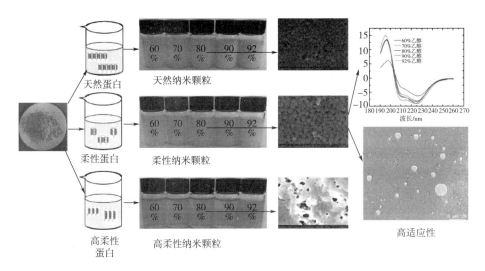

图 7-25　纳米颗粒的收集

第五节　介质极性对玉米醇溶蛋白双亲能力的影响

通过不同修饰后的蛋白质的结构发生了变化，而这种变化可能会导致双亲性的变化。因此，测定了在乙醇挥发过程中，天然和修饰后的 γ-玉米醇溶蛋白的分散性随着乙醇浓度减低（介质极性增强）的变化，分析了改性后蛋白质的微观形貌和聚合粒径的变化。

一、溶剂极性改变对一次亲和能力的影响

（一）γ-玉米醇溶蛋白

在乙醇挥发过程中，介质的极性逐渐增强。通过不同修饰后的蛋白质的结构发生了变化，而这种变化可能会导致双亲性的变化。因此，测定了在乙醇挥发过程中，天然和修饰后的 γ-玉米醇溶蛋白的分散性随着乙醇浓度的降低（溶液极性增强）的变化，结果见表 7-9。

表 7-9　在乙醇挥发过程中天然和修饰后 γ-玉米醇溶蛋白分散性的变化/%

乙醇含量	乙醇 0h	乙醇 10h	pH 11.5 水 10h—乙醇	SDS 水 10h—乙醇
70%	94.76±0.97[b]	93.68±0.89[b]	98.67±0.73[a]	43.61±1.33[c]
66%	93.32±1.64[b]	92.34±0.99[b]	98.78±0.07[a]	47.37±1.00[c]

乙醇含量	乙醇 0h	乙醇 10h	pH 11.5 水 10h—乙醇	SDS 水 10h—乙醇
50%	87.24±1.61[b]	84.87±1.05[c]	97.23±0.83[a]	57.62±1.08[d]
25%	9.98±1.89[c]	10.34±1.74[c]	97.21±1.73[a]	67.89±1.89[b]

注　a~d 指每一行的差异显著性（$P<0.05$），数值是平均值±标准差。

从表 7-9 的结果可以看出，未改性的 γ-玉米醇溶蛋白的分散性随着乙醇浓度的降低而降低，分散性从在 70% 乙醇中的 94.76% 降低至在 25% 乙醇中的 9.98%。相对于未改性的 γ-玉米醇溶蛋白在乙醇挥发过程中分散性的变化，单一加热处理改性后的 γ-玉米醇溶蛋白的分散性没有明显改善。在水相介质中，碱或者 SDS 处理使 γ-玉米醇溶蛋白蛋白分子具有更好的亲水性，在水溶液中有较高的分散性，但是对 γ-玉米醇溶蛋白两性分子特性却有着不同程度的改变，水相介质中经 SDS 改性后的 γ-玉米醇溶蛋白在 70% 乙醇中的分散性仅为 43.61%，随着溶剂极性的增加其在 25% 乙醇中的分散性提高到 67.89%，说明 SDS 改性手段可以改善 γ-玉米醇溶蛋白在水溶剂中的分散性，但这种改性方式大大降低了 γ-玉米醇溶蛋白在醇溶液中的分散能力；相反，水相介质中碱处理手段极利于 γ-玉米醇溶蛋白的双亲性的改善，通过这种手段处理后的 γ-玉米醇溶蛋白无论在极性介质还是弱极性介质中的分散性都在 95% 以上。结果说明，在水相介质中加热处理 γ-玉米醇溶蛋白有利于双亲性的提高，但是 SDS 处理的 γ-玉米醇溶蛋白的双亲性的改善程度不明显。

（二）α-玉米醇溶蛋白

与 γ-玉米醇溶蛋白相同，也测定了天然和改性后的 α-玉米醇溶蛋白在乙醇挥发过程中（溶剂的极性发生变化）分散性的变化，结果如表 7-10 所示。

表 7-10　天然和改性后 α-玉米醇溶蛋白在乙醇挥发过程中分散性的变化/%

乙醇含量	乙醇 0h	乙醇 10h	pH 11.5 水 10h—乙醇	SDS 水 10h—乙醇
70%	96.06±0.30[a]	97.53±1.09[b]	99.17±0.83[c]	36.22±1.62[ab]
66%	94.58±0.50[b]	92.17±2.11[ab]	97.73±0.91[c]	52.07±1.22[a]
50%	92.57±1.98[a]	91.77±2.93[a]	95.92±10.22[b]	59.52±1.31[a]
25%	14.99±2.31[a]	16.93±21.35[b]	86.52±21.22[c]	68.02±2.39[b]

注　a~d 指每一行的差异显著性（$P<0.05$），数值是平均值±标准差。

　　从表7-10分散性结果得出，4种样品的分散性随着乙醇的浓度的降低而下降，但是其下降幅度存在很大的差异。天然的α-玉米醇溶蛋白随着乙醇的挥发（从70%乙醇浓度降低至25%乙醇浓度）过程，其分散性从96.06%降低至14.99%。经过加热修饰后α-玉米醇溶蛋白重新溶解到70%乙醇溶液后，其分散性随着乙醇挥发也呈现下降的趋势，从97.53%降低至16.93%，加热并没有改善γ-玉米醇溶蛋白在不同浓度乙醇溶液中的分散性。而pH 11.5水溶液加热10h后的α-玉米醇溶蛋白，重新溶解到70%乙醇溶液后，其分散性从99.17%降低至86.52%。在SDS水溶液中加热10h后的α-玉米醇溶蛋白，其分散性从36.22%上升至68.02%。SDS修饰后的α-玉米醇溶蛋白的分散性对溶剂极性变化具有较差的适应能力，而碱修饰后的α-玉米醇溶蛋白对于溶液极性改变具有较好适应性，即双亲性较好。

二、溶剂极性改变对微观形态的影响

（一）γ-玉米醇溶蛋白

　　这种对介质改变的适应能力还体现在微观形态的变化上，因此利用透射电镜观察了在介质极性变化时天然和改性的γ-玉米醇溶蛋白微观形态的变化，结果如图7-26所示。

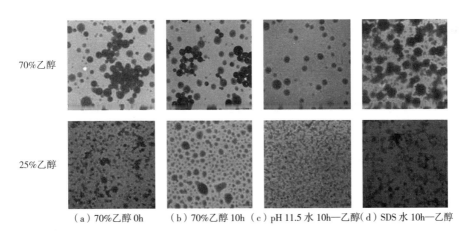

（a）70%乙醇 0h　　（b）70%乙醇 10h　（c）pH 11.5水 10h—乙醇（d）SDS水 10h—乙醇

图7-26　天然和修饰后的γ-玉米醇溶蛋白在70%乙醇和挥发至25%乙醇浓度下的微观形态

　　从微观形态变化的结果上看，天然的γ-玉米醇溶蛋白在70%乙醇浓度下呈现球状的颗粒，而当乙醇浓度挥发至25%后，其球状结构仍然存在，但是没有70%乙醇溶剂中形成的球状结构均匀。与分散性的变化结果相类似，加热并没有改善γ-玉米醇溶蛋白聚合物的形态，在70%乙醇浓度中仍然形成球状颗粒，但是当乙醇浓度挥发至25%时，其仍然形成球状颗粒，但是该球状结构的聚合物颗粒尺寸分布的均匀度较低，而且有部分较大的球状形态聚合物形成。而当在pH 11.5水中碱处理10h后的γ-玉米醇溶蛋白，重新分散在70%乙醇浓度后，不是水中改性时的无规则聚合物而是形成了球形颗粒，但是，形成的球形颗粒较小，而当乙醇浓度挥发至25%后则又形成了无规则聚合物。相反地，在SDS水中加热10h后的γ-玉米醇溶蛋白重新分散到70%乙醇浓度后，聚合物的形态也不是水中改性时的无规则聚合物而是形成非常大的无规则聚合物，而当乙醇挥发至25%后却呈现较小的球状颗粒，无法再出现水介质改性时的无规则小聚合物形态。这些结果说明在介质环境从弱极性到极性增强的转变过程中，碱修饰后的γ-玉米醇溶蛋白的聚集形态可以很好地适应环境的变化，从而可以解释为碱修饰后的γ-玉米醇溶蛋白具有很好的双亲性，而SDS改性的玉米醇溶蛋白则失去了这种结构的转变能力。

（二）α-玉米醇溶蛋白

利用透射电镜观察了在乙醇挥发过程中（介质极性逐渐增强的过程），4种样品微观形貌的变化，结果如图7-27所示。从图7-27微观形态变化的结果上可以得出，天然α-玉米醇溶蛋白在70%乙醇浓度下呈现球状的颗粒，而当乙醇浓度挥发至25%时，其球状结构仍然存在，但是没有70%乙醇浓度中形成的球状结构均匀。与分散性的变化结果相类似，加热并没有改善α-玉米醇溶蛋白聚合物的形态。在70%乙醇浓度中仍然形成球状颗粒，但是当乙醇浓度挥发至25%时，有部分较大的球状结构聚合物或者无规则聚合物球状结构聚合物形成。而当在pH 11.5水中碱处理10h后的α-玉米醇溶蛋白，重新分散在70%乙醇浓度后，不

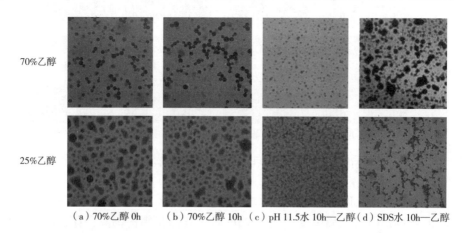

（a）70%乙醇 0h　　（b）70%乙醇 10h　（c）pH 11.5水 10h—乙醇（d）SDS水 10h—乙醇

图7-27　天然和修饰后的α-玉米醇溶蛋白在70%乙醇和挥发至25%乙醇浓度下的微观形态

是水中改性时的无规则聚合物而是形成均匀度较高的球状结构聚合物颗粒，但是形成的颗粒较小，而当乙醇浓度挥发至 25% 后则又形成了无规则聚合物。相反地，在 SDS 水中加热 10h 后的 α-玉米醇溶蛋白重新溶解到 70% 乙醇浓度后，形状也不是水中改性时的无规则聚合物而是形成了聚集程度高、大的聚合物，而乙醇挥发至 25% 后却呈现较小的无规则聚合物，无法再出现水中改性时的无规则小的聚合物形态。这一结果和 γ-玉米醇溶蛋白的结果不同，这可能是因为两者的结构不同。这些结果说明，在介质环境从弱极性到强极性的转变过程中，碱修饰后 α-玉米醇溶蛋白的聚集形态可以很好地适应环境的变化。从而可以解释为碱修饰后 α-玉米醇溶蛋白具有很好的双亲性，而 SDS 改性的玉米醇溶蛋白则失去了这种结构的转变能力。

三、溶剂极性改变对粒径的影响

（一）γ-玉米醇溶蛋白

聚合物颗粒大小的变化也间接地反映了蛋白质对环境的适应能力，通过动态光散射测定了在乙醇挥发过程中（溶剂极性变化）天然和修饰 γ-zein 的粒径的变化，结果见表 7-11 和图 7-28。

表 7-11　天然和修饰 γ-zein 溶解在 70% 后在乙醇挥发过程中评价粒径的变化/nm

乙醇浓度	乙醇 0h	乙醇 10h	pH 11.5 水 10h—乙醇	SDS 水 10h—乙醇
70%	610.7±5.9[b]	548±2.7[c]	353±0.89[d]	3326±3.8[a]
66%	666.8±2.8[c]	695.9±6.8[b]	342.4±2.20[d]	2556±2.69[a]
50%	671.7±4.3[b]	717±2.2[b]	320±1.63[d]	1476±2.69[a]
25%	812±4.9[b]	1349±16.3[a]	237±3.26[d]	295.4±1.96[c]

注　a~d 指每一行的差异显著性（$P<0.05$），数值是平均值±标准差。

从表 7-11 和图 7-28 的粒径结果可以得出，随着乙醇挥发的过程，天然 γ-玉米醇溶蛋白的平均粒径呈现增大的趋势，从 610.7nm 增加至 812nm，这一结果与电镜图片反映出的聚合物颗粒变大的结果相一致（图 7-26）。而单纯加热 10h 后的 γ-玉米醇溶蛋白的粒径的变化趋势没有改变，其粒径也随着乙醇的挥发呈现增大的趋势，粒径尺寸从 548nm 增加至 1349nm。而在水中碱结合 70℃ 加热 10h 改性的 γ-zein，重新分散到 70% 乙醇后，随着乙醇的挥发其粒径却呈现下降的趋势，粒径从原来的 353nm 下降至 237nm，但是聚合物的颗粒保持在较小的变化范围（<400nm），可以保持较好的分散性（表 7-9）。相反地，在水介质中通

过 SDS 结合 70℃加热 10h 改性后的 γ-zein 重新分散到 70%乙醇溶剂后，随着乙醇的挥发，其粒径呈现下降的趋势，粒径从 3326nm 降低至 295.4nm。这些结果表明碱改性的 γ-zein 聚合物的粒径可以很好地随着介质极性的改变而改变；而经过 SDS 修饰的 γ-玉米醇溶蛋白的粒径随介质极性改变的变化能力较差。

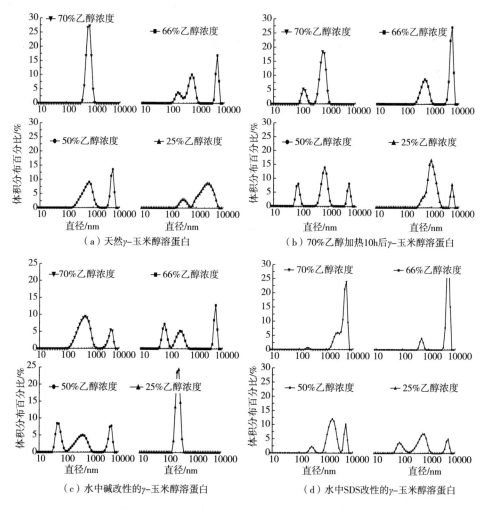

图 7-28 4 种样品在乙醇挥发过程中粒径体积分布

（二）α-玉米醇溶蛋白

测定了天然和改性的 α-玉米醇溶蛋白粒径体积分布百分比和平均粒径的变化，结果见图 7-29 和表 7-12。

在乙醇挥发过程中，天然 α-玉米醇溶蛋白随着乙醇的挥发，粒径从 427.90nm

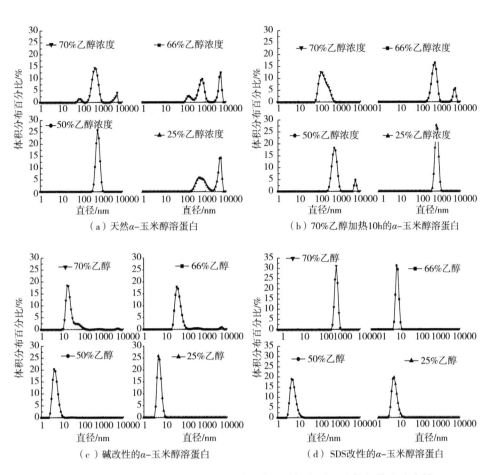

（a）天然α-玉米醇溶蛋白　　　（b）70%乙醇加热10h的α-玉米醇溶蛋白

（c）碱改性的α-玉米醇溶蛋白　　　（d）SDS改性的α-玉米醇溶蛋白

图7-29　4种样品重新分散到70%乙醇后在乙醇挥发过程中粒径体积分布情况

表7-12　在乙醇挥发过程中天然和修饰后α-玉米醇溶蛋白粒径的变化

乙醇浓度	乙醇 0h	乙醇 10h	pH 11.5 水 10h—乙醇	SDS 水 10h—乙醇
70%	427.90±2.1[a]	237.2±3.3[c]	176.1±2.7[b]	938.2±3.8[a]
66%	452.7±2.5[b]	475.1±14.3[b]	149.3±2.0[a]	312.4±3.7[b]
50%	610±11.2[c]	523.8±22.4[c]	103.2±4.0[c]	122.8±5.3[c]
25%	710.2±11.3[d]	684.1±14.24[d]	65.30±4.7[d]	74.5±3.3[d]

注　a~d 指每一行的差异显著性（$P<0.05$），数值是平均值±标准差。

增加至710.20nm，说明形成了更大的聚合物。而通过在70%乙醇中加热10h后，粒径从 237.20nm 增加至 684.13nm。这些结果说明加热没有从本质上改变 α-玉米醇溶蛋白的聚集方式。在水溶剂中，通过碱和热处理后的 α-玉米醇溶蛋白的粒径却呈现下降的趋势，从 176.10nm 降低至 65.30nm，而且粒径均在 200nm 范围内，从而使得分散性保持在较高的水平。而通过在 SDS 水溶剂中加热 10h 后的 α-玉米醇溶蛋白，在乙醇挥发过程中粒径从 51.07nm 增加至 312.40nm，说明 SDS 改性的 α-玉米醇溶蛋白随着极性变强而逐渐聚集成大颗粒聚合物。与其他 3 种样品相比较，在水溶剂中通过碱结合加热处理后的 α-玉米醇溶蛋白的粒径均保持在较小的范围内，说明碱处理后的 α-玉米醇溶蛋白对溶剂的变化的适应能力较强。

综上所述，随着介质极性的增强，天然的 α/γ-玉米醇溶蛋白粒径呈现增大的趋势。但是经过碱改性的 α/γ-玉米醇溶蛋白的粒径却呈现降低的趋势，而且粒径的下降伴随着分散性的提高和微观形态从大的球状聚合物变为小的无规则聚合物。而 SDS 改性对 α-玉米醇溶蛋白和 γ-玉米醇溶蛋白的粒径产生了不同的影响。随着介质极性增强，SDS 改性的 γ-玉米醇溶蛋白的粒径呈现降低的趋势，而 SDS 改性的 α-玉米醇溶蛋白的粒径呈现增加的趋势。

第六节 玉米醇溶蛋白构象的转变

一、结构逆转能力的表征

Sugiyama 等采用高分辨透射电镜发现单壁碳纳米管激发了菌视紫红质构象的转变，其 α-螺旋向 β-折叠逐渐转变；Wang 和 Padua 利用高分辨透射电镜研究了在乙醇介质挥发过程中玉米醇溶蛋白的 α-螺旋结构向 β-折叠转变。本研究为了进一步研究不同改性的玉米醇溶蛋白的结构逆转能力，利用高分辨透射电镜观察了天然和改性的 γ-玉米醇溶蛋白在介质极性变化时微观结构的转变，结果如图 7-30 所示。

从图 7-30 高分辨透射电镜结果发现，天然 γ-玉米醇溶蛋白分散到 70% 乙醇后，内部结构呈现卷曲状态、边缘有部分伸展的现象，但分子展开程度低；而在 70℃ 加热 10h 后，其内部仍然呈现卷曲的状态，边缘处有相对较多的分子展开，但是仅限于边缘。当在 pH 11.5 水中加热 10h 后，颗粒内部和外部分子全面展开，而且分子呈现水波纹状态；同时，有意思的是当把 pH 11.5 水中加热 10h 后的 γ-玉米醇溶蛋白重新分散到 70% 乙醇后，分子重新恢复呈现卷曲的状态，趋于形成原始 γ-玉米醇溶蛋白的结构形态。这个结果说明，碱改性的 γ-玉米醇溶蛋白的分子结构具有较强的可逆性，该结果和 α-螺旋含量的变化结构相一致。

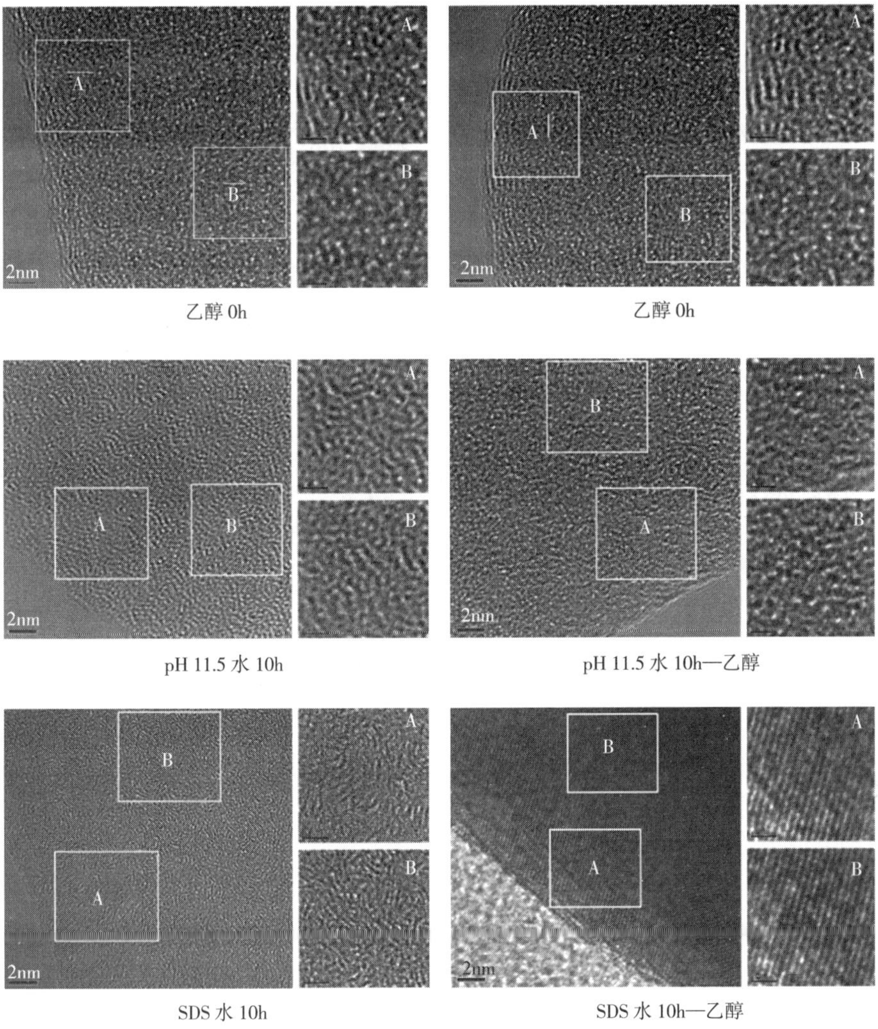

图 7-30　天然和修饰后的 γ-玉米醇溶蛋白在 70%乙醇和水溶剂中的高分辨透射电镜的表征，FFT 衍射图对应的相应 γ-玉米醇溶蛋白高分辨透射电镜的 A 和 B 的部分

相反地，在 SDS 水溶液中的 γ-玉米醇溶蛋白在 70℃加热 10h 后，其状态呈现水波纹的形状，而且这种水波纹要比 pH 11.5 形成的水纹状态更细、更直，说明 SDS 处理后的分子展开程度比 pH 11.5 水处理后的分子展开程度更高。而当把 SDS 水中处理后的 γ-玉米醇溶蛋白重新分散到 70%乙醇时，分子进一步展开，呈现直线状的状态，无法恢复最初的卷曲结构，而是形成了条纹的晶格的形态。这些结果说明，SDS 改性的玉米醇溶蛋白的结构的逆转能力较差，这一结果和

α-螺旋的结果相一致；γ-玉米醇溶蛋白所处的介质环境在从水变为70%乙醇时，其α-螺旋没有增加而是进一步降低。这些结果说明SDS改性的α-玉米醇溶蛋白具有较差的结构逆转能力。

二、玉米醇溶蛋白自组装聚合物动力学

（一）聚合动力学

在乙醇不断挥发过程中，天然α-玉米醇溶蛋白和γ-玉米醇溶蛋白的分散性呈现降低的趋势，粒径不断增大，聚合物形态从小的球状颗粒逐渐变为大的球状颗粒。而碱改性后的两种玉米醇溶蛋白重新分散到70%乙醇后，随着乙醇的挥发，其一直保持着较高的分散性，粒径逐渐降低，从均匀度高的球状结构聚合物逐渐消失形成了小的无规则聚合物，具有较好的结构转变能力；而SDS改性后的两种蛋白质重新分散到70%乙醇后，随着乙醇的挥发，两种改性后的蛋白质失去了这种结构转变能力。不同方法改性后的玉米醇溶蛋白结构存在差异，这可能会导致样品与水的亲和能力不同，而亲水常数（K）的大小会可以反映蛋白质的亲水能力。

Wang等推导出玉米醇溶蛋白球状颗粒的变化动力学公式，具体推导过程如下：

当有N个玉米醇溶蛋白分子形成了一个球，μ_N和μ_N^0分别是球状颗粒中的玉米醇溶蛋白的平均化学势能和标准状态下的化学势能。在玉米醇溶蛋白球状结构中的每个分子的界面自由能可以写成如下公式[117]：

$$\mu_N^0 = \gamma a + K/a \tag{7-13}$$

其中，γ是疏水相互作用的单位面积的界面自由能，a是每个分子的界面面积，K是亲水相互作用的常数。在平衡的状态下：

$$\frac{d\mu_N^0}{da} = 0$$

从而得出

$$a_0 = \sqrt{\frac{K}{\gamma}} \tag{7-14}$$

其中，a_0是在平衡状态下每个分子的表面积。如果球的半径是R，球的体积为v，则分子数为

$$N = \frac{4\pi R^2}{a_0} = \frac{4\pi R^3}{3v}$$

得出

$$R = \frac{3v}{a_0} = 3v\sqrt{\frac{\gamma}{K}} \qquad (7\text{-}15)$$

在挥发诱导自组装过程中，溶剂极性的增加是自组装的主要作用力。高溶剂极性增加了疏水相互作用和诱导了球状颗粒的增加。介电常数可以体现溶剂极性[120]。γ 认为与溶剂的介电常数线性关系。可以写成如下公式：

$$\gamma = p\varepsilon + q \qquad (7\text{-}16)$$

其中，p 和 q 是线性系数。

在挥发诱导自组装的过程中，体积降低，增加了溶剂和玉米醇溶蛋白之间的疏水相互作用力。在公式推导过程中，认为 γ 和溶液的体积成反比。因此，公式（7-17）可以写成：

$$R = 3v\sqrt{\frac{p\varepsilon + q}{KV}} \qquad (7\text{-}17)$$

p 和 q 是溶剂的介电常数和 γ 之间的线性关系的系数，ε 的大小依赖于溶剂的乙醇含量，V 是溶液的体积。Reynolds 和 Hough 等报道，乙醇-水混合液的介电常数是一个纯水和纯乙醇介电常数之间的线性组合[121]。即：

$$\varepsilon = \varepsilon_{EtOH}C_{EtOH} + \varepsilon_{Water}(1 - C_{EtOH}) \qquad (7\text{-}18)$$

其中，ε_{EtOH} 和 ε_{Water} 分别是纯乙醇和纯水的介电常数，C_{EtOH} 是溶液的乙醇含量。因而 Wang 和 Padua 等[15] 提出聚合物尺寸变化和时间关系模型，可以得出颗粒半径 R 变化和时间 t 的关系：

$$R = 3v\sqrt{\frac{p[\varepsilon_{EuOH}C_{EtOH} + \varepsilon_{Water}(1 - C_{EtOH})] + q}{KV}} \qquad (7\text{-}19)$$

其中，公式中的 ε_{EtOH} 和 ε_{Water} 分别是纯乙醇和纯水的介电常数，在 25℃条件下分别为 24.3 和 80.1。C_{EtOH} 值得是溶液中乙醇的体积含量（V/V），K 为亲水相互作用的亲水常数。p 和 q 都是公式中的相关系数。根据 Matsushima's 对 α-玉米醇溶蛋白提出的模型，α-玉米醇溶蛋白的分子体积为 46.8nm³（13nm × 1.2nm× 3nm），由于目前对其他玉米醇溶蛋白还没有提出更多的模型，所以本研究对 α-玉米醇溶蛋白和 γ-玉米醇溶蛋白均采用该数值。而 V 是溶液的体积，四种样品的最初体积（V_0）为 20mL。

本试验中 R 是根据测定的天然和改性后的 α/γ-玉米醇溶蛋白粒径的结果（表 7-11、表 7-12），测定的粒径是颗粒的直径，直径的一半为 R 值。而公式中需要计算出乙醇浓度（C_{EtOH}）变化和时间的关系，溶液体积（V）和时间的关系，所以测定了在乙醇挥发过程中，乙醇浓度随时间的变化以及溶液体积随时间的变化，并且分别对乙醇浓度和时间、溶液体积和时间的关系曲线进行了拟合。

（二）γ-玉米醇溶蛋白动力学

从图 7-31 的结果可以发现，随着挥发时间的延长，4 种样品分散液中的乙醇浓度呈现下降的趋势，但是下降的趋势不同，同时利用 Origin8.0 拟合出的曲线存在一定的差异。同时，随着乙醇挥发时间的延长，4 种样品分散液的体积也呈现下降的趋势，但是在挥发相同时间时，其体积变化量不同，从而使得 4 种样品分散液体积和时间关系公式不同，见图 7-32 中的公式。乙醇浓度和溶液体积的变化不同，可能是因为天然和改性后蛋白质的双亲性不同对乙醇或者水的吸附力不同，从而使得乙醇逃离分散液的速度不同。

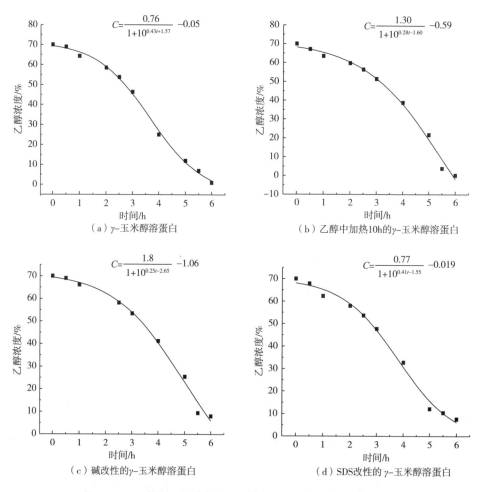

图 7-31　4 种样品中乙醇浓度和挥发时间的关系和拟合的公式

对于 4 种样品，将相同样品拟合的乙醇浓度和时间关系公式、溶液体积和时间的公式代入公式 7-19 中，得到了乙醇挥发诱导自组装形成的颗粒半径和时间的关系，结果见表 7-13。其中，公式中半径 R 是乙醇挥发过程中动态光散射（DLS）测定的粒径平均值（表 7-11）的 1/2。利用最小二乘法可以计算出亲水常数 K 的值，结果见表 7-13，利用亲水常数 K 的变化评价改性的 γ-玉米醇溶蛋白的亲水能力。

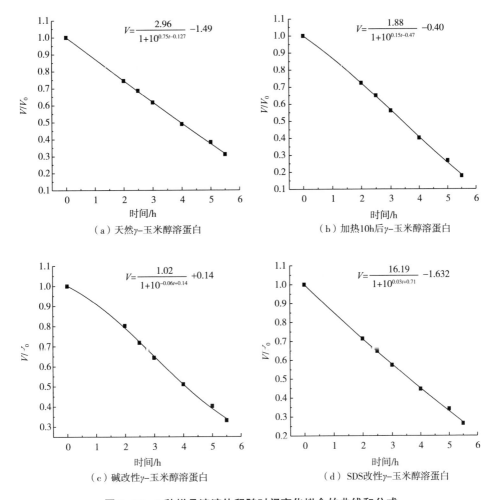

图 7-32　4 种样品溶液体积随时间变化拟合的曲线和公式

从表 7-13 的结果可以得出，4 种样品的亲水常数 K 存在很大的不同。随着乙醇的挥发，天然 γ-玉米醇溶蛋白的分散性呈现下降的趋势，粒径逐渐增加，从球状聚合物进一步聚集成大的聚合物，这种变化表现出的亲水常数较小，仅为

$4.19×10^{-13}$。而加热并没有改变分散性、粒径和聚合物形态的变化趋势，其亲水常数仅仅略微增大，升至 $5.39×10^{-12}$。随着乙醇挥发，碱改性后的 γ-玉米醇溶蛋白对环境具有加强的适应能力，分散性逐渐增加、粒径逐渐变小，聚合物从球状结构变为细小的无规则聚合物，对介质极性变化具有较强的适应能力，这种适应能力还可以体现在碱改性具有较强的亲水常数（$1.49×10^{13}$）。而 SDS 改性的 γ-玉米醇溶蛋白对介质极性变化时具有较差的适应能力，其亲水常数为 $3.22×10^{-5}$（SDS）。结果表明，不同的改性手段使 γ-玉米醇溶蛋白的亲水能力有很大不同，碱改性的 γ-玉米醇溶蛋白的亲水能力远远强于 SDS 改性的 γ-玉米醇溶蛋白。

表7-13　天然和改性后的 γ-玉米醇溶蛋白重新溶解到70%乙醇溶剂后亲水常数的变化

样品	公式	亲水常数
乙醇 0h	$R = 140.4 \sqrt{\dfrac{p\left[80.1 - 55.8 \times \left(\dfrac{0.76}{1 + 10^{0.43t+0.157}} - 0.05\right)\right] + q}{K \times 20 \times \left(\dfrac{2.96}{1 + 10^{0.075t-0.127}} - 1.49\right)}}$	$4.19×10^{-13}$
乙醇 10h	$R = 140.4 \sqrt{\dfrac{p\left[80.1 - 55.8 \times \left(\dfrac{1.30}{1 + 10^{0.28t-1.60}} - 0.59\right)\right] + q}{K \times 20 \times \left(\dfrac{1.88}{1 + 10^{0.15t-0.47}} - 0.40\right)}}$	$5.39×10^{-12}$
pH 11.5 水 10h—乙醇	$R = 140.4 \sqrt{\dfrac{p\left[80.1 - 55.8 \times \left(\dfrac{1.8}{1 + 10^{0.25t-1.65}} - 1.06\right)\right] + q}{K \times 20 \times \left(\dfrac{1.02}{1 + 10^{-0.06t+0.18}} + 0.14\right)}}$	$1.49×10^{13}$
SDS 水 10h—乙醇	$R = 140.4 \sqrt{\dfrac{p\left[80.1 - 55.8 \times \left(\dfrac{0.77}{1 + 10^{0.41t-1.55}} - 0.019\right)\right] + q}{K \times 20 \times \left(\dfrac{16.19}{1 + 10^{0.03t+0.71}} - 1.632\right)}}$	$3.22×10^{-5}$

（三）α-玉米醇溶蛋白

在乙醇挥发过程中，乙醇的浓度和溶液的体积会随着乙醇蒸发时间的变化而变化。4 种 α-玉米醇溶蛋白样品中乙醇浓度随着挥发时间的延长而下降，但是下降的幅度存在差异，根据测定不同时间下乙醇的浓度，拟合出了非线性曲线和相应的公式，公式可以很好地反映溶液中乙醇浓度和时间的关系。4 种样品得到的曲线和公式存在差异，可能是因为不同的蛋白质和乙醇之间的吸引力不同，从而使得乙醇浓度随时间的变化不同。同理，对 4 种溶液的体积变化和时间的关系进行了非线性拟合曲线并得到了相应曲线的公式（图7-33）。

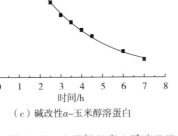

$$C=\frac{3195.8}{1+10^{0.07t+1.55}}-16.84$$

（a）天然α-玉米醇溶蛋白

$$C=\frac{2235.81}{1+10^{-0.02t+1.05}}+12.92$$

（b）乙醇中加热10 h的α-玉米醇溶蛋白

$$C=\frac{152.64}{1+10^{0.18t+0.22}}+12.96$$

（c）碱改性α-玉米醇溶蛋白

$$C=\frac{163.91}{1+10^{0.14t+0.29}}+14.33$$

（d）SDS改性α-玉米醇溶蛋白

图7-33　不同样品中乙醇浓度随着挥发时间的关系和拟合的公式

4种样品分散液中，乙醇浓度、分散液体积均随着挥发时间的延长而呈现下降的趋势。但是在特定的时间下下降的幅度和趋势存在略微的差别（图7-34）。对在不同的时间点测定的乙醇浓度、分散液体积进行公式拟合，测定不同的拟合公式。将上述的乙醇浓度变化随时间变化拟合出的公式、溶液体积随时间变化拟合出的公式代入公式7-19中，最终可以得出聚合物颗粒半径和时间的关系（表7-14）。而结合4种样品随乙醇挥发诱导自组装过程粒径随时间变化的结果（表7-12），利用最小二乘法可以计算出来公式中的亲水常数K（表7-14）。

4种样品的亲水常数存在很大不同，在乙醇挥发过程中，天然的α-玉米醇溶蛋白的分散性呈现下降的趋势、粒径逐渐增加、聚合物从球状颗粒进一步聚集成大的球状颗粒聚合物，其具有较差的环境适应能力，这种环境适应能力表现出其

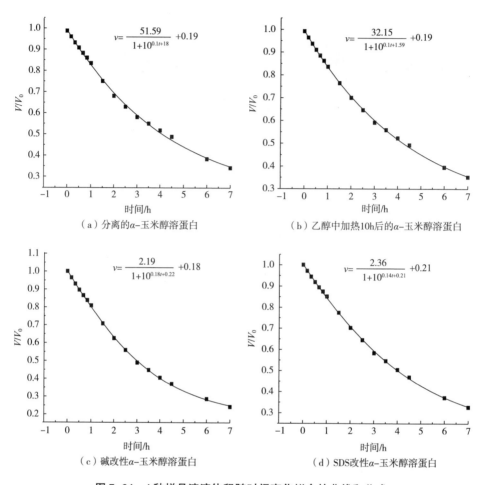

图 7-34　4 种样品溶液体积随时间变化拟合的曲线和公式

具有较差的亲水常数 1.44×10^{-15}。而对于具有较强的环境适应能力的碱改性 α-玉米醇溶蛋白的亲水常数明显增大，其亲水常数可以高达 3.07×10^{6}；而环境适应能力没有得到明显改善的 SDS 改性的 α-玉米醇溶蛋白的亲水常数为 1.63×10^{-7}。这些结果说明碱修饰方法可以大大提高 α-玉米醇溶蛋白的亲水能力。

表 7-14　天然和改性的 α-玉米醇溶蛋白在乙醇挥发过程中的亲水常数变化

处理组	公式	亲水常数 K
乙醇 0h	$R = 140.4 \sqrt{\dfrac{p\left[80.1 - 55.8 \times \left(\dfrac{3195.8}{1+10^{0.07t+1.55}} - 16.84\right)\right] + q}{K \times 20 \times \left(\dfrac{51.59}{1+10^{0.1t+18}} + 0.19\right)}}$	1.44×10^{-15}

续表

处理组	公式	亲水常数 K
乙醇 10h	$R = 140.4 \sqrt{\dfrac{p\left[80.1 - 55.8 \times \left(\dfrac{2235.81}{1+10^{-0.02t+1.05}} + 12.92\right)\right] + q}{K \times 20 \times \left(\dfrac{32.15}{1+10^{0.1t+1.59}} + 0.19\right)}}$	5.41×10^{-14}
pH 11.5 水 10h—乙醇	$R = 140.4 \sqrt{\dfrac{p\left[80.1 - 55.8 \times \left(\dfrac{152.64}{1+10^{0.18t+0.22}} + 12.96\right)\right] + q}{K \times 20 \times \left(\dfrac{2.19}{1+10^{0.18t+0.22}} + 0.18\right)}}$	3.07×10^{6}
SDS 水 10h—乙醇	$R = 140.4 \sqrt{\dfrac{p\left[80.1 - 55.8 \times \left(\dfrac{163.91}{1+10^{0.14t+0.29}} + 14.33\right)\right] + q}{K \times 20 \times \left(\dfrac{2.36}{1+10^{0.14t+0.29}} + 0.21\right)}}$	1.63×10^{-7}

第七节　玉米醇溶蛋白自组装可逆性的变化

一、α-螺旋的可逆性转变

在介质极性变化过程中，碱改性的 α/γ-玉米醇溶蛋白和 SDS 改性的 α/γ-玉米醇溶蛋白表现了不同的双亲特性、结构转变能力和亲水能力，而这种性能的变化可能与两种改性方式带来的结构变化不同有关系。因此，测定了两种方式改性后 α/γ-玉米醇溶蛋白在介质极性变化时二级结构的变化。

（一）γ-玉米醇溶蛋白

圆二色谱是表征蛋白质二级结构的一个重要手段，根据光谱中 222nm 处的椭圆率计算出 α-螺旋含量。为了比较在介质极性改变时蛋白质结构的变化规律，测定了在不同介质中利用碱或 SDS 改性后 γ-玉米醇溶蛋白圆二色光谱的变化，同时测定了水介质中碱和 SDS 改性后的 γ-玉米醇溶蛋白重新分散在乙醇介质中的圆二色光谱图。

从图 7-35 的结果可以发现，在水介质中碱改性后的 γ-玉米醇溶蛋白的 α-螺旋含量为 8.06%，而当把它重新分散到 70% 乙醇水溶液后的 α-螺旋含量增加至 27.07%，这一结果非常接近于在 70% 乙醇介质中碱改性后 γ-玉米醇溶蛋白的 α-螺旋含量为 27.95%。这些结果说明在单一的改变溶剂极性的条件下，碱改性 γ-玉米醇溶蛋白的 α-螺旋可以丢失和恢复。相反地，在水溶剂中通过 SDS 改性

181

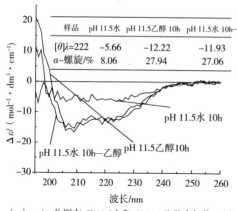
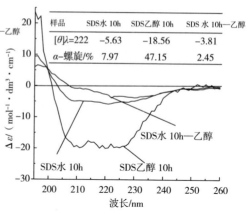

（a）γ-zien分别在pH 11.5水和pH 11.5乙醇中加热10h和在pH 11.5水中加热10h后的γ-玉米醇溶蛋白重新分散到70%的乙醇

（b）γ-玉米醇溶蛋白分别在SDS水和SDS 70%乙醇中加热10h和在SDS水中加热10h后的γ-玉米醇溶蛋白重新分散到70%的乙醇

图7-35　天然和改性的γ-玉米醇溶蛋白的圆二色光谱
以及222nm下的椭圆率和α-螺旋含量（%）

γ-玉米醇溶蛋白的α-螺旋含量为7.89%，而当把在水介质中通过碱改性的γ-玉米醇溶蛋白重新分散到70%乙醇后，其α-螺旋的含量进一步降低至2.45%，这个含量远远的小于在70%乙醇溶剂中通过SDS改性的γ-玉米醇溶蛋白的α-螺旋含量为47.15%。在水溶剂中，通过碱和SDS均能够破坏γ-玉米醇溶蛋白的α-螺旋，而且α-螺旋的展开有利于在水中分散的提高。然而，当SDS或者碱在水溶剂中修饰的γ-玉米醇溶蛋白重新分散到弱极性的70%乙醇介质后，碱修饰γ-玉米醇溶蛋白的α-螺旋含量恢复，而SDS修饰γ-玉米醇溶蛋白的α-螺旋含量被进一步破坏而更大程度地展开了。

（二）α-玉米醇溶蛋白

为了研究改性后α-玉米醇溶蛋白在介质极性变化时，其二级结构的变化，测定了不同方法改性的α-玉米醇溶蛋白溶液在水和70%乙醇溶中的圆二色光谱，并且通过Yang等的计算方法得出具体的α-螺旋的含量，结果如图7-36所示。

从图7-36试验结果发现，天然和改性α-玉米醇溶蛋白的圆二色光谱存在很大差异，而这种差异直接体现在α-螺旋含量的变化上。在70%乙醇中α-玉米醇溶蛋白的α-螺旋的含量为57.64%左右，这一结果与Momany发现通过利用不同的方法测定的α-玉米醇溶蛋白的α-螺旋结构的含量在35%~60%的结果相一致。无论是通过碱修饰还是通过SDS改性的α-玉米醇溶蛋白的α-螺旋含量均下降，但是下降的幅度会因为修饰方法和介质不同而存在差异。当α-玉米醇溶蛋白在

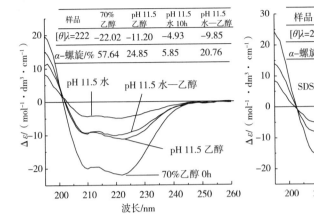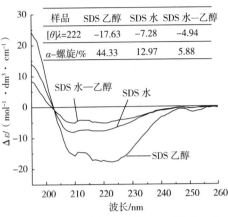

样品	70%乙醇	pH 11.5乙醇	pH 11.5水 10h	pH 11.5水—乙醇
[θ]λ=222	−22.02	−11.20	−4.93	−9.85
α−螺旋/%	57.64	24.85	5.85	20.76

样品	SDS 乙醇	SDS 水	SDS 水—乙醇
[θ]λ=222	−17.63	−7.28	−4.94
α−螺旋/%	44.33	12.97	5.88

（a）α−zein分别在pH 11.5水和pH 11.5乙醇加热10h的样品以及在水中加热10h后重新分散到70%的乙醇后的椭圆率

（b）α−zein分别在SDS 水和SDS 乙醇加热10h和水中加热10h

图 7-36　天然和改性α-玉米醇溶蛋白在不同介质中圆二色光谱和222nm 下椭圆率、α-螺旋含量

pH 11.5 的 70%乙醇溶剂中加热 10h 后，其在 70%乙醇溶剂中的 α-螺旋含量为 25.85%；α-玉米醇溶蛋白在 pH 11.5 水介质中加热 10h 后的 α-螺旋含量为 5.85%，将其重新分散在 70%乙醇后 α-螺旋的含量增加至 20.76%。这些结果说明在溶剂极性改变过程中，通过碱改性的 α-玉米醇溶蛋白的 α-螺旋结构可以较大程度的恢复。在 70%乙醇溶剂中通过 SDS 结合加热 10h 后改性的 α-玉米醇溶蛋白的 α-螺旋含量为 44.33%；而在水介质中 SDS 结合加热 10h 后改性的 α-玉米醇溶蛋白的 α-螺旋降低至 12.97%，而将其重新分散到 70%乙醇后，其 α-螺旋含量进一步降低至 5.88%。结果表明，介质极性从强到弱的变化过程中，碱改性的 α-玉米醇溶蛋白的 α-螺旋结构具有较强的恢复能力，而 SDS 改性的 α-玉米醇溶蛋白的 α-螺旋恢复能力较差。

二、改性方法—性能—结构变化关系

（一）不同极性柔性玉米醇溶蛋白纳米颗粒界面吸附规律

1. 乳化活性和乳化稳定性

天然和中柔性玉米醇溶蛋白纳米粒的乳化特性（即乳液活性和乳液稳定性）的变化如图 7-37（a）和图 7-37（b）所示。与相同乙醇浓度（60%~92%）下获得的天然纳米颗粒相比，中柔性玉米醇溶蛋白纳米颗粒仍然具有较高的乳液活性和乳液稳定性（$P<0.05$）。然而，随着乙醇浓度从 60%增加到 92%，乳化活性

和乳化稳定性都有下降的趋势。例如，天然和中柔性玉米醇溶蛋白纳米颗粒的乳化活性分别从 0.79m²/g 降至 0.61m²/g 和从 1.09m²/g 降至 0.83 m²/g，两者的乳化稳定性分别从44.39%降至35.31%和从88.39%降至46.02%。提高玉米醇溶蛋白的分子柔性在稳定性乳化液方面起到积极的作用。即蛋白质的柔性赋予其具有优异的乳化特性。较高的乳化活性源于柔性玉米醇溶蛋白具有相对较高的环境适应能力，能够快速而稳定地吸附到油水界面。

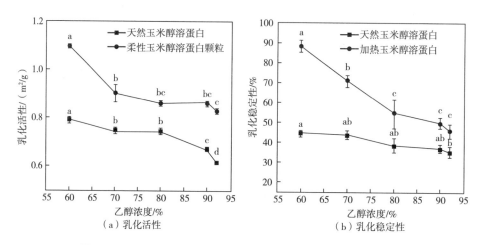

图7-37　柔性玉米醇溶蛋白纳米颗粒的乳化活性和乳化稳定性

2. 乳化液激光共聚焦

柔性玉米醇溶蛋白纳米颗粒形成的乳液储存24h，并通过激光共聚焦对乳化液进行可视化，见图7-38（a~e）。柔性玉米醇溶蛋白纳米颗粒层和油滴区域分别被染成绿色和红色。不同柔性玉米醇溶蛋白纳米颗粒均能很好地包裹油滴。然而，与从相对低浓度乙醇水溶液（60%~80%，V/V）中获得的柔性玉米醇溶蛋白纳米颗粒相比，从高浓度乙醇水溶液（90%~92%，V/V）获得的柔性玉米醇溶蛋白纳米颗粒包围的油滴相对较弱。换而言之，从较低乙醇浓度获得的柔性玉米醇溶蛋白具有较高的柔性。柔性高的玉米醇溶蛋白纳米颗粒更容易在油层中稳定吸附。结合乳化稳定性试验数据结果：柔性玉米醇溶蛋白颗粒具有较高的乳化稳定性。这些结果进一步证实了柔性玉米醇溶蛋白纳米颗粒在乳液贮存期间具有很高的适应性。蛋白质分子的柔韧性越高，乳化性能越好。

3. 柔性纳米颗粒乳化液滴大小变化规律

乳化液的粒度分布在一定程度上可反映乳化液的稳定性。不同聚合物制备的乳化液放置24h后，利用粒度仪测定乳化液液滴的粒径体积分布和颗粒大小。在越高浓度的乙醇介质中形成聚合物的乳化液的液滴越小，颗粒越小说明乳化液的

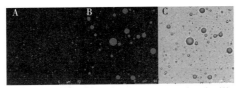

（a）60%乙醇水溶液中获得的柔性玉米醇溶蛋白颗粒

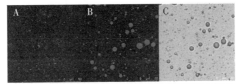

（b）70%乙醇水溶液中获得的柔性玉米醇溶蛋白颗粒

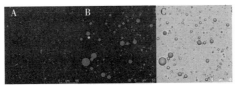

（c）80%乙醇水溶液中获得的柔性玉米醇溶蛋白颗粒

（d）90%乙醇水溶液中获得的柔性玉米醇溶蛋白颗粒

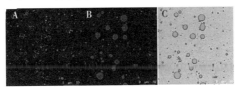

（e）92%乙醇水溶液中获得的柔性玉米醇溶蛋白颗粒

图7-38　柔性玉米醇溶蛋白纳米颗粒激光共聚焦图

（A—尼罗蓝染色蛋白质　B—尼罗蓝染色的油　C—尼罗蓝和尼罗红染色的蛋白质和油的重叠亮场）

稳定性越好。不同聚合物形成的乳化液均形成两个峰的粒径体积分布特征，且颗粒大小存在明显差异（图7-39）。当乙醇浓度从60%增加至92%时，不同聚合物形成的乳化液的粒径从355.60nm降低至251nm，多分散系数（PDI）的大小均较小，在0.18~0.25之间，说明测定粒径的数据可靠性强。乳化性的改变可能源于玉米醇溶蛋白分子柔性不同，其结构改变能力存在差异，表现出不同的环境适应能力，即不同的乳化稳定性。

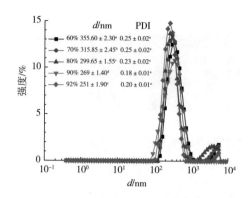

图 7-39 乳化液的粒径强度分布和颗粒大小

（二）柔性纳米颗粒乳化液滴电位变化规律

不同聚合物形成乳化液液滴表面电荷的大小存在差异，但是差异性不显著（图 7-40）。随着乙醇浓度的增加，乳化液液滴表面的电荷呈增加的趋势。从乙醇浓度为 60% 时的 -40mV 变化至乙醇浓度为 92% 时的 -42.85mV。乳化液液滴的电荷越高，其稳定性越好。良好的乳化液稳定性部分原因归结于乳化液表面电荷的增大。柔性玉米醇溶蛋白对环境有较强的适应能力。随着介质极性的降低（乙醇浓度的增加），柔性玉米醇溶蛋白暴露在表面的带电氨基酸不同，进而赋予乳化液不同的电荷量。

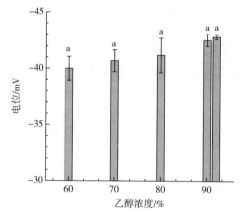

图 7-40 柔性玉米醇溶蛋白聚合物乳化液的电位变化

（三）纳米颗粒乳化液转化

柔性蛋白质分子通过改变其结构对环境变化（如介质、溶剂）具有较强的适应性。与水相比，油的极性相对较低。为了制备不同极性的溶剂，使用在80%乙醇水溶液制备的柔性玉米醇溶蛋白纳米颗粒，制备了具有不同油蛋白比（V/V）（即1∶10、2∶10、4∶10、10∶10）的不同乳液。将乳液储存24h，并通过CLSM观察，如图7-41所示。调节油水比例的目的借助于二者比例的变化，实现油包水和水包油两种类型乳化液的相互转变。随着油与蛋白质比例的增加（1∶10~10∶10），柔性玉米醇溶蛋白纳米颗粒在储存期间均可以很好地覆盖在油滴中。这些结果表明，柔性玉米醇溶蛋白对溶剂的变化具有很强的适应性。

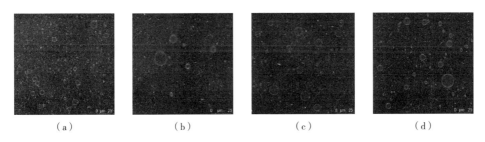

（a）　　　　　（b）　　　　　（c）　　　　　（d）

图7-41　柔性玉米醇溶蛋白纳米颗粒对不同乳化液稳定性的影响

（四）流变学特性

天然和柔性玉米醇溶蛋白纳米颗粒弹性模量、黏性模量和表观黏度存在一定差异。黏性模量在低扫描频率（<4.5Hz）时，天然玉米醇溶蛋白纳米颗粒的黏性模量大于柔性玉米醇溶蛋白纳米颗粒的黏性模量；在高扫描频率（4.5~10Hz）范围内，柔性玉米醇溶蛋白纳米颗粒的黏性模量大于天然玉米醇溶蛋白纳米颗粒的黏性模量［图7-42（a）］。弹性模量在低扫描频率（<4Hz）时，天然玉米醇溶蛋白纳米颗粒的黏性模量小于柔性玉米醇溶蛋白纳米颗粒的黏性模量，当在高扫描频率（4~10Hz）范围内，天然的玉米醇溶蛋白纳米颗粒的弹性模量大于柔性玉米醇溶蛋白纳米颗粒的黏性模量［图7-42（b）］。表观黏度在低剪切速率（<50/S）时，柔性玉米醇溶蛋白的表观黏度大于天然玉米醇溶蛋白纳米颗粒的表观黏度，当在高剪切速率（50~100/S）时，天然玉米醇溶蛋白纳米颗粒的表观黏度略大于柔性玉米醇溶蛋白纳米颗粒的表观黏度［图7-42（c）］。

（五）对疏水小分子物质的界面吸附特性

柔性玉米醇溶蛋白纳米颗粒对叶黄素的吸附能力高于天然玉米醇溶蛋白纳米颗粒对叶黄素的吸附能力（图7-43）。在天然玉米醇溶蛋白和柔性玉米醇溶蛋白溶液中分别添加相对蛋白质含量为4.8%、9.6%、14.4%的叶黄素时，天然玉米醇溶蛋白纳米颗粒表面叶黄素的含量分别为0.461μg/mL、0.569μg/mL 和

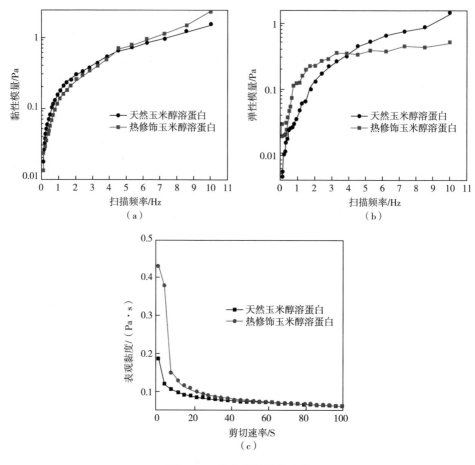

图 7-42　流变学特性的变化

0.629μg/mL，柔性玉米醇溶蛋白纳米颗粒表面叶黄素的含量分别为 0.527μg/mL、0.672μg/mL 和 0.781μg/mL。纳米颗粒中表面叶黄素含量和总含量存在较大区别（$P<0.05$）。在天然玉米醇溶蛋白纳米颗粒中叶黄素添加量相对蛋白质含量为 4.8%、9.6%、14.4%时，天然玉米醇溶蛋白纳米颗粒总叶黄素的含量分别为 1.411μg/mL、1.319μg/mL 和 1.64μg/mL，柔性玉米醇溶蛋白纳米颗粒表面叶黄素的含量分别为 1.58μg/mL、1.472μg/mL 和 1.884μg/mL。柔性玉米醇溶蛋白的亲水或疏水端有更高的灵活性，因此，其与叶黄素结合的位点更多，表现出对疏水小分子物质更高的亲和性。

（六）功能-结构关系的建立

在极性强的水介质中改性可以赋予玉米醇溶蛋白更好的功能性质，但是，碱

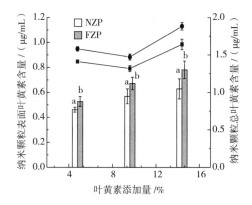

图 7-43　天然和柔性玉米醇溶蛋白纳米颗粒对叶黄素的吸附能力

和 SDS 两种改性手段却赋予了玉米醇溶蛋白不同的结构变化，以及随之带来的性质差异。其结构、形态和结构逆转能力的差异，如图 7-44 所示。

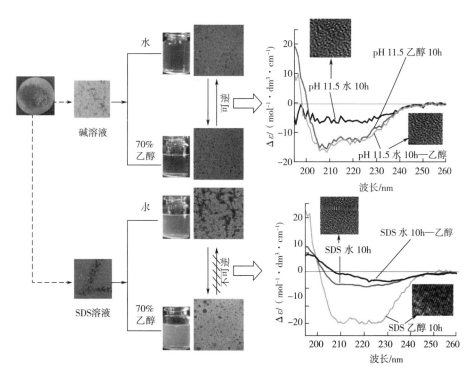

图 7-44　碱或者 SDS 改性的 α/γ-玉米醇溶蛋白的结构逆转示意图

在介质极性变化过程中，α/γ-玉米醇溶蛋白经过碱改性后均具有较好的分散性，其球状结构聚合物和无规则聚合物之间可以随介质极性变化很好地转变，这种转变源于碱改性后使其具有较强的 α-螺旋结构的变化能力。在乙醇介质中恢复 α-螺旋结构赋予玉米醇溶蛋白球形颗粒的形态，球形颗粒使其在乙醇介质中有很好的分散性；在水介质中，原有的 α-螺旋结构展开赋予玉米醇溶蛋白无规则的聚合结构，这种结构使其在水介质中有很好的分散性。相反，SDS 改性的 α/γ-玉米醇溶蛋白分散性受介质极性的影响非常大，不能在极性变化的介质中保持良好的分散性，采用这种方法改性后的 α/γ-玉米醇溶蛋白分子，α-螺旋结构展开，这种展开不能逆转，无论介质极性怎样变化都赋予其无规则聚合形态。

总之，良好的功能性质需要独特的结构变化，水中良好的分散性要求玉米醇溶蛋白失去原有的球形颗粒结构，形成更小的无规则聚合颗粒，这种形态变化需要蛋白分子中的 α-螺旋结构展开；而乙醇中良好的分散性要求玉米醇溶蛋白保留球形颗粒结构，这种球形颗粒结构需要 α-螺旋结构的存在。不同改性方法赋予玉米醇溶蛋白不同的结构变化，水中碱改性的方法使玉米醇溶蛋白分子中的 α-螺旋结构可以随着介质极性的不同发生可逆性转变，赋予其优良的双亲特性。

三、纳米颗粒和分子结构之间关系的建立

通过比较天然和柔性玉米醇溶蛋白，形成纳米颗粒的微观形态和界面吸附特性，结合纳米颗粒的界面吸附特性的差异，分别模拟出纳米颗粒和分子结构模型，并且构建了纳米颗粒微观形态、结构、分子结构和界面吸附特性关系模型（图 7-45）。天然玉米醇溶蛋白分子中含有较多的 α-螺旋含量，形成的纳米颗粒规则性较强，表现出较差的界面吸附特性；柔性玉米醇溶蛋白分子中，含有较少的 α-螺旋含量，形成的纳米颗粒规则性较差，但表现出了较好的界面吸附特性。

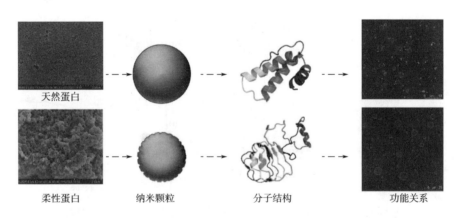

天然蛋白　　　纳米颗粒　　　分子结构　　　功能关系

图 7-45　柔性玉米醇溶蛋白纳米颗粒—分子结构—功能关系模型

四、柔性纳米颗粒界面吸附模型的构建

结合柔性玉米醇溶蛋白纳米颗粒可以形成稳定的乳化液，在油包水和水包油2种乳化液相互转换的过程中，分子的亲水端和疏水端也会发生相互的转变，构建了柔性纳米颗粒在不同乳化液类型界面吸附的模型（图7-46）。在水包油时，亲水端保留在水相界面，而疏水端相互聚集保持纳米颗粒形状；在油包水时，疏水端保留在油相界面，而亲水端相互聚集保持纳米颗粒形状。

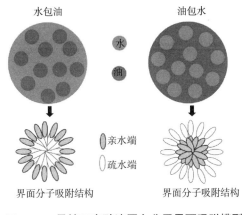

图7-46　柔性玉米醇溶蛋白分子界面吸附模型

第八章　复合聚合物功能性质差异

一、纤维核—玉米醇溶蛋白胶体颗粒的制备及性能评价

在两种极性不同的介质环境，采用碱、SDS 结合加热或不加热的方法对玉米醇溶蛋白（α-玉米醇溶蛋白和 γ-玉米醇溶蛋白）进行改性，发现结构和功能性质均发生了很大的变化，但是变化程度因改性的介质环境不同而存在一定的差异。除了上述的改性方式，目前，常用的另一种改善玉米醇溶蛋白性质的方式是将一种水溶性良好的蛋白质和玉米醇溶蛋白复合成胶体颗粒，从而改善玉米醇溶蛋白的分散性、稳定性等性能。例如，利用在水中具有良好分散性的酪蛋白酸钠与玉米醇溶蛋白进行复合，制备的纳米胶体颗粒在水中具有很好的分散性和稳定性。将玉米醇溶蛋白和乳清蛋白或乳清分离蛋白进行复合制备得到的膜的阻水性能、抗拉伸性能、阻隔性能均较好。由此可见，两种蛋白质的复合很大程度上可以改善单独蛋白质自身的性能的缺点，从而提高玉米醇溶蛋白的利用率。

乳清浓缩蛋白（WPC）是一种在水中具有良好分散性的蛋白质，本课题组发现 30mg/mL 浓度的乳清浓缩蛋白在 pH 2.0、低离子强度、90℃加热乳清浓缩蛋白 10h 可以形成纤维核聚合物。在纤维形成的过程中成核期可以形成纤维核，其在纤维形成过程中起到至关重要的作用。与乳清浓缩蛋白单体相比较，纤维核是一种活化能高、稳定性好的低聚物，而且该低聚物可以很好地分散在水介质中。本研究选择用纤维核与玉米醇溶蛋白进行复合制备胶体颗粒，研究胶体颗粒的基本形态和功能性质，可以进一步拓宽玉米醇溶蛋白的应用范围。

第一节　复合物制备最佳条件确定

一、纤维核和纤维基本性质的评定

（一）分散性变化分析

目前对玉米醇溶蛋白和另一种可溶性蛋白质复合的方法包括 pH 值循环法和反溶剂法。在两种复合方法的选择中，一种方法涉及 pH 值的改变，另一种方法涉及溶剂的改变。而良好的分散性是决定这种蛋白质是否可以与玉米醇溶蛋白进行复配的一个重要因素。因此，测定了纤维核/纤维在不同介质、不同 pH 值下

的分散性。本研究中用到的纤维核和纤维分别通过 90℃ 加热 30mg/mL 的乳清浓缩蛋白 2h 和 10h 制得，因此，选择未加热的乳清浓缩蛋白为对照。对样品和对照组的分散性进行了测定，结果如表 8-1 所示。

表 8-1　纤维和纤维核在不同溶剂和不同 pH 值下分散性变化/%

样品	70%乙醇			水		
	pH 2.0	pH 7.0	pH 11.5	pH 2.0	pH 7.0	pH 11.5
乳清浓缩蛋白	95.59±0.12[ab]	93.86±2.01[b]	96.14±1.01[ab]	98.76±1.48[a]	98.14±0.89[a]	97.73±0.45[a]
纤维核	99.12±0.65[a]	94.24±1.56[b]	98.78±2.13[a]	98.12±0.88[a]	98.03±0.89[a]	98.23±0.77[a]
纤维	91.18±2.94[a]	81.82±1.89[b]	27.05±3.01[c]	84.35±1.21[b]	86.59±1.21[ab]	91.82±1.09[a]
玉米醇溶蛋白	99.30±0.42[a]	98.30±0.56[ab]	97.40±0.12[b]	1.02±0.23[e]	2.67±1.01[d]	75.84±0.23[c]

注　[a-g] 指每一行的差异显著性 （$P<0.05$），数值指的是平均值±标准差。

从表 8-1 的结果可以发现，pH 值和溶剂的类型对乳清浓缩蛋白、纤维核、纤维、玉米醇溶蛋白 4 种样品的分散性有一定的影响。纤维核和乳清浓缩蛋白在水或 70%乙醇 2 种介质中，在不同的 pH 值下的分散性相类似，均保持较高的分散性，分散性都在 90%以上。而对于纤维聚合物而言，介质的极性和 pH 值对其分散性影响较大。在水溶剂中，与纤维核相比，纤维在 pH 2.0、pH 7.0、pH 11.5 的分散性都要比纤维核的低，分别为 84.35%、86.59%和 91.82%。而当把纤维分散在 70%的乙醇溶剂中，在 pH 2.0、pH 7.0 和 pH 11.5 条件下的分散性分别为 84.35%、86.59%和 91.82%。玉米醇溶蛋白在乙醇介质中具有较高的分散性（>97%），而在水中随着 pH 值的变化而变化，其在 pH 2.0 条件下仅为 1.02%，在 pH 7.0 条件下为 2.67%，而 pH 11.5 的条件下为 75.84%。这些结果说明纤维对 pH 值和溶剂的变化比纤维核敏感。而玉米醇溶蛋白在水中的分散性较低。

（二）pH 值对纤维结构的影响

利用反溶剂法复合 2 种蛋白过程中涉及介质的改变，在复合过程中需要确定这种具有特殊结构的纤维核在介质改变过程中是否会发生结构的变化。硫黄素 T（ThT）是一种阳离子碱性染料能够特异性地与淀粉样纤维结合而提高淀粉样纤维的荧光强度，目前国内外常用其反映蛋白质中纤维聚合物的形成情况。而通过测定纤维核/纤维在不同介质环境下的 ThT 的荧光强度的变化可以间接反映纤维核在不同溶剂中是否结构发生了变化。测定了在不同溶剂中（水和 70%乙醇）硫黄素 T 的荧光强度，结果如表 8-2 所示。

表 8-2　3 种样品在不同 pH 值和介质中 ThT 荧光强度

样品	乙醇			水		
	pH 2.0	pH 7.0	pH 11.5	pH 2.0	pH 7.0	pH 11.5
乳清浓缩蛋白	6.76±0.08[b]	8.62±0.40[a]	8.26±0.07[a]	5.99±0.17[c]	4.54±0.07[d]	4.61±0.08[d]
纤维核	50.27±3.22[ab]	43.25±2.83[b]	33.32±3.11[c]	54.41±3.62[a]	31.23±1.89[c]	21.23±1.71[d]
纤维	47.61±1.31[cd]	50.27±3.22[bc]	42.67±0.70[d]	108.18±2.01[a]	54.41±3.62[b]	14.50±0.25[e]

注　[a~g] 指每一行的差异显著性（$P<0.05$），数值指的是平均值±标准差。

从表 8-2 的结果可以发现，乳清浓缩蛋白在水中的 ThT 荧光强度要略低于其在乙醇介质中的 ThT 的荧光强度，但是其整体保持在较低的值（小于 10）。就纤维核而言，在水介质中，在 pH 2.0 条件下 ThT 荧光强度为 54.41，当 pH 值增加时，其 ThT 荧光强度降低；在 70% 乙醇介质中，ThT 荧光强度随着 pH 值增加而降低，但是在 pH 2.0 时的 ThT 荧光强度为 50.27，与 pH 2.0 水介质下的 ThT 荧光强度相接近，说明在 pH 2.0 条件下介质的改变时纤维核可以保持其原有的结构。在水介质中，纤维的 ThT 荧光强度随着 pH 值的增加而降低，从 pH 2.0 的 108.18 降低至 pH 11.5 的 14.50，说明纤维在水介质中对 pH 值较为敏感；当把纤维分散在 70% 乙醇介质时，纤维在 pH 2.0 的 ThT 荧光强度显著降低，降低至 47.61，这说明纤维对介质较为敏感，其结构在介质改变时发生了变化。

（三）pH 值对内源性荧光强度的影响

pH 值对纤维核/纤维结构有不同程度的影响，通过测定蛋白质的内源性荧光光谱可以反映蛋白质构象的变化，因为在激发波长为 280nm 时可以反映色氨酸残基荧光光谱的变化情况，而色氨酸残基对蛋白质的折叠或者展开非常敏感。所以测定了纤维和纤维核在水介质环境下，在 pH 2.0、pH 7.0 和 pH 11.5 条件下的内源性荧光光谱，结果如图 8-1 所示。

在图 8-1 的结果可以发现，无论是纤维核还是纤维，其荧光强度会随着 pH 值的改变而发生一定的变化。纤维核和纤维的荧光光谱发生类似的变化，当 pH 值从 pH 2.0 调节到 pH 7.0 时，其荧光强度略有增强，而当 pH 值增加至 pH 11.5 时，荧光强度大幅度降低。而且与 pH 2.0 条件下的荧光光谱相比较，在 pH 7.0 或者 pH 11.5 的情况下，其最大发射峰向长波长处移动，即发生了红移。而且在 pH 11.5 值下荧光强度均降低，即发生了荧光猝灭，荧光猝灭归功于包括分子重排、能量转移、基态复合物的形成及碰撞猝灭在内的分子间相互作用。这些结果说明纤维核和纤维 2 种物质在 pH 值改变的情况下均发生了结构的变化。

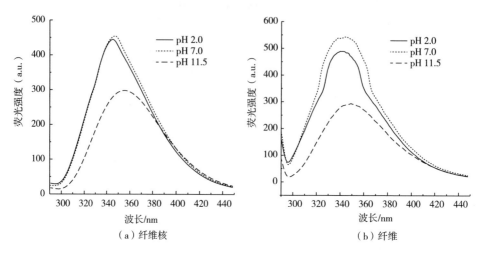

图 8-1　不同聚合物在不同 pH 值下的荧光光谱的变化

（四）pH 值对表面疏水性的影响

在水介质环境下，纤维核和纤维在不同 pH 值下的表面疏水性荧光光谱存在很大的差异，结果见图 8-2。

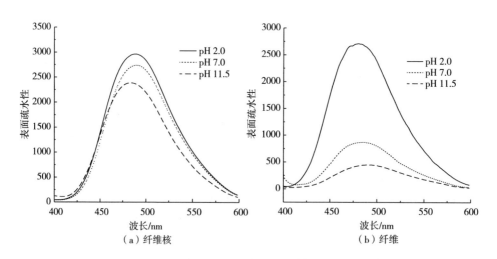

图 8-2　不同聚合物在不同 pH 值下的表面疏水性的变化

在 pH 值变化时，纤维和纤维核在不同的 pH 值下的表面疏水性的荧光光谱均发生了很大的变化。就纤维核而言，pH 2.0 时，表面疏水性的荧光光谱强度最大，pH 7.0 时荧光强度略微下降，而当 pH 11.5 时，荧光光谱进一步下降，结果说明纤维核的表面疏水性对 pH 值较为敏感。

（五）纤维聚合物微观形态变化

就纤维而言，随着 pH 值的变化，荧光光谱强度的变化幅度较大，当 pH 2.0 时，表面疏水性的荧光光谱强度较高，而当 pH 7.0 时，荧光强度大幅度下降，而当 pH 值调制 11.5 时，其荧光强度进一步下降，而且结果发现纤维对 pH 的变化比纤维核对 pH 值的变化要敏感。纤维的敏感程度还可以体现在微观形貌的变化上，结果如图 8-3 所示。

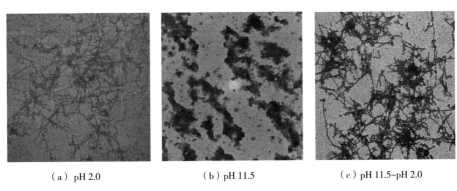

(a) pH 2.0　　　　　(b) pH 11.5　　　　　(c) pH 11.5~pH 2.0

图 8-3　纤维在不同 pH 值下的结构形态

从图 8-3 的结果可以发现，在 pH 2.0 时，纤维保持着良好的纤维状态，而当把 pH 值调节值 pH 11.5 时，其纤维聚集成无规则的团簇状聚合物，而当把 pH 值从 11.5 调回 2.0 时，又重新形成纤维状聚合物，但是较最初纤维聚合物状态而言，其纤维的长度变短，更容易发生团簇现象。

结合在不同溶剂、不同 pH 值下的硫黄素 T、分散性、内源性荧光、表面疏水性的结果可以发现，与纤维核相比较，纤维的结构对 pH 值的变化非常敏感，而且存在分散性受介质影响较大的弊端。纤维核对环境改变非常敏感而且是线状的聚合物，而玉米醇溶蛋白是一种球状结构的聚合物，基于目前复合 2 种蛋白质的方法包括反溶剂法和 pH 值循环法，使很难实现线状结构的纤维聚合物和球状结构的玉米醇溶蛋白形成胶体颗粒。所以没有选择纤维与玉米醇溶蛋白制备胶体颗粒。

二、复合物胶体颗粒性质评价

（一）不同结构 WPC 和玉米醇溶蛋白胶体颗粒性质的评价

1. 复合物结构形态的比较

微观形貌可以反映出复合胶体颗粒结合形态的差异，分别利用透射电镜观察

3 种复合物的微观形貌和粒径变化，结果如图 8-4 所示。

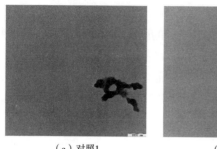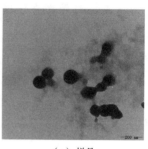

（a）对照1　　　　　　　　（b）对照2　　　　　　　　（c）样品

图 8-4　玉米醇溶蛋白和 WPC/纤维核复合物的微观形态

从图 8-4 的结果可以发现，WPC、纤维核分别和玉米醇溶蛋白在 pH 2.0 条件下形成的胶体颗粒的形态存在很大不同 ［图 8-4（a）、图 8-4（c）］，同时与文献中采用的 pH 7.0 复合物制备的胶体分进行复合后胶体颗粒也存在很大不同 ［图 8-4（b）］。纤维核—玉米醇溶蛋白进行复合制备的胶体颗粒可以发现，纤维核附着在玉米醇溶蛋白的球状颗粒上，而且玉米醇溶蛋白的球状结构没有被破坏 ［图 8-4（c）］。而在 pH 2.0 条件下，WPC 部分包裹或吸附在玉米醇溶蛋白的周围 ［图 8-4（a）］。与纤维核复合的玉米醇溶蛋白相比较，在 pH 7.0 条件下，WPC 完全包裹在玉米醇溶蛋白球状颗粒表明，与纤维核和吸附在玉米醇溶蛋白表面完全不同 ［图 8-4（b）］。

2. 复合物分散性的评价

水中分散性的大小可以反映出复合物在水中的稳定性的高低，一般而言，分散性高其稳定性较好。因此，对 WPC/纤维核—玉米醇溶蛋白复合物在水中的分散性进行了测定，结果如表 8-3 所示。通过结果可以发现，WPC 或者纤维核与玉米醇溶蛋白进行复合后，可以大幅度提高玉米醇溶蛋白在水中的分散性。在 pH 2.0 条件下，WPC 和玉米醇溶蛋白复合形成的复合物的分散性为 56.16%；在 pH 7.0 条件下，WPC 和玉米醇溶蛋白复合形成的复合物在水中的分散性为 61.28%。在 pH 2.0 条件下，纤维核和玉米醇溶蛋白复合形成的复合物的分散性达到 71.59%。对于纤维核和乳清浓缩蛋白而言，在 pH 2.0 水中的分散性分别为 98.12% 和 98.76%，而玉米醇溶蛋白在水中的分散性仅为 1.02%。而乳清浓缩蛋白-zein 和纤维核-zein 两种复合物的分散性分别为 56.16% 和 71.59%。这种提高的程度不同，说明 WPC 和纤维核对 zein 提高的幅度不同，其中纤维核对 zein 在水中分散性提高的程度更大。而玉米醇溶蛋白对这 3 种复合物而言，纤维核—玉米醇溶蛋白复合物在水中的分散性最高。因此，纤维核属于 WPC 独特的聚合形式，其对改善玉米醇溶蛋白在水中的分散能力，有着 WPC 常规结构状态不具有的改善能力。

表 8-3　WPC/纤维核和玉米醇溶蛋白复合物在水中的分散性

样品	zein pH 2.0	对照 1（pH 2.0） WPC+zein	对照 2（pH 7.0） WPC+zein	样品（pH 2.0） Fibril nuleus+zein
水中分散性/%	0.89±0.12[d]	56.16±0.34[a]	61.28±0.38[b]	71.59±0.18[c]

注　[a-g] 指每一行的差异显著性（$P < 0.05$），数值指的是平均值±标准差；

对照组 1-乳清浓缩蛋白和玉米醇溶蛋白胶体（1:1）在 pH 2.0 条件下制备的胶体颗粒；

对照组 2-乳清浓缩蛋白和玉米醇溶蛋白胶体（1:1）在常规 pH 值下制备的胶体颗粒。

（二）胶凝性的分析

胶凝作用是蛋白质的一个重要特性，利用乙醇诱导法制备 2 种复合胶体颗粒凝胶，采用 TPA 法测定所形成凝胶的硬度、弹性及黏附性，评价凝胶的特性。配置蛋白质总浓度为 12%（W/V）的、纤维核和玉米醇溶蛋白比例不同的复合物，其中以乳清浓缩蛋白和玉米醇溶蛋白 1:1 比例混合的样品为对照组（pH 2.0）。通过乙醇挥发诱导形成凝胶，然后测定其硬度、弹性、黏附性和胶着性，结果如表 8-4 所示。

表 8-4　纤维核—玉米醇溶蛋白胶体颗粒和 WPC—玉米醇溶蛋白胶体颗粒的凝胶特性

指标	对照 1	样品
硬度/g	116.77±8.51[a]	129.44±2.52[b]
弹性	0.911±0.12[a]	0.908±0.03[a]
黏附性	−131.81±20.94[a]	−131.16±14.23[d]
胶着性	50.31±2.75[d]	58.96±2.98[a]

从表 8-4 的结果发现，样品的凝胶的各项指标（硬度、弹性、黏附性和胶着性）与对照组的凝胶各项指标存在相应的差异。其中样品的硬度（129.44）要大于对照组的硬度（116.77），而样品的弹胶着性也要大于对照组的胶着性。根据文献中报道 α-玉米醇溶蛋白在 70%乙醇诱导形成的凝胶浓度在大于 20%的范围内，而在本研究中发现，当加入纤维核时其玉米醇溶蛋白成胶浓度可以大大降低，在有纤维核的辅助下，玉米醇溶蛋白在 6%的浓度结合纤维核（二者以 1:1 比例进行复合）形成凝胶。

第二节　流变学特性的比较

一、表观黏度变化分析

对浓度为12%（*W/V*）的3种复合物（样品：纤维核和玉米醇溶蛋白在pH 2.0条件下形成复合物；对照组1：WPC和玉米醇溶蛋白在pH 2.0条件下形成的复合物；对照组2：WPC和玉米醇溶蛋白在pH 7.0条件下形成的复合物）对照组2：在0.01~100rad/S的剪切速率下进行表观 *N* 的测定，测定的结果如图8-5所示。

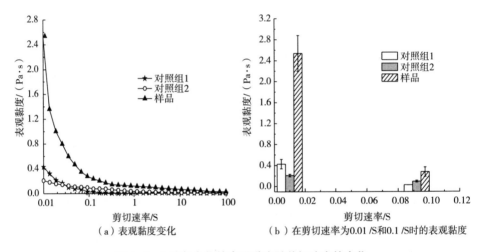

（a）表观黏度变化　　　（b）在剪切速率为0.01 /S和0.1 /S时的表观黏度

图8-5　3种复合物的表观黏度随剪切速率的变化

从图8-5表观黏度的结果的结果可以发现，3种胶体颗粒溶液均表现出了非牛顿流体力学的性质（黏度随着剪切速率的增加而降低）。而且结果还发现，纤维核—乳清浓缩蛋白胶体颗粒溶液在相同条件下表观黏度最高，不仅高于对照组1的表观黏度，也高于对照组2的表观黏度。例如，在剪切速率为0.01rad/S时，纤维核—玉米醇溶蛋白胶体颗粒溶液的表观黏度为2.539（Pa·s），而对照组1和对照组2的表观黏度分别为0.427（Pa·s）和0.20961（Pa·s），在剪切速率为0.1rad/S时，纤维核—玉米醇溶蛋白胶体颗粒溶液、样品1和样品2的表观黏度分别为0.277（Pa·s）、0.029（Pa·s）和0.096（Pa·s）。

二、黏弹性变化分析

流变学特性的另一个重要指标是黏弹性的变化，因此测定了3种胶体颗粒

（样品：纤维核和玉米醇溶蛋白在 pH 2.0 条件下形成复合物。对照组 1：WPC 和玉米醇溶蛋白在 pH 2.0 条件下形成的复合物，对照组 2：WPC 和玉米醇溶蛋白在 pH 7.0 条件下形成的复合物）的黏性模量和弹性模量的变化，结果如图 8-6 所示。

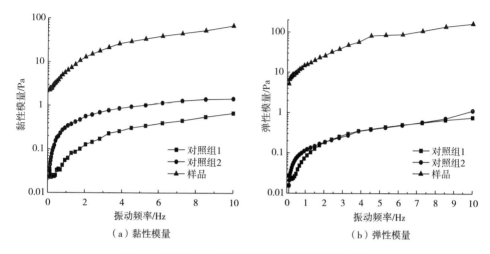

图 8-6　三种复合物的黏性模量和弹性模量的变化

　　3 种复合的黏性模量和弹性模量存在很大的差异。3 种复合物的黏性模量的大小顺序分别为：纤维核—玉米醇溶蛋白复合物 pH 2.0>对照组 1>对照组 2。其中纤维核修饰后的玉米醇溶蛋白的黏性模量远远大于其他 2 种复合物的黏性模量，这可能与纤维核的特殊结构有关，从而使复合物的黏性大大增加。而对于弹性模量而言，其结构与黏性模量存在很大的不同，其中纤维核—玉米醇溶蛋白复合物的黏性也是大于乳清浓缩蛋白在 2 个 pH 值下与玉米醇溶蛋白形成的两种复合物的弹性模量。

三、表观黏度的比较

　　表观黏度作为评价流体黏稠度的一个重要指标，可以反映出液态物质的流变性质，同时也可以表征流体或者流体中分子间吸引力。测定了浓度分别为 20mg/mL、20mg/mL 和 12mg/mL 的天然玉米醇溶蛋白、碱修饰玉米醇溶蛋白和纤维核—玉米醇溶蛋白 3 种溶液的表观黏度，测定结果如图 8-7 所示。

　　从图 8-7 的结果可以得出，纤维核—玉米醇溶蛋白、碱修饰玉米醇溶蛋白和天然玉米醇溶蛋白在 0.01~100S 的剪切速率下的表观曲线均表现出了非牛顿流体的现象，即随着剪切速率的增加，表观黏度呈现下降的趋势。其中纤维核—玉米醇溶蛋白复合物分散液（12mg/mL）的表观黏度最高，不但高于碱修饰玉米醇

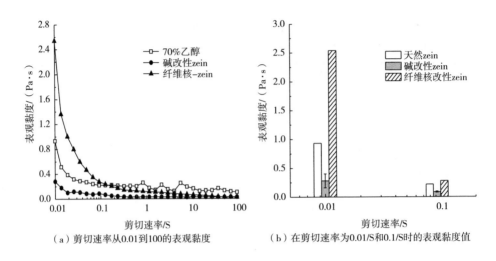

（a）剪切速率从0.01到100的表观黏度　　（b）在剪切速率为0.01/S和0.1/S时的表观黏度值

图8-7　天然玉米醇溶蛋白和改性玉米醇溶蛋白的表观黏度与剪切速率曲线

溶蛋白分散性（20mg/mL）的表观黏度，而且高于浓度为 20mg/mL 的天然玉米醇溶蛋白乙醇-水分散液的表观黏度。在剪切速率为 0.01S 和 0.1S 时，纤维核的表观黏度明显高于碱改性的玉米醇溶蛋白和天然的玉米醇溶蛋白。结果表明，玉米醇溶蛋白和纤维核形成的胶体颗粒，由于纤维核的特殊结构增加了复合物的表观黏度。水合作用可以增加蛋白质的表观黏度，而纤维核的引入大大增加了蛋白质的水合能力，从而增加了蛋白质的表观黏度。同时碱改性后的玉米醇溶蛋白因为将谷氨酰胺和天冬酰胺转化为亲水的谷氨酸和天冬氨酸，从而增加了水合作用，进而增加了表观黏度。3 种样品选择不同的浓度进行功能性质测定，是因为天然和碱改性的玉米醇溶蛋白在 20mg/mL 浓度下才能表现出较好的表观黏度，而在低浓度无法测出表观黏度的数据；而纤维核改性的玉米醇溶蛋白在蛋白质浓度为 12mg/mL 时就可以表现出良好的表观黏度特性。

四、黏弹特性

食品的结构、品质与黏弹特性息息相关。利用小变形动态测试的方法，在线性黏弹性区域的振荡测试可以测定食品基料的黏弹性，从而对食品的结构进行分析。结果见图8-8。

从图8-8的数据可以看出，在 0.01~10Hz 的振动频率范围内，黏性模量的大小依次为纤维核改性玉米醇溶蛋白>天然玉米醇溶蛋白>碱改性玉米醇溶蛋白；3 种样品弹性模量的大小依次为纤维核改性玉米醇溶蛋白>天然玉米醇溶蛋白≥碱改性的玉米醇溶蛋白。结果表明，无论是通过碱改性还是纤维核改性后的玉米醇溶蛋白，其黏弹性模量均发生了很大的变化。与天然的玉米醇溶蛋白相比较，

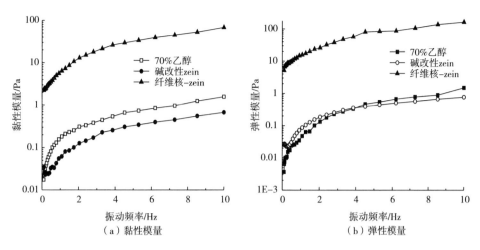

（a）黏性模量　　　　　　　　（b）弹性模量

图 8-8　天然和不同修饰后玉米醇溶蛋白分散液的黏弹性变化曲线

纤维核改性的玉米醇溶蛋白的黏性模量或弹性模量均增加；碱改性的黏性模量明显降低，而弹性模量却表现出了与天然玉米醇溶蛋白相近的值。

第三节　复合聚合物乳化性的分析

一、纤维核乳化性的分析

利用比浊法测定乳清浓缩蛋白、纤维核、玉米醇溶蛋白、乳清浓缩蛋白-zein 复合物（pH 2.0）、乳清浓缩蛋白-zein 复合物、纤维核-zein 复合物的乳化活性及乳化稳定性，结果如图 8-9 所示。

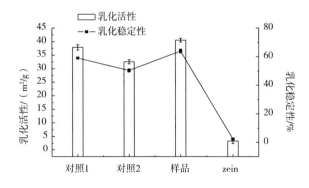

图 8-9　不同样品的乳化活性和乳化稳定性变化分析

（对照 1 乳清浓缩蛋白-zein，pH 2.0;，对照 2 乳清浓缩蛋白-zein，pH 7.0；样品：纤维核-zein，pH 2.0）

从图 8-9 的数据可以看出，乳清浓缩蛋白或者纤维核与玉米醇溶蛋白进行复合形成复合物后，乳化活性和乳化稳定性均得到较大幅度的提高。如乳清浓缩蛋白-zein（pH 2.0）和乳清浓缩蛋白-zein（pH 7.0）的乳化活性分别提高至37.9m²/g 和 32.6m²/g，乳化稳定性分别提高至 59.0%和 50.4%。与乳清浓缩蛋白与玉米醇溶蛋白形成的复合物相比较，纤维核和玉米醇溶蛋白形成的复合物的乳化活性和乳化稳定性分别提升至 40.5m²/g 和 63.9%。Piriyaprasarth 等人研究发现将多糖和玉米醇溶蛋白相互复合形成的复合物可以提高玉米醇溶蛋白的乳化活性和乳化稳定性。

二、复合物起泡性的变化分析

分别将碱修饰的玉米醇溶蛋白和纤维核复合修饰的玉米醇溶蛋白溶解在 pH 7.0 的磷酸缓冲溶液（0.01mol/L），均配置成浓度为 0.1%的溶液。分别取200mL 溶液加入组织捣碎机搅打起泡，泡沫体积和原溶液体积的比值记为起泡能力。放置 30min 后，泡沫的体积与原泡沫体积的比值用于评价泡沫稳定性，分析和比较不同形貌、不同结构的聚合物的起泡能力和泡沫稳定性的差异，试验结果如图 8-10 所示。

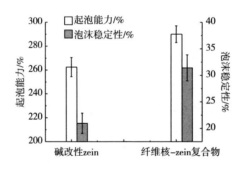

图 8-10　碱改性和纤维核改性的玉米醇溶蛋白的起泡能力和泡沫稳定性变化

从图 8-10 的结果可以发现，碱改性的玉米醇溶蛋白和纤维核改性的玉米醇溶蛋白的起泡能力和泡沫稳定存在很大不同。其中碱改性玉米醇溶蛋白和纤维核改性的玉米醇溶蛋白的起泡能力分别为 262.5%和 290%，而两种样品的泡沫稳定性分别为 20.95%和 31.41%。纤维核改性的玉米醇溶蛋白的起泡能力和泡沫稳定性均大于碱改性玉米醇溶蛋白的起泡能力和泡沫稳定性，产生这种结果的原因可能与纤维核的引入有关。这种特殊的结果有助于界面的稳定性。

三、复合聚合物乳化性的变化

乳化性是评价蛋白质界面性质的另一个重要指标，乳化性包括乳化活性和乳化稳定性。因此，测定通过碱和纤维核修饰后的玉米醇溶蛋白的乳化活性和乳化稳定性，结果如图8-11所示。

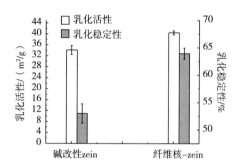

图8-11　两种改性后的玉米醇溶蛋白的乳化活性和乳化稳定性

从图8-11的结果可以发现，碱改性的玉米醇溶蛋白和纤维核改性的玉米醇溶蛋白的乳化活性和乳化稳定性存在很大差异。其中纤维核改性的玉米醇溶蛋白的乳化活性和碱改性玉米醇溶蛋白的乳化活性分别为34.14m²/g和38.12 m²/g，表明纤维核改性的玉米醇溶蛋白的乳化活性比碱改性玉米醇溶蛋白的乳化活性高；纤维核改性的玉米醇溶蛋白的乳化稳定性和碱改性的玉米醇溶蛋白的乳化稳定性分别为62.98%和71.25%。这些结果说明，纤维核改性的玉米醇溶蛋白对乳化活性和乳化稳定性的改善程度大于碱改性的玉米醇溶蛋白的乳化活性和乳化稳定性的改善程度。

第四节　复合聚合物结构和功能关系的构建

一、构效关系的建立

通过碱、SDS、纤维核、乳清浓缩蛋白对玉米醇溶蛋白进行修饰后，玉米醇溶蛋白质的结构发生了不同的变化，而且这种结构的变化还受到介质极性的影响。玉米醇溶蛋白的不同结构带来了不同功能性质的变化。从玉米醇溶蛋白是否保持球状结构的角度，用不同方法对玉米醇溶蛋白球状结构的改变带来功能性质的影响进行了总结，如图8-12所示。

在水介质中，通过碱或SDS对玉米醇溶蛋白改性后，其球状结构被破坏，形成了无规则的聚合物。与天然玉米醇溶蛋白相比，玉米醇溶蛋白形成的2种无规则聚合物均表现出较好的水中分散性，但是2种聚合物在双亲性和结构方面不同，碱改性后的玉米醇溶蛋白具有较强的结构逆转能力，以及较好的双亲性特

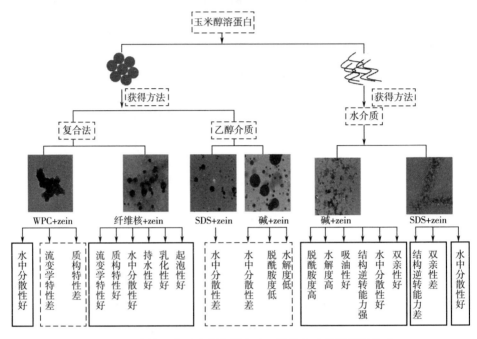

图 8-12　改性玉米醇溶蛋白的方法、结构和功能性质的关系

性，而 SDS 改性的玉米醇溶蛋白的双亲性却较差。在乙醇介质中，通过碱或 SDS 改性的玉米醇溶蛋白，以及通过乳清浓缩蛋白或纤维核改性的玉米醇溶蛋白均保持着球状结构。但是这种球状结构带来的功能性质的改善程度存在一定的差异，其中乳清蛋白修饰的玉米醇溶蛋白和纤维核修饰的玉米醇溶蛋白 2 者在水中的分散性均较好，但是流变性质和质构特性却不同。纤维核改性的玉米醇溶蛋白的流变学特性和质构特性比乳清浓缩蛋白改性的玉米醇溶蛋白的流变学特性和质构特性要好。

改性后，保持球形颗粒和破坏球形颗粒的玉米醇溶蛋白表现出了不同的功能性质。例如，与在水介质中碱改性后的玉米醇溶蛋白的功能性质相比较，纤维核改性的玉米醇溶蛋白表现出更好的持水性、乳化性（乳化活性和乳化稳定性）和起泡性（起泡能力和泡沫稳定性），但是碱改性的玉米醇溶蛋白却表现出更强的吸油性。

综上所述，不同的改性方式带来了不同的结构变化，而这种结构的改变赋予了不同的功能特性。针对所要改善的具体功能性质，可以选择合适的方法对玉米醇溶蛋白的结构进行特性的修饰，从而获得理想的功能性质。

二、常规改性对玉米醇溶蛋白性质的影响

（一）改性条件选择依据

恰当的结构修饰可以改善蛋白质的理化性质和功能性质；但是，如果过度破坏蛋白质的结构不但不能改善蛋白的功能性质，还会破坏原有较为特殊的功能性质，所以蛋白质改性条件的选择至关重要。本研究对玉米醇溶蛋白结构修饰过程中涉及的条件包括加热温度、加热时间、SDS 浓度、乙醇浓度。

1. SDS 浓度选择的依据

已有研究表明，在一定浓度范围内的 SDS 可以和玉米醇溶蛋白进行特异性的结合，从而提高其在水中的分散性。在对 SDS 的浓度进行筛选时，如果 SDS 浓度太低，不足以充分分散试验中所需的玉米醇溶蛋白浓度；但如果 SDS 浓度太高，会过度破坏玉米醇溶蛋白的结构，同时引入太多的 SDS 会影响后期相应性质的测定。因此，选择了可以分散 10mg/mL 玉米醇溶蛋白的 12.5mmol/L 的 SDS 浓度。

2. 乙醇浓度选择的依据

玉米醇溶蛋白可以分散在一定乙醇浓度范围内的乙醇—水溶液中。乙醇浓度影响着玉米醇溶蛋白的结构和功能性质。Kim 等人研究发现在乙醇浓度较低时，玉米醇溶蛋白的亲水基团暴露在外面，而当浓度升高至一定范围时，玉米醇溶蛋白的疏水基团暴露出来，发生了结构逆转。换而言之，玉米醇溶蛋白亲水或者疏水氨基酸是否暴漏在表面与所处的介质环境的极性有关系。结构的不同使玉米醇溶蛋白之间的聚集方式发生改变，这种改变导致了性质的不同，如在不同的乙醇浓度下，玉米醇溶蛋白分散液表现出明显不同的流变学特性。选择 70%浓度的乙醇溶液作为改性玉米醇溶蛋白的一种溶剂，原因有两个，第一个是，与水相比较，70%乙醇的极性较弱，选择这 2 种溶剂可以比较溶剂极性对改性玉米醇溶蛋白结构、性质带来的差异；第二个是，在 70%乙醇浓度时，玉米醇溶蛋白的分散性最大。大量的研究对玉米醇溶蛋白改性时，也选择了 70%乙醇浓度作为溶剂，如 Feng 等人利用酪蛋白酸钠对玉米醇溶蛋白进行表面修饰，选择分散玉米醇溶蛋白的溶剂为 70%；Sun 等人采用 70%乙醇分散玉米醇溶蛋白，然后对起进行高压均质修饰，发现玉米醇溶蛋白的结构、形态和性质发生很大的变化，sun 等人利用高压对玉米醇溶蛋白进行改性时，所采用的分散玉米醇溶蛋白的溶剂为 70%的乙醇。

3. 水环境下反应条件选择的依据

介质极性对蛋白质的结构（折叠或展开状态）、稳定性和分散性产生很大影

响。如 Gupta 等人利用不同的溶剂提取玉米醇溶蛋白，发现溶剂的极性和温度对提取率有很大的影响。与 70%乙醇介质相比较，水是一种极性较强的介质，而玉米醇溶蛋白是一种不能溶于纯水的蛋白质，为了让玉米醇溶蛋白充分的分散在水介质中，除了采用 SDS 改性玉米醇溶蛋白外，利用碱分散玉米醇溶蛋白也是目前常用的方法之一。本试验发现，当溶液的 pH 值为 11.5 时可以完全分散 10mg/mL 浓度的玉米醇溶蛋白，所以选择 pH 11.5 的水介质配制玉米醇溶蛋白分散液。

加热可以改变蛋白质结构，如 Cabra 等人研究发现高温（90℃）改变了玉米醇溶蛋白二级结构和三级结构，从而使玉米醇溶蛋白发生聚集。在碱性条件下，加热会发生脱酰胺基作用，脱酰胺度越高对蛋白质结构和性质的改变程度越大。试验结果发现，随着加热时间的延长脱酰胺度越高；而在加热时间相同的情况，温度越高，脱酰胺度越高。在 70℃条件加热，在较短的时间内可以达到较高的脱酰胺度，结合加热温度需要在 70%乙醇的沸点之下，所以试验中选择 70℃作为反应温度。分散性的高低决定了后期试验能否顺进行，以 γ-玉米醇溶蛋白的分散性随着加热时间的变化为指标，加热时间延长，分散性逐渐升高，当加热 10h 时，γ-玉米醇溶蛋白的分散性可以达到接近 100%。Yong 等研究也在碱性条件下改性玉米醇溶蛋白，随着加热时间的延长其分散性也呈现增长的趋势，最后达到一个分散性较好的点。所以试验中加热的温度和时间确定为 70℃和 10h。

（二）碱改性对玉米醇溶蛋白结构和性质的影响

粒径和微观形态可以反映玉米醇溶蛋白在不同环境下的聚集方式。本研究发现玉米醇溶蛋白在 70%乙醇中未加热，或者加热 10h 后均形成粒径较大的球状结构，而在 pH 11.5 水介质中加热 0h 或 10h 后球状结构被完全破坏，形成无规则的聚合物。大量的研究报道玉米醇溶蛋白在 70%乙醇浓度下可以形成球状的纳米颗粒。试验中发现，玉米醇溶蛋白所处的介质环境从弱极性 70%乙醇变为极性强的水时，球状结构被破坏，形成了小的颗粒。这是因为在水介质环境下，玉米醇溶蛋白处于一个亲水的环境，强的亲水性增加了球状颗粒的曲率而形成较小的颗粒，同时在 pH 11.5 的环境下赋予玉米醇溶蛋白分子间较强的静电斥力，聚集程度较低而形成较小的颗粒。研究还发现玉米醇溶蛋白在乙醇溶液中形成球状颗粒的主要作用力为表面疏水作用力，而玉米醇溶蛋白在水溶剂中的表面疏水要远小于在 70%乙醇中的表面疏水作用力。在水溶剂中，蛋白质分子间的疏水作用较弱而难形成较大的球状聚合物。半胱氨酸是一种非常特殊的氨基酸，其含有一个游离的—SH，侧链上具有高度的化学反应活性，同时，两个半胱氨酸能形成稳定的、带有二硫键的胱氨酸。半胱氨酸属于极性氨基酸，通过测定游离巯基含量发现，玉米醇溶蛋白在 pH 11.5 水的游离巯基含量比在 70%乙醇中游离巯基含量要高 45.40%。这可能是因为在碱性条件下会发生脱酰胺基作用，而脱酰胺基作用可以断开蛋白质中的二硫键而形成巯基。

(三) 介质对 α/γ-玉米醇溶蛋白结构性质的影响

1. 脱酰胺度和水解度的变化探讨

α-玉米醇溶蛋白和 γ-玉米醇溶蛋白是玉米醇溶蛋白的 2 种重要的组分，2 者的氨基酸组成、结构和性质均存在很大差异。在极性不同的水和 70%乙醇 2 种介质中，利用碱对 α/γ-玉米醇溶蛋白进行改性，结果发现 2 种蛋白质的水解度和脱酰胺度明显不同。γ-玉米醇溶蛋白和 α-玉米醇溶蛋白在 pH 11.5 水中的脱酰胺度比在 pH 11.5 70%乙醇溶剂中的脱酰胺度分别高 90.67%和 72.16%，水解度分别高 65.06%和 61.40%。说明在水介质环境下比在乙醇介质环境下更容易发现脱酰胺基作用。天冬酰胺和谷氨酰胺属于极性氨基酸，在水介质环境下更容易暴露出来[145]，从而使白质谷氨酰胺、天冬酰胺和碱相遇的概率大大提升，从而较容易发生脱酰胺基作用，表现出较高的脱酰胺度。极性介质（水）环境更有利于碱对玉米醇溶蛋白的改性。

为了进一步确定介质对蛋白质改性程度的影响，利用傅里叶红外光谱对水和 70%乙醇 2 种介质中改性的 γ-玉米醇溶蛋白的结构进行了表征，结果如图 8-13 所示。

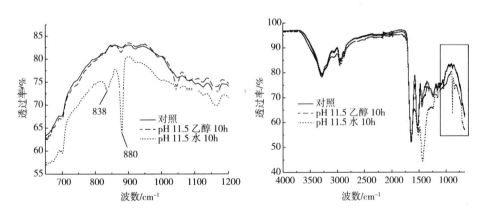

图 8-13　天然和在水/乙醇 2 种介质碱改性的 γ-玉米醇溶蛋白傅里叶红外光谱图

从图 8-13 的结果可以发现，γ-玉米醇溶蛋白在水和 70%乙醇 2 种介质中经过碱改性后，傅里叶红外光谱存在明显的不同。傅里叶红外光谱图中，在 1200~1480cm⁻¹ 范围被认为是蛋白质的指纹区，在此区域与单键（如 C—H 和 C—H）振动和酰胺结构的变化有关。在 830~900cm⁻¹ 表示蛋白质中苯环上的羟基化，在水介质中，通过碱改性后的 γ-玉米醇溶蛋白在 1440cm^{-1}、880cm^{-1} 和 838cm^{-1} 处伸缩振动比在 70% 乙醇介质中碱改性后 γ-玉米醇溶蛋白在 1460cm^{-1}、880cm^{-1} 和 838cm^{-1} 处伸缩振动要强。表面在水介质中，碱对 γ-玉米醇溶蛋白的改性程度大于在 70% 乙醇介质中碱对 γ-玉米醇溶蛋白的改性程度。

2. 游离巯基含量变化分析

蛋白质的—SH 通过空气氧化可以形成二硫键，这对蛋白质的功能性质产生很大的影响。一般而言，—SH 与蛋白质的成胶性能、热稳定性、乳化活性、起泡能力和流变学特性等功能性质与关系。无论是 α-玉米醇溶蛋白还是 γ-玉米醇溶蛋白，在水介质中的游离巯基含量要远高于在 70% 乙醇溶剂中的游离巯基含量。这是因为在水介质中两种蛋白在的脱酰胺基度高，而脱酰胺基作用可以断开二硫键而生产巯基，从而表现出高游离巯基含量。而 α-玉米醇溶蛋白的脱酰胺度比 γ-玉米醇溶蛋白的高，而游离巯基含量较低，这可能是因为 γ-玉米醇溶蛋白含有的半胱氨酸含量比 α-玉米醇溶蛋白的半胱氨酸含量高。

3. 表面疏水性的变化

对于球蛋白而言，蛋白质在加热或者其他改性条件下，包裹在内部的疏水氨基酸暴露出来，使表面疏水性增加。通常利用蛋白质的表面疏水性反映蛋白质表面疏水氨基酸的相对含量。蛋白质的表面疏水性可以反映出蛋白位点在化学或物理上的微妙变化，从而将疏水性作为评价蛋白变性的一个重要参数。本研究结果发现，在 2 种介质中，通过碱对 α-玉米醇溶蛋白和 γ-玉米醇溶蛋白改性后，两者在 70% 乙醇中的表面疏水性（分别为 12121 和 7975.15）要高于在水中的表面疏水性（分别为 3879.15 和 1975.15），表明在乙醇介质中更多的疏水氨基酸暴露在表面。而结果还发现，无论是在水中还是在乙醇中，碱改性的 γ-玉米醇溶蛋白的表面疏水性要低于 α-玉米醇溶蛋白的表面疏水性。但是 α-玉米醇溶蛋白的脱酰胺度和水解度要高于 γ-玉米醇溶蛋白的脱酰胺度和水解度。脱酰胺是将玉米醇溶蛋白中的酰胺基转化成酸性基团，从而增加结合水的能力和降低玉米醇溶蛋白的等电点，从而增加蛋白的在水中的分散性。但是水解会带来分子量的降低、电荷的增加、疏水氨基酸的暴露、活性氨基酸的暴露，这可能是因为 α-玉米醇溶蛋白的水解度大，从而使 α-玉米醇溶蛋白更多的疏水氨基暴露出来，但是加热又可以使蛋白质发生不可逆的展开和聚集，虽然水解会带来表面疏水性的增加，但是当脱酰胺度达到一定程度后，又可以使表面疏水性降低。在本研究中，α 和 γ-玉米醇溶蛋白的水解度和脱酰胺度之间的平衡不同，同时 α-玉米醇溶蛋白中的疏水氨基酸的比例高于 γ-玉米醇溶蛋白的疏水氨基酸比例，而且亲水和疏水氨基酸的含量不同，从而表现出了通过碱处理后的 α-玉米醇溶蛋白的表面疏水性大于 γ-玉米醇溶蛋白的结果。

三、碱/SDS 对 α/γ-玉米醇溶蛋白聚集形态影响

玉米醇溶蛋白在水中具有较低的分散性，一方面因为其含有大量的疏水氨基酸，尤其是脂肪族氨基酸，如亮氨酸、异亮氨酸和丙氨酸，另一方面因为天冬氨基酸和谷氨基酸的 β-和 γ-羧基端残基均被酰胺化而生产天冬酰胺和谷氨酰胺。试验结果发现，在乙醇中，无论是碱还是 SDS 改性的 γ/α-玉米醇溶蛋白均形成了颗粒较大的球状结构聚合物，而在水介质中通过碱或 SDS 改性的 γ/α-玉米醇溶蛋白均形成了形态不同、颗粒较小的无规则聚合物。这可能是因为在乙醇介质中 2 种玉米醇溶蛋白的表面疏水性要高于在水介质中 2 种玉米醇溶蛋白的表面疏水性，如在 70%乙醇介质中碱修饰的 γ-玉米醇溶蛋白的表面疏水性为 7975.15，而在水中通过碱修饰的 γ-玉米醇溶蛋白的表面疏水性为 1975.15，而高表面疏水性降低了蛋白质与水或乙醇的相互作用，增加了蛋白质之间的相互作用，从而增加了蛋白质之间的聚集，形成尺寸较大的聚合物。

试验结果还发现，在乙醇介质中，经过碱改性的 γ/α-玉米醇溶蛋白形成的球状结构聚合物要比在水介质中经过相同方式改性的 γ/α-玉米醇溶蛋白的分散性低。如在 70%乙醇溶液中碱结合 70℃加热 10h，后 γ-玉米醇溶蛋白的分散性为 53.81%，而在水介质中，通过碱结合 70℃加热 10h 改性的 γ-玉米醇溶蛋白分散性 97.50%。文献中报道，碱可以提高玉米醇溶在水中分散性的主要原因是碱改性玉米醇溶蛋白发生了脱酰胺基作用，脱酰胺基作用机理为将酰胺基转化成酸基，从而增加了蛋白质结合水的能力、降低玉米醇溶蛋白的等电点和增加蛋白质带电量而降低蛋白质之间的聚集[52]。Cassella 等通过化学法对玉米醇溶蛋白进行脱酰胺基从而提高了玉米醇溶蛋白在 pH 6~11 范围内的分散性。从脱酰胺度的结果发现 γ/α-玉米醇溶蛋白在水中发生脱酰胺度均大于在乙醇介质中的脱酰胺度，这可以解释为什么在水中通过碱改性 2 种蛋白质在水中的分散性比在 70%乙醇中碱改性两种蛋白质的分散性好。

四、结构逆转能力和双亲性关系的探讨

通过碱和 SDS 修饰后的 γ-玉米醇溶蛋白在水中分散性明显提高，但是，是否在水中分散性提高的同时在乙醇介质中仍然可以保持较高的分散性，即是否具有较好的双亲性。本研究通过在不同极性溶剂中的分散性、粒径和聚合物形态的变化反应双亲性的差异。在 pH 11.5 水中加热 10h 改性的 γ-玉米醇溶蛋白，重新分散在 70%乙醇溶剂后，不是水中改性时的不规则聚合物而是形成球形颗粒聚合物，该球形颗粒尺寸较小，而当乙醇浓度挥发至 25%后则又形成了无规则的聚合物，而且在整个变化过程中，碱改性的 γ-玉米醇溶蛋白的分散性保持在 95%

以上。相反的，在 SDS 水中加热 10h 后的 γ-玉米醇溶蛋白重新分散到 70% 乙醇溶剂后，聚合物形态也不是水中改性时的不规则聚合物而是形成非常大的球状颗粒，而乙醇挥发至 25% 后却呈现较小的球状颗粒，无法再出现水介质改性时的无规则小聚合物形态，而且其分散性随着乙醇浓度的变化幅度增大。这些结果说明，碱修饰的 γ-玉米醇溶蛋白具有较好的双亲性，而通过 SDS 修饰后的 γ-玉米醇溶蛋白的双亲性的改善程度明显。碱修饰玉米醇溶蛋白可以获得双亲性的分子，从而将其作为良好的乳化活性剂。

与其他可溶性蛋白质相比较，玉米醇溶蛋白是一种亲水性较差的蛋白质，它的结构特征决定了其更容易和疏水的表面相互接触，所以具有较弱的亲水作用。亲水作用包括水合作用、空间位阻和蛋白质间带电端的相互作用。本研究通过亲水常数的变化反映蛋白质对水的亲和能力。与天然的 γ-玉米醇溶蛋白亲水常数（4.19×10^{-13}）相比，2 种改性后的 γ-玉米醇溶蛋白其亲水常数也会发生很大的变化，碱修饰 γ-玉米醇溶蛋白的亲水常数为 1.49×10^{13}，而 SDS 修饰后的亲水常数为 3.22×10^{-5}。说明碱改性 γ-玉米醇溶蛋白的水合能力显著增加，而 SDS 修饰后 γ-玉米醇溶蛋白的水合能力略有增加。这种改变归功于碱改性后玉米醇溶蛋白发生脱酰胺基作用，生产的天冬氨酸和谷氨酸的亲水能力增强，从而亲水常数较大。

蛋白质的结构决定性质，通过结构可以解释性质的变化。Wang 等人研究发现，双亲的玉米醇溶蛋白和十八烯脂肪酸相互作用可以改变蛋白质的结构，而通过结构的变化可以改善相应的性质[120]。二级结构测定的结果发现 α-玉米醇溶蛋白含有很高的 α-螺旋含量（57.64%）。Lai 等人合成的含 γ-苯基、L-谷氨酸、L-苯丙氨酸、L-缬氨酸和 L-丙氨酸多肽，能够形成 α-螺旋结构。而 α-玉米醇溶蛋白含有较高含量的 L-苯丙氨酸、L-缬氨酸和 L-丙氨酸，这可能是玉米醇溶蛋白 α-螺旋含量较高的原因之一。而通过碱结合加热 10h 后的 α-玉米醇溶蛋白的含量大幅度降低，α-螺旋的含量仅为 5.85%。这一结果与 Yong 等人发现脱酰胺基后 α-玉米醇溶蛋白经过酶脱酰胺后 α-螺旋含量降低相一致。Zhang 等人通过测定傅里叶红外光谱测定发现在碱和酸作用下发生脱酰胺基作用后的 α-玉米醇溶蛋白的 α-螺旋、β-折叠和 β-卷曲的含量均下降。本研究发现当把在水中通过碱改性的 α/γ-玉米醇溶蛋白重新分散到 70% 乙醇介质后，其 α-螺旋含量大幅度恢复。这可能是因为碱修饰后的 α-玉米醇溶蛋白具有更高的分子柔性，赋予 α-玉米醇溶蛋白较高的 α-螺旋可逆能力。一般而言，生物大分子在水中的分散性与二级结构（如螺旋和超螺旋结构）、三级结构（链内和链间相互作用）、主链和侧链的长度有关。这种脱酰胺改变蛋白质的二级结构中 α-螺旋的含量可能也是提高玉米醇溶蛋白在水中分散能力的原因之一。

利用高分辨透射电镜可以直观地观察到玉米醇溶蛋白的结构的变化。在极性较弱的 70% 乙醇溶剂中，γ-玉米醇溶蛋白形成了指环状结构；在极性较强的水溶剂中，碱修饰后的 γ-玉米醇溶蛋白的高分辨透射电镜观察到水波纹状的结构，而当把它重新分散到乙醇中后，结构为指环状的结构。这些结构说明碱修饰后的 γ-玉米醇溶蛋白在溶剂极性变化过程中结构会发生较大程度的恢复，碱修饰后的 γ-玉米醇溶蛋白具有较强的结构逆转能力。高分辨透射电镜观察到的指环状结构认为是二级结构中的 α-螺旋结构，而条带的形状被认为是 β-折叠结构。碱改性的玉米醇溶蛋白具有很好的分子柔性，可以很好地在醇与水 2 种介质中发生分子结构逆转，因而赋予了其很好的双亲结构。而 SDS 改性后的 γ-玉米醇溶蛋白分子刚性太强，无法实现 γ-玉米醇溶蛋白的分子结构逆转，双亲能力差。

所以，经过碱结合加热 10h 改性后的 α/γ-玉米醇溶蛋白具有较好的双亲性，而这种双亲性源于碱改性的玉米醇溶蛋白分子具有较高的 α-螺旋恢复能力，α-螺旋恢复能力赋予了碱改性玉米醇溶蛋白分子较强的结构逆转能力。

五、纤维核—玉米醇溶蛋白胶体颗粒性质的研究

修饰蛋白质可以带来以下几点好处：消除毒性物质和蛋白质没有营养价值的成分或组分；增加或者降低分散性，而蛋白质的分散性与凝胶、乳化性、保湿性有很大关系；通过限制关键氨基酸的共价连接提高蛋白质的营养特性；阻止蛋白质在加工过程中发生不必要的修饰，如美拉德反应。提高蛋白质分散性的一个途径是将分散性较高的蛋白质与玉米醇溶蛋白进行复合。

（一）胶体颗粒流变学变化分析

流变学是研究物质在力的作用下变形或者流动的科学。影响流变学性质的因素包括剪切变稀、温度、分子结构和相对分子质量。所谓剪切变稀是指在外力作用下使原有的分子链构象发生变化，分子链更趋于沿流动方向伸展，使材料黏度下降。一般来说，随着温度的升高，聚合物体积发生膨胀，大分子之间的自由空间变大，彼此间的范德华力减小，从而有利于大分子的变形和流动，所以黏度会下降。分子结构对流变学的影响最复杂，大分子链的柔性强、链间的缠结点多、链流动较难，而表现出非牛顿流体；大分子链刚性强、分子间吸引力较大的聚合物，更偏向于表现出牛顿流体的性质。支链越多，分子间的黏度越大。相对分子质量越大，黏度越大。一般利用表观黏度和黏弹性对食品的性能进行评定，表观黏度是评价流体的黏稠度，反映液态物质的流变性质，是液体或流体中分子间吸引力的表征。而食品的黏弹性在很大程度上决定食品的结构与品质。采用小变形动态测试的方法，在线性黏弹性区域的振荡测试可以测定食品基料黏弹性，进而

分析食品的结构。

本研究所用的纤维核聚合物是乳清浓缩蛋白单体通过聚集形成的一种分散性很好的低聚物。与乳清浓缩蛋白和玉米醇溶蛋白形成的胶体颗粒相比，纤维核与玉米醇溶蛋白形成的具有特殊结构的复合物表现出更高的表观黏度、表现出很强的非牛顿流体特性。纤维核是一种水溶性较好的低聚物，其具有较为特殊的结构，通过与玉米醇溶蛋白复合后，增加了复合物的水合作用、空间位阻而使黏度增加。而且纤维核—玉米醇溶蛋白复合物的黏性模量和弹性模量也要远高于乳清浓缩蛋白—玉米醇溶蛋白复合物（pH 2.0 和 pH 7.0）的弹性模量和黏性模量。这种弹性模量和黏性模量的变化上，说明其结构与乳清浓缩蛋白—玉米醇溶蛋白复合物的结构存在很大的不同。

（二）分散性变化分析

分散性是蛋白质的基本物理性质之一，蛋白质分散性的好坏决定了其他功能性质和实际应用价值。蛋白质在水中分散后，存在着蛋白质与蛋白质之间的相互作用、蛋白质与水之间的相互作用、水与水之间的相互作用。当达到动态平衡时，分散液呈稳定的状态。蛋白质在水中分散性的高低受蛋白质自身结构、pH值、温度、离子强度、蛋白质周围是否存在其他成分等因素的影响。本实验中通过反溶剂法将乳清浓缩蛋白单体/纤维核与玉米醇溶蛋白复合后形成新的复合物，3 种复合物在水中的分散性均明显提高了。Patel 等人利用酪蛋白酸钠和玉米醇溶蛋白制备胶体颗粒，得到稳定性良好的胶体颗粒。本研究所用的纤维核是一种在水中分散性较好的聚集体，其也可以起到稳定玉米醇溶蛋白的性质。

（三）胶体颗粒微观形貌变化分析

当把分散在70%乙醇中的玉米醇溶蛋白，逐渐加入含有纤维核/乳清浓缩蛋白的水相中，玉米醇溶蛋白从弱极性的乙醇中转移至高极性的水相中，环境极性的改变引起了玉米醇溶蛋白分子的自组装。乳清浓缩蛋白/纤维核和玉米醇溶蛋白形成的复合物的分散性均要高于玉米醇溶蛋白自身在水中的分散性，这说明乳清浓缩蛋白/纤维核都起到稳定玉米醇溶蛋白的作用。当乳清浓缩蛋白和玉米醇溶蛋白复合物后，乳清浓缩蛋白包裹在玉米醇溶蛋白的外围，形成了近似球状的结构；这一结果与 Patel 等人发现酪蛋白酸钠与玉米醇溶蛋白复合物后，也是包裹在玉米醇溶蛋白球的表面形成球结构的结果相一致。而当纤维核和玉米醇溶蛋白复合后，纤维核吸附在玉米醇溶蛋白的球状结构表面，从而使玉米醇溶蛋白球状结构可以悬浮在水溶剂中，具有较好的分散性（75.19%）。

（四）胶体颗粒粒径变化分析

自组装的驱动力来自蛋白质的双亲性，通过自组装可以形成以球状颗粒为代表的不同形态聚合物。通过降低玉米醇溶蛋白在乙醇—水溶液中分散的初始浓度、提高玉米醇溶蛋白乙醇溶液在水相中的分散程度、加大水相与醇相的比值或者加入具有表面活性的稳定剂都能有效减小颗粒的粒径。胶体颗粒悬浮液的稳定性与粒径有关，粒径越小稳定性越高。与玉米醇溶蛋白的粒径（639.5nm）相比，在pH 2.0条件下，玉米醇溶蛋白和乳清浓缩蛋白/纤维核复合后形成的胶体颗粒的粒径均下降，分别为327.6nm和584.6nm。在溶剂极性变为极性较强的环境后，由于玉米醇溶蛋白的疏水性而趋向于聚集并从溶剂中析出。胶体颗粒的成核速度快，而成长速度慢，会使胶体颗粒的粒径越小。

（五）表面疏水性变化分析

纤维核是纤维形成过程中成核期的产物，是蛋白质进行纤维化的一个激发因素。纤维核是大小在2.5～8nm范围内的可溶性低聚物。与乳清浓缩蛋白（WPC）相比较，纤维核的表面疏水性较高。表面疏水性与蛋白质表面性质有一定的关系。而纤维核/乳清浓缩蛋白和玉米醇溶蛋白在不同条件下相互复合后形成的3种胶体颗粒的表面疏水性的不同会影响到其功能性质。因此测定了2种胶体颗粒的表面疏水，结果如表8-5所示。

表8-5　3种复合物的表面疏水性的比较

处理组	对照1	对照2	样品
表面疏水性	1059±12.3[a]	1019±8.9[c]	1156±4.3[b]

注　对照1指WPC和玉米醇溶蛋白在pH 2.0条件下形成的胶体颗粒；对照2指WPC和玉米醇溶蛋白在pH 7.0条件下形成的胶体颗粒；样品指纤维核和玉米醇溶蛋白在pH 2.0条件下形成的胶体颗粒。

玉米醇溶蛋白具有较高的表面疏水性，而当把WPC/纤维核与玉米醇溶蛋白进行复合，形成的复合物具有不同的表面疏水性。与WPC和玉米醇溶蛋白在pH 2.0和pH 7.0条件下形成的2种胶体颗粒的表面疏水性相比较，纤维核和玉米醇溶蛋白形成的胶体颗粒具有较高的表面疏水性（1156）。这种高的表面疏水性赋予了纤维核—玉米醇溶蛋白特殊的性质，而这种性质是乳清浓缩蛋白—玉米醇溶蛋白胶体颗粒所不具有的性质。

六、碱和纤维核修饰玉米醇溶蛋白功能性质的研究

碱修饰玉米醇溶蛋白和纤维核修饰玉米醇溶蛋白2者的结构和性质存在很大

的差异，这种差异的不同会直接体现在功能性质上。在碱性添加下加热处理玉米醇溶蛋白发生了脱酰胺基作用，脱酰胺基的作用是玉米醇溶蛋白中的天冬酰胺和谷氨酰胺脱去氨而生成天冬氨酸和谷氨酸，说明碱改性使氨基酸组成发生了变化。通过纤维核稳定玉米醇溶蛋白是引入另外一种聚合物，这种性质的改变会因为纤维核的特殊结构而发生变化。为了比较2者的不同，本研究测定了2种改性后的玉米醇溶蛋白的流变学特性、持水性和吸油性，以及界面性质（乳化性和起泡性）。

（一）流变学性质变化分析

通过碱或纤维核修饰玉米醇溶蛋白后，其在水中的分散性提高、表面疏水性下降、粒径变小、结构发生变化。改变了蛋白质—蛋白质分子、蛋白质分子—水之间的作用力，从而使其流变学特性发生了变化。纤维核修饰的玉米醇溶蛋白和碱修饰的玉米醇溶蛋白溶液的表观黏度较单纯玉米醇溶蛋白溶液的表观黏度显著提升，而对于单纯的玉米醇溶蛋白溶液表现出来的较弱的剪切稀释行为。Fu和Weller利用布氏黏度计研究了玉米醇溶蛋白的流变学特性，结果发现2%~14%浓度的玉米醇溶蛋白溶液表现出来牛顿流体的性质。而在碱修饰玉米醇溶蛋白溶液的剪切稀释行为进一步变弱。这可能归结于在碱性或者酸性条件下玉米醇溶蛋白发生了脱酰胺基作用，导致玉米醇溶蛋白具有较低的聚合度。

线性黏弹性应变进行的动态振荡测试为了测定样品的弹性模量（G'）和黏性模量（G''）。G'一般用于描述蛋白质的弹性性能，表现的是材料的固体性质行为；G''用于描述蛋白质的黏性模量，用于表现材料的液体行为。试验结果发现，纤维核—玉米醇溶蛋白胶体颗粒的黏性模量和弹性模量远高于碱修饰玉米醇溶蛋白溶液和天然玉米醇溶蛋白溶液。其中碱修饰玉米醇溶蛋白的黏性模量和弹性模量≤天然玉米醇溶蛋白的弹性模量和黏性模量。这一结果与Zhang等人的研究结果相一致。利用AR 2000ex系统测定了在乙醇—水溶液中的玉米醇溶蛋白溶液在不同pH值下的弹性模量和黏性模量，在高pH值或低pH值下的弹性模量和黏性模量要低于在中性pH值下的弹性模量和黏性模量，这可能归结于在碱性或者酸性条件下玉米醇溶蛋白发生了脱酰胺基作用，导致玉米醇溶蛋白具有较低的聚合度。而纤维修饰玉米醇溶蛋白、天然玉米醇溶蛋白和碱修饰玉米醇溶蛋白溶液黏弹性的改变归结于蛋白质构象的改变，碱性环境下蛋白质变得更无序，使其表现出液体的特性。

（二）持水性和吸油性变化分析

持水性和吸油性是食品蛋白质重要的功能性质。蛋白质的持水性即为蛋白质的水合能力，影响蛋白质持水能力的因素暴露氨基酸组成、蛋白质的构象、表面极性和表面疏水性。吸油性是蛋白质的非极性氨基酸侧链和油脂的碳水化合物端通过疏水相互作用，这种相互作用能力的大小决定了与油的结合能力。试验结果发现，天然的玉米醇溶蛋白的持水能力和吸油能力均较低，说明天然蛋白质的极性和水相互作用或者非极性端与油脂非极性端的相互结合能力均较低。而通过碱修饰后的玉米醇溶蛋白的吸油能力明显提升，这可能是因为玉米醇溶蛋白通过碱修饰后，更多的非极性基团暴露出来，从而与油具有较强的结合能力。而其持水性也有所增加，这可能是因为在碱性条件下，玉米醇溶蛋白发生了脱酰胺基和水解作用，亲水氨基酸残基也会更多的暴露出来，从而提高其持水性能。由电镜的结果发现，碱修饰玉米醇溶蛋白后，分子间较为松散，油和水和可以很容易进入细小的颗粒之间，从而表现出较好的持水性和吸油性。与此同时，与天然玉米醇溶蛋白相比较，纤维核修饰玉米醇溶蛋白的吸油性和持水性也有较大幅度的提升，这是因为纤维核是一种具有特殊结构的低聚物。这种持水性的不同可能与 3 种样品之间的流变学特性有关。Hromádková 等人研究发现，葡聚糖和水分子之间的相互作用影响着流变学特性，因为多聚糖的网状结构在 β-葡聚糖和水相互接触时形成。而本研究中 3 种样品持水能力不同，会与水形成不同的结构从而导致流变学特性的不同。

（三）界面性质变化分析

蛋白质的界面性质是指蛋白质在极性不同的两相之间产生作用，主要包括起泡性、乳化性。起泡性涉及的界面是极性强的水和极性较弱的空气，乳化性涉及的界面是极性强的水和极性弱的油。有些蛋白质在界面可以很好地吸附，而有些蛋白质因为净能量不足而不能够稳定吸附在界面，产生净能量不足的原因有两方面，一方面是蛋白质自身结构的影响，例如，分子柔性的高低、表面构象稳定性的好坏、亲水/疏水氨基酸残基的比例及分布方式等；另一方面是外界环境因素，如 pH 值、温度、离子强度，以及是否存在其他的组分成分。

1. 乳化性

评价蛋白质乳化性的常用的指标包括乳化活性（EAI）和乳化稳定性（ESI）。乳化液的乳化活性和乳化稳定性取决于体系中的表面活性物质的性质，其中蛋白质和低分子量的表面活性剂是食品行业中重要的表面活性物质。通过修饰蛋白质的氨基酸侧链可以改善食品蛋白质结构和功能的关系。测定乳化活性和乳化稳定性常用的方法之一为浊度法。

本研究结果发现，在水溶剂中，通过碱修饰后的玉米醇溶蛋白的乳化性和乳化稳定较未修饰的玉米醇溶蛋白的乳化活性和乳化稳定性都有很大程度的提高。

在碱性条件下，发生了脱酰胺作用而间接导致蛋白质肽键的水解，水解程度取决于反应条件。水解会带来蛋白质分子质量的降低、电荷的增加、疏水基团的暴露、活性的氨基酸侧链暴露等蛋白质分子特性的改变。这种改变会带来蛋白质分子的柔性。Yong 等人报道，分子柔性是决定界面性质好坏的一个重要因素。Agyare 等人研究从微生物中提取的谷氨酰胺转氨酶在特定 pH 值下对面筋进行水解，发现乳化活性得到了提高，这种提高源于在酸性 pH 值下发生脱酰胺基作用，而生成了两亲性的肽段。

表面活性颗粒的添加可以起到稳定液体—液体分散液（如泡沫、乳化液）的作用。具有部分可湿性的粒子可以吸附在 2 种互不相容的液体界面。试验结果发现，纤维核—玉米醇溶蛋白制备的胶体颗粒的乳化活性和乳化稳定性在一个较高的水平。玉米醇溶蛋白颗粒的乳化稳定性受到颗粒的尺寸、电荷和保湿性的影响，而浓度、pH 值、离子强度决定了尺寸、电荷和保湿性等性能。而且不同于其他生物材料，玉米醇溶蛋白胶体颗粒内在的表面活性需要额外的化学表面修饰。本研究利用纤维核对玉米醇溶蛋白进行修饰，电镜的试验结果发现，纤维核吸附在玉米醇溶蛋白的表面，这可能间接改变了玉米醇溶蛋白的表面活性。

与碱修饰玉米醇溶蛋白的乳化活性和乳化稳定性相比较，纤维核修饰后的玉米醇溶蛋白的乳化活性和乳化稳定性更高。Power 等人报道纤维核是一种结构较为稳定的一种聚合物，其具有较高的活化能，表面具有较高的活化能可能是纤维核—玉米醇溶蛋白胶体颗粒的乳化性优于碱修饰玉米醇溶蛋白乳化性的原因。

2. 起泡性

评价蛋白质起泡性的指标分别为起泡能力和泡沫稳定性。大部分蛋白质都具有双亲性，从而可以在界面区域进行吸附，其亲水和疏水端分别与对应的极性相和非极性相结合。一般而言，蛋白质具有良好起泡性需要具备以下三个特征：快速在气—液界面吸附；在气—液界面快速发生构象变化，分子重排，快速降低表面张力；通过分子相互作用形成黏性膜。其中黏性膜的形成是蛋白质具有较好泡沫稳定性的关键。目前，蛋白质形成泡沫的方法有振荡法、鼓泡法、搅打法，其中实验室中最容易实现的方法是搅打法。

本研究发现，利用搅打法测定规律碱修饰玉米醇溶蛋白和纤维修饰玉米醇溶蛋白的起泡能力和泡沫稳定性，结果发现两种胶体颗粒的起泡能力和泡沫稳定性都得到了很大程度的提升，但是提升幅度存在一定的差异。这种差异的原因可能是 2 种改性的玉米醇溶蛋白的结构不同。

微小的结构差异可以引起明显的功能性质的不同。如 β-乳球蛋白的 A、B、C 三种变异体只存在两个氨基酸残基不同，但是却表现出了显著不同的乳化特性等界面性质。变异体 A 的第 64 位氨基酸是天冬氨酸，而变异体 B 的第 64 位是甘氨酸，变异体 B 却表现出更高的吸附速率，形成了良好的弹性界面，最终表现出良好的乳化稳定特性。为了改变蛋白质的功能性可以调整结构，改变蛋白质结构的方式有多种。例如，当对蛋白质进行热处理后，热处理的温度超过其变形温度，球蛋白的肽链展开的同时伴随着分子间以疏水作用里或者共价键的链接，从而发生聚集。而聚合物的形态和微观形态受到溶液的环境（蛋白质含量、pH 值、离子强度、钙离子浓度）、处理过程（温度、时间、剪切速率）的影响。当适当地调整改性蛋白质的环境，可以影响分子内部作用力的微观平衡和加强化学反应强度。但是对于一些特殊的蛋白质而言，改变改性条件可以产生不同形态的聚合物，包括不同尺寸的球状颗粒聚合物、不规则的聚合物、链状聚合物和纤维状聚合物。处理热改变外，还可以通过酶，如转谷氨酰胺酶、过氧化物酶、酪氨酸酶将蛋白质链接制备纳米颗粒。

吸附蛋白层的表面流变学，对乳化稳定性和泡沫稳定起到至关重要的作用。界面的黏弹性与蛋白质的功能性质有着密切的联系。流变学的结果发现，纤维核和玉米醇溶蛋白形成的胶体颗粒的表观黏度和黏性模量要高于碱修饰玉米醇溶蛋白表观黏度和黏性模量，这是纤维核—玉米醇溶蛋白的乳化性和起泡性优于碱修饰玉米醇溶蛋白的乳化性和起泡性。

参考文献

[1] 魏湜, 王玉兰, 杨镇. 中国东北玉米高淀粉 [M]. 北京: 中国农业出版社, 2010.

[2] 李新华, 董海洲. 粮油加工学 [M]. 北京: 中国农业大学出版社, 2016.

[3] 张明珠, 张丽芬, 陈复生, 等. 玉米醇溶蛋白的超声辅助酶法提取工艺及不同提取方法对其结构和功能特性的影响 [J]. 中国油脂, 2021, 46 (4): 26-32.

[4] 王绍东, 夏正俊. 大豆品质生物学与遗传改良 [M]. 北京: 科学出版社, 2014.

[5] 刘莉, 赵玉萍, 刘雯. 大豆蛋白的应用 [J]. 经济研究导刊, 2010, 15: 207-208.

[6] 冯金凤, 刘春红, 冯志彪. 食源性蛋白质自组装纤维的研究进展 [J]. 食品工业科技, 2012, 33 (23): 23-103.

[7] 孙翠霞, 宋镜如, 方亚鹏. 玉米醇溶蛋白—多糖纳米复合物的制备方法, 结构表征及其功能特性研究进展 [J]. 食品科学, 2020, 41 (9): 323-331.

[8] 赵新淮, 徐红华, 姜毓君. 食品蛋白质结构、性质与功能 [M]. 北京: 科学出版社, 2009.

[9] 温光源, 胡小中. 新兴大豆蛋白制品的营养、功能特性及应用 [J]. 中国粮油学会第二届学术年会论文汇编, 2000.

[10] 王凤翼, 钱方, 李瑛, 等. 大豆蛋白质的生产与应用 [M]. 北京: 中国轻工业出版社, 2004: 84-103.

[11] 张先恩. 生物结构自组装 [J]. 科学通报, 2009, 18 (54): 2682-2690.

[12] 许小丁, 陈昌盛, 陈荆晓, 等. 多肽自组装 [J]. 中国科学: 化学, 2011, 2 (41): 221-238.

[13] 何乃普, 逯盛芳, 赵伟刚, 等. 基于蛋白质分子自组装体系的构建 [J]. 2014, 26 (2): 303-309.

[14] 刘静, 吴晓彤. 乳清蛋白及其在乳品生产中的应用 [J]. 内蒙古农业科技. 2007 (2): 92-93.

[15] 仇凯, 钟其顶, 武金钟. 食品中牛乳蛋白质和大豆蛋白质结构对比研究

[J]. 中国乳品工业, 2008, 36: 47-50.

[16] 刘晶, 唐传核. 热诱导菜豆属 7S 球蛋白纤维聚集研究 [J]. 现代食品科技, 2008, 11 (28): 1450-1453.

[17] Luben N, Arnaudov, Renko de Vries. Theoretical modeling of the kinetics of fibrilar aggregation of bovine β-lactoglobulin at pH 2.0 [J]. The Journal of Chemocal physics, 2007, 126: 145-106.

[18] Takao Nagano, Motohiko Hirotsuka, Horoyuki Mori, et al. Dynamic viscoelastic study on the gelation of 7S globulin from soybean [J]. Journal Agricultural of Food and Chemistry, 1992, 40: 941-944.

[19] Nelson R, Eisenberg D. Recent atomic models of amyloid fibril structure [J]. Current Opinion Structural Biology, 2006, 16: 260-265.

[20] Aimee M, Morris, Murielle A, et al. Protein aggregation kinetics, mechanism, and curve-fitting: A review of the literature [J]. Biochimica et Biophysica Acta-biomembranes, 2009, 1794: 375 -397.

[21] Akkermans C, Venema P, van der Goot, et al. Peptides are building blocks of heat-induced fibrillar protein aggregates of beta-lactoglobulin formed at pH 2 [J]. Biomacromolecules, 2008, 9: 1474-1479.

[22] Bolder S G, Hendrickx H, Sagis L M C, et al. Fibril assemblies in aqueous whey protein mixtures [J]. Journal of Agriculture and Food Chemistry, 2006, 54: 4229-4234.

[23] Morris V J, Mackie A R, Wilde P J, et al. Atomic force microscopy as a tool for interpreting the rheology of food biopolymers at the molecular level [J]. Food Science and Technology, 2001, 34: 3-10.

[24] Akkermans C, Van Der Goot A J, Venema P, et al. Micrometer-sized fibrillar protein aggregates from soy glycinin and soy protein isolate [J]. Journal of Agriculture and Food Chemistry, 2007, 55: 9877-9882.

[25] Mark R H Krebs, Glyn L Devlin, Athene M Donald. Amyloid fibril-like structure underlies the aggregate structure across the ph range for β-Lactoglobulin [J]. Biophysical Journal, 2009 (96): 5013-5019.

[26] Kurganovbi. Kinetics of protein aggregation quantitative estimation of the chaperone-like activity in test-systems based on suppression of protein aggregation [J]. Biochemistry, 2002, 67: 409-422.

[27] Hayakawa S, Nakai S. Relationships of hydrophobicity and net charge to the solubility of milk and soy proteins [J]. Journal of Food Science, 1985, 50:

486-491.

[28] Dmitry Kurouski, Haibin Luo. Rapid degradation kinetics of amyloid fibrils under mild conditions by an archaeal chaperonin [J]. Biochemical and Biophysical Research Communications, 2012, 422: 97-102.

[29] Laemmli U K. Cleavage of structural proteins during the assembly of the head of bacteriophage T$_4$ [J]. Nature, 1970, 227: 680-685.

[30] Pearce K N, Kinsella J E. Emulsifying properties of proteins: evaluation of a turbidimetric technique [J]. Journal of Agricultural and Food Chemistry, 1978, 26: 716-723.

[31] Morris A M, Watzky M A, Agar J N, et al. Fitting neurological protein aggregation kinetic data via a 2-step, minimal Ockham's razor model the Finke-Watzky mechanism of nucleation followed by autocatalytic surface growth [J]. Biochemistry, 2008, 47 (8): 2413-2427.

[32] Loveday S M, Wang X L, Rao M A, et al. Tuning the properties of β-lactoglobulin nanofibrils with pH NaCl and CaCl$_2$ [J]. International Dairy Journal, 2010, 20: 571-579.

[33] Tang C H, Wang S S, Huang Q R. Improvement of heat-induced fibril assembly of soy β-conglycinin (7S Globulins) at pH 2.0 through electrostatic screening [J]. Food Research International, 2012, 46: 229-236.

[34] Luben N, Arnaudov, Renko D V. Strong Impact of Ionic Strength on the Kinetics of Fibrilar Aggregation of Bovine α-Lactoglobulin [J]. Biomacromolecules, 2006 (7): 3490-3498.

[35] K Govindaraju, H Srinivas. Controlled enzymatic hydrolysis of glycinin: Susceptibility of acidic and basic subunits to proteolytic enzymes [J]. Food Science and Technology, 2007, 40: 1056-1065.

[36] M Loveday, X L Wang, M A Rao, et al. Tuning the properties of b-lactoglobulin nano fibrils with pH NaCl and CaCl$_2$ [J]. International Dairy Journal, 2010, 20: 571-579.

[37] 陈喜斌. 饲料学 [M]. 北京: 科学出版社, 2003: 100-103.

[38] Coleman C E, Larkins B A. The prolamins of maize [M]. Berlin: Springer Netherlands, 1999: 109-139.

[39] 彭健, 陈喜斌. 饲料学 [M]. 北京: 科学出版社, 2008: 94-100.

[40] 赵可夫. 玉米生理 [M]. 济南: 山东科学技术出版社, 1982: 1-4.

[41] Nonthanum P, Lee Y, Padua G W. Effect of pH and ethanol content of solvent

on rheology of zein solutions［J］. Journal of Cereal Science, 2013, 58（1）：76-81.

［42］温元凯，程门研. 氨基酸的亲、疏水性研究［J］. 生物化学与生物物理进展，1985（6）：14-19.

［43］Argos P, Pedersen K, Marks M D, et al. A structural model for maize zein proteins［J］. Journal of Biological Chemistry, 1982, 257（17）：9984-9990.

［44］Matsushima N, Danno G, Takezawa H, et al. Three-dimensional structure of maize α-zein proteins studied by small-angle X-ray scattering［J］. Biochimica Et Biophysica Acta, 1997, 1339（1339）：14-22.

［45］Wang Y, Padua G W. Nanoscale characterization of zein self-assembly［J］. Langmuir the Acs Journal of Surfaces and Colloids, 2012, 28（5）：2429-35.

［46］Momany F A, Sessa D J, Lawton J W, et al. Structural characterization of α-zein［J］. Journal of Agricultural and Food Chemistry, 2006, 54（2）：543-547.

［47］Patel A R, Velikov K P. Zein as a source of functional colloidal nano and micro-structures［J］. Current Opinion in Colloid and Interface Science, 2014, 19（5）：450-458.

［48］赵新淮，徐红华，姜毓君. 食品蛋白质：结构、性质与功能［M］. 北京：科学出版社，2009：313-314.

［49］Ofelt C W, Evans C D. Aqueous zein dispersions［J］. Journal of Industrial and Engineering Chemistry, 2002, 41（4）：830-833.

［50］Deo N, Jockusch S, Turro N J, et al. Surfactant Interactions with Zein Protein［J］. Langmuir, 2003, 19（12）：5083-5088.

［51］Paraman I, Lamsal B P. Recovery and characterization of α-zein from corn fermentation coproducts［J］. Journal of Agricultural and Food Chemistry, 2011, 59（7）：3071-3077.

［52］Sun C, Xu C, Mao L, et al. Preparation, characterization and stability of cur-cumin-loaded zein-shellac composite colloidal particles［J］. Food Chemistry, 2017, 228：656-667.

［53］Zhong Q, Jin M. Zein nanoparticles produced by liquid-liquid dispersion［J］. Food Hydrocolloids, 2009, 23（8）：2380-2387.

［54］Karthikeyan K, Vijayalakshmi E, Korrapati P S. Selective Interactions of zein microspheres with different class of drugs：An in vitro and in silico analysis［J］. AAPS PharmSciTech, 2014, 15（5）：1172-1180.

［55］ Jayaram B, Bhushan K, Shenoy S R, et al. Bhageerath: An energy based web enabled computer software suite for limiting the search space of tertiary structures of small globular proteins ［J］. Nucleic Acids Research, 2006, 34 (21): 6195-6204.

［56］ 郑树亮, 黑恩成. 应用胶体化学 ［M］. 上海: 华东理工大学出版社, 1996: 132-138.

［57］ Benichou A, Aserin A, Lutz R, et al. Formation and characterization of amphiphilic conjugates of whey protein isolate (WPI) /xanthan to improve surface activity ［J］. Food Hydrocolloids, 2007, 21 (3): 379-391.

［58］ Nesterenko A, Alric I, Silvestre F, et al. Comparative study of encapsulation of vitamins with native and modified soy protein ［J］. Food Hydrocolloids, 2014, 38 (6): 172-179.

［59］ Agyare K K, Addo K, Xiong Y L. Emulsifying and foaming properties of transglutaminase-treated wheat gluten hydrolysate as influenced by pH, temperature and salt ［J］. Food Hydrocolloids, 2009, 23 (1): 72-81.

［60］ Dong F, Padua G W, Wang Y. Controlled formation of hydrophobic surfaces by self-assembly of an amphiphilic natural protein from aqueous solutions ［J］. Soft Matter, 2013, 9 (9): 5933-5941.

［61］ Riha W E, Izzo H V, Zhang J, et al. Nonenzymatic deamidation of food proteins ［J］. Critical Reviews in Food Science and Nutrition, 1996, 36 (3): 225-255.

［62］ Fu D, Weller C L. Rheology of zein solutions in aqueous ethanol ［J］. Journal of Agricultural and Food Chemistry, 1999, 47 (5): 2103-2108.

［63］ Kim S, Xu J. Aggregate formation of zein and its structural inversion in aqueous ethanol ［J］. Journal of Cereal Science, 2008, 47 (1): 1-5.

［64］ Zhang B, Luo Y, Wang Q. Effect of acid and base treatments on structural, rheological, and antioxidant properties of α-zein ［J］. Food Chemistry, 2011, 124 (1): 210-220.

［65］ 王宇晓, 陶海腾, 徐同成, 等. 高活性玉米醇溶蛋白提取工艺的研究 ［J］. 中国粮油学报, 2014, 29 (3): 47-51.

［66］ 李勇, 郑义, 衡硕, 等. 玉米醇溶蛋白与黄色素提取工艺优化及黄色素稳定性研究 ［J］. 农产品加工, 2016, 1 (1): 16-23.

［67］ 崔和平, 孙小红, 郑慧, 等. 甘油含量对玉米醇溶蛋白膜储藏稳定性的影响 ［J］. 河南工业大学学报 (自然科学版), 2014, 35 (1): 46-50.

［68］蒲传奋，刘雯，姜春伟，等. 丁香酚/玉米醇溶蛋白纳米粒子膜的制备及表征［J］. 粮食与饲料工业，2017，12（1）：35-39.

［69］郭立华，陈野，李秀明，等. 玉米醇溶蛋白微胶囊的制备及缓释性能［J］. 食品研究与开发，2013，34（4）：61-64.

［70］Cabra V，Arreguin R，Vazquezduhalt R，et al. Effect of alkaline deamidation on the structure，surface hydrophobicity，and emulsifying properties of the Z19 α−zein［J］. Journal of Agricultural and Food Chemistry，2007，55（2）：439-445.

［71］Yong Y H，Yamaguchi S，Gu Y S，et al. Effects of enzymatic deamidation by protein−glutaminase on structure and functional properties of α−zein［J］. Journal of Agricultural and Food Chemistry，2004，52：7094-7100.

［72］Pan Y，Tikekar R V，Wang M S，et al. Effect of barrier properties of zein colloidal particles and oil−in−water emulsions on oxidative stability of encapsulated bioactive compounds［J］. Food Hydrocolloids，2015，43：82-90.

［73］Luo Y，Teng Z，Wang T T，et al. Cellular uptake and transport of zein nanoparticles：effects of sodium caseinate［J］. Journal of Agricultural and Food Chemistry，2013，61（31）：7621-7629.

［74］Patel A R，Bouwens E C M，Velikov K P. Sodium caseinate stabilized zein colloidal particles［J］. Journal of Agricultural and Food Chemistry，2010，58（23）：12497-12503.

［75］Chen H Q，Zhong Q X. Processes improving the dispersibility of spray−dried zein nanoparticles using sodium caseinate［J］. Food Hydrocolloids，2014，35：358-366.

［76］Pan K，Zhong Q X. Low energy，organic solvent−free co−assembly of zein and caseinate to prepare stable dispersions［J］. Food Hydrocolloids，2016，52：600-606.

［77］Luo Y C，Teng Z，Wang Q. Development of zein nanoparticles coated with carboxymethyl chitosan for encapsulation and controlled release of Vitamin D_3［J］. Journal of Agricultural and Food Chemistry，2012，60：836-843.

［78］Carbonaro M，Di V A，Filabozzi A，et al. Role of dietary antioxidant（−）−epicatechin in the development of β−lactoglobulin fibrils［J］. Biochimica Et Biophysica Acta，2016，1864（7）：766-772.

［79］Munialo C D，Martin A H，Van d L E，et al. Fibril formation from pea protein and subsequent gel formation［J］. Journal of Agricultural and Food Chemistry，

2014, 62 (11): 2418-2427.

[80] Gao Y Z, Xu H H, Ju T T, et al. The effect of limited proteolysis by different proteases on the formation of whey protein fibrils [J]. Journal of Dairy Science, 2013, 96 (12): 7383-7392.

[81] Kuo C T, Chen Y L, Hsu W T, et al. Investigating the effects of erythrosine B on amyloid fibril formation derived from lysozyme [J]. International Journal of Biological Macromolecules, 2017, 98: 159-168.

[82] Bharathy H, Fathima N N. Exploiting oleuropein for inhibiting collagen fibril formation [J]. International Journal of Biological Macromolecules, 2017, 101: 179-186.

[83] Mantovania R A, Fattorib J, Michelona M, et al. Formation and pH-stability of whey protein fibrils in the presence of lecithin [J]. Food Hydrocolloids, 2016, 60: 288-298.

[84] Oosawa F, Kasai M. A theory of linear and helical aggregations of macromolecules [J]. Journal of Molecular Biology, 1962, 4 (1): 10.

[85] Dovidchenko N V, Glyakina A V, Selivanova O M, et al. One of the possible mechanisms of amyloid fibrils formation based on the sizes of primary and secondary folding nuclei of Aβ40 and Aβ42 [J]. Journal of Structural Biology, 2016, 194 (3): 404-414.

[86] Sun C, Dai L, He X, et al. Effect of heat treatment on physical, structural, thermal and morphological characteristics of zein in ethanol-water solution [J]. Food Hydrocolloids, 2016, 58: 11-19.

[87] Yang J T, Wu C S, Martınez H M. Calculation of protein conformation from circular dichroism [J]. Methods in Enzymology, 1986, 130 (4): 208-269.

[88] Beveridge T, Toma S J, Nakai S. Determination of SH- and SS- groups in some food proteins using Ellman's reagent [J]. Journal of Food Science, 1974, 39 (1): 49-51.

[89] Motoi H, Fukudome S, Urabe I. Continuous production of wheat gluten peptide with foaming properties using immobilized enzymes [J]. European Food Research and Technology, 2004, 219 (5): 522-528.

[90] Dufour E, Robert P, Renard D, et al. Investigation of β-lactoglobulin gelation in water/ethanol solutions [J]. International Dairy Journal, 1998, 8 (2): 87-93.

[91] Marks M D, Lindell J S, Larkins B A. Nucleotide sequence analysis of zein

mRNAs from maize endosperm ［J］. Journal of Biological Chemistry, 1985, 260 (30): 16451-16459.

［92］ Sugiyama Y, Inoue Y, Muneyuki E, et al. AFM and TEM observations of α-helix to β-sheet conformational change occurring on carbon nanotubes ［J］. Journal of Electron Microscopy, 2006, 55 (3): 143-149.

［93］ Zhong Q, Ikeda S. Viscoelastic properties of concentrated aqueous ethanol suspensions of α-zein ［J］. Food Hydrocolloids, 2012, 28 (1): 46-52.

［94］ 巴勒斯 H A. 流变学导引 ［M］. 吴大诚, 译. 北京: 中国石化出版社, 1992: 1-100.

［95］ Feng Y, Lee Y. Surface modification of zein colloidal particles with sodium caseinate to stabilize oil-in-water pickering emulsion ［J］. Food Hydrocolloids, 2016, 56: 292-302.

［96］ Gupta J, Wilson B W, Vadlani P V. Evaluation of green solvents for a sustainable zein extraction from ethanol industry DDGS ［J］. Biomass and Bioenergy, 2016, 85: 313-319.

［97］ 王克夷. 蛋白质导论 ［M］. 北京: 科学出版社, 2007: 1-20.

［98］ 翁诗甫. 傅里叶变换红外光谱分析 ［M］. 北京: 化学工业出版社, 2016: 291-364.

［99］ Patel A, Hu Y, Tiwari J K, et al. Synthesis and characterisation of zein-curcumin colloidal particles ［J］. Soft Matter, 2010, 6 (24): 6192-6199.